权威·前沿·原创

皮书系列为

“十二五”“十三五”国家重点图书出版规划项目

智库成果出版与传播平台

上海资源环境发展报告（2021）

ANNUAL REPORT ON RESOURCES AND ENVIRONMENT OF SHANGHAI (2021)

建设人民向往的生态之城

主　编 / 周冯琦　胡　静

社会科学文献出版社
SOCIAL SCIENCES ACADEMIC PRESS (CHINA)

图书在版编目(CIP)数据

上海资源环境发展报告．2021：建设人民向往的生态之城／周冯琦，胡静主编．--北京：社会科学文献出版社，2021.4
（上海蓝皮书）
ISBN 978-7-5201-8221-8

Ⅰ．①上… Ⅱ．①周… ②胡… Ⅲ．①自然资源-研究报告-上海-2021 ②环境保护-研究报告-上海-2021 Ⅳ．①X372.51

中国版本图书馆CIP数据核字（2021）第064173号

上海蓝皮书
上海资源环境发展报告（2021）
——建设人民向往的生态之城

主　　编／周冯琦　胡　静

出 版 人／王利民
责任编辑／王　展　宋　静

出　　版／社会科学文献出版社·皮书出版分社（010）59367127
　　　　　地址：北京市北三环中路甲29号院华龙大厦　邮编：100029
　　　　　网址：www.ssap.com.cn
发　　行／市场营销中心（010）59367081　59367083
印　　装／天津千鹤文化传播有限公司

规　　格／开　本：787mm×1092mm　1/16
　　　　　印　张：22.25　字　数：331千字
版　　次／2021年4月第1版　2021年4月第1次印刷
书　　号／ISBN 978-7-5201-8221-8
定　　价／128.00元

本书如有印装质量问题，请与读者服务中心（010-59367028）联系

上海蓝皮书编委会

主要编撰者简介

周冯琦　上海社会科学院生态与可持续发展研究所所长，上海社会科学院生态经济与可持续发展研究中心主任，上海市生态经济学会会长，研究员，博士生导师。主要从事绿色经济、区域绿色发展、环境保护政策等领域的研究。国家社科基金重大项目“我国环境绩效管理体系研究”首席专家。研究成果获上海市哲学社会科学优秀成果二等奖、上海市决策咨询二等奖以及优秀皮书一等奖等奖项。

胡　静　上海市环境科学研究院低碳经济研究中心主任，高级工程师。主要从事低碳经济与环境政策研究。先后主持开展科技部、生态环境部、上海市科委、上海市生态环境局等相关课题和国际合作项目40余项，公开发表科技论文20余篇。

程　进　《上海资源环境发展报告》主编助理，上海社会科学院生态与可持续发展研究所自然资源与生态城市研究室主任。主要从事环境绩效评价、低碳绿色发展与区域环境治理等领域的研究。国家社科基金重大项目“我国环境绩效管理体系研究”子课题负责人。研究成果获优秀皮书报告奖二等奖等奖项。

摘 要

2019年11月2日，习近平总书记视察上海杨浦滨江时，提出“人民城市人民建、人民城市为人民”的重要理念，建设好人民城市成为城市发展的重要目标。上海生态之城的内涵应为人与自然和谐的宜居之城、生态环境健康的美丽之城、生态经济繁荣的活力之城、生态文化时尚的潮流之城、生态治理先进的共治之城。从经济基础、绿色创新、生态宜居、环境治理等维度构建“城市绿色景气指数”，对上海建设生态之城的成就进行评估与比较，发现上海在长三角城市中居于领先地位，但也面临着人均生态空间、工业资源能源效率、环境基础设施等方面的挑战。上海推进生态之城建设应从源头控制人口规模和工业企业数量，实施更严格的环境标准，调动全社会力量投资于资源环境效率提高，畅通生态产品价值实现的机制尤其是市场化机制，促进环境治理体系和治理能力现代化，依靠更密切的长三角生态环保与绿色发展合作。

优质生态空间是生态之城建设的重要依托。“十三五”以来，上海在生态绿地系统建设、低效建设用地复垦、郊野公园经营管理模式创新、矿山生态修复和多元化经营等方面积累了成功经验，滨水地区功能转型重生也取得了良好效果。但与国内外主要城市相比、与城市居民日益增长的美好生活需要相比，上海生态空间建设总量仍需进一步增加，服务型生态产品的供给能力不足，物质型生态产品对外依赖度较高，提升城市公园绿地建设的空间均衡性迫在眉睫，滨水空间建设也存在功能单一、可达性较差、缺乏活力等问题。“十四五”期间上海生态空间建设需要更加强化公平性和品质感，加强生态空间的多功能融合，由外而内打造由生态保育区圈层、生态维护区圈层、生态互动区圈层、生态嵌入区圈层构成的圈层式分布格局。进一步优化城市滨水空间功能，加强滨水区与滨江腹地的联系，完善便民服务设施和商业配套服务设施建设，强化滨水空间文化符号，营造具有地域特色的城市滨水空间。

生态之城建设需要繁荣的生态经济作为基础，“十三五”期间，上海市生态经济增长取得显著进展，资源环境效率不断提高，自然资源基础稳中有升、环境生活质量显著改善、节能环保产业快速发展、环境经济政策密集发布。上海探索并实践了“末端废弃物资源利用和产业绿色发展并重”的循环经济发展模式，在绿色信贷创新、绿色债券信用管理、绿色保险指数分类以及碳交易市场活跃度等方面成果显著。从发展趋势来看，上海建设用地可用量减少趋势不会改变，资源约束与环境容量束缚将长期存在，资源环境对上海城市发展产生了刚性约束。“十四五”期间，上海应把绿色循环发展理念作为基本遵循，将生态经济发展目标与碳中和目标、无废城市建设目标、卓越全球城市创建目标有机协同，把生态经济纳入主流经济决策。要聚焦核心功能，提高城市能级和核心竞争力；提升经济密度，推动土地高质量利用，树立底线思维，打造绿色生产生活方式。在此基础上，完善环境经济政策，健全绿色金融发展制度，建立绿色金融标准和绿色项目库，为自然资本投资创造良好环境，并激发广泛的社会参与。

良好的环境质量对人民的健康福祉至关重要，是生态之城建设的保障。“十三五”以来上海大气、水环境质量不断提升，有序推进土壤污染防治各项任务，全面规划部署应对气候变化和节能减排工作，在长三角率先出台生物医药研发机构水污染物排放地方标准。上海生态之城建设应在“抓环保、促发展、惠民生”三个维度共同发力，进一步提升生态环境品质，进一步提升绿色发展能级，进一步提升人民群众获得感。上海市须进一步引导产业转型升级，完善大气环境风险的信息公开机制和大气环境风险标准体系，推动实现区域空气质量联保共治。基于水安全视角，统一长三角水污染物排放标准和环境执法标准，建立长三角排污企业水污染物排放数据与治理绩效共享平台。深入开展土壤生态环境监测，强化土壤污染源头预防和控制，严格实施农用地分类管理，完善建设用地全生命周期管理。针对城市脆弱环节，努力降低气候灾害敏感性，建立区域间气候变化应对协作机制，大力支持应对气候变化关键技术研究，全面完善气候变化适应战略规划，力争早日实现碳达峰、碳中和目标。

关键词： 生态城市 人民城市 生态空间 绿色经济 生态环境质量

目 录

Ⅰ 总报告

Ⅱ 生态产品篇

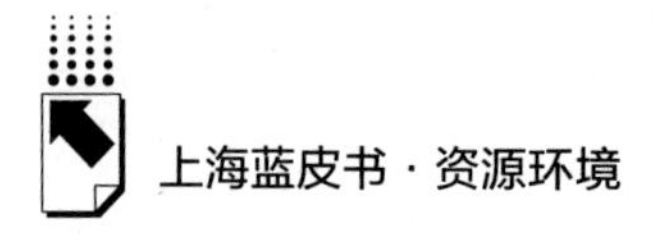

Ⅲ　生态经济篇

Ⅳ　环境质量篇

Ⅴ　附录

皮书数据库阅读使用指南

总 报 告

General Report

B.1

建设人民向往的生态之城：上海成就与展望

刘新宇*

摘　要：“十三五”期间，上海致力于绿色创新，资源环境效率显著提高，经济社会发展与生态环境改善均取得较好进展。上海积极落实中央的生态文明体制改革方案，强化落实环境责任、污染源监管等方面的制度建设，在市场导向环境政策、环保公众参与、长三角环保合作等方面都有显著成绩，并且提出了环境治理体系现代化的地方版顶层设计方案。本报告从经济基础、绿色创新、生态宜居、环境治理等维度对上海建设生态之城的成就进行评估与比较，发现上海在长三角城市中居于领先地位。上海生态之城的内涵为人与自然和谐的宜居之城、生态环境健康的美丽之城、生态经济繁荣的活力

* 刘新宇，上海社会科学院生态与可持续发展研究所副研究员，研究方向为低碳发展。

之城、生态文化时尚的潮流之城、生态治理先进的共治之城。要达到这一目标，上海需要实施更严格环境标准，不断提高资源环境效率，畅通生态产品价值实现的机制尤其是市场化机制，促进环境治理体系和治理能力现代化，以及依靠更密切的长三角生态环保与绿色发展合作。

关键词： 上海 生态之城 绿色创新 生态经济

2019 年 11 月，习近平总书记在上海杨浦滨江调研时提出“人民城市人民建，人民城市为人民”重要理念。“人民城市为人民”强调的是人民的权利和需求，“人民城市人民建”强调的是人民的责任和参与渠道通畅。人民对优美生态环境的需要日益增长，因此，建设生态之城是建设人民城市不可或缺的组成部分。此外，2035 年，上海要建成卓越全球城市，也必须要有和卓越全球城市相匹配的优美生态环境。

生态之城不仅仅是生态环境优美之城，生态环境不能孤立于经济社会之外，生态环境优美不能以牺牲发展水平和人民生活水平为代价。生态之城应当是依靠现代化的环境治理体系协调经济 - 社会 - 环境关系，由良好经济基础作支撑，以绿色创新为发展动力，依靠较高的资源环境效率让人民无需牺牲高生活水平就能享受优美生态环境的城市（高生活水平不等于高物质消费，许多不必要的物质消费应被摒弃）。根据我们对生态之城的理解，本报告将从经济基础、绿色创新、生态宜居、环境治理等维度对上海建设生态之城的成就进行评估与比较，也从中判明上海仍待完善的不足之处，对此提出政策建议。

一 对生态之城内涵的理解

全球高密度城市建设、高速度城镇化发展背景下，人类在享受着工业化、现代化“福利”的同时，也面临着传统生态环境类城市病的挑战。人们的需求从富足、便利、“易居”的初级阶段，转向渴望生态环境改善以及人居环境质量提升的高级阶段。随着城市经济社会的发展，纽约、伦敦、东京等全球城市建设生态城市的内涵、目标和重点领域都不断深化和丰富。《东京 2040》提出“创建四季都有绿水青山的城市”的城市绿化战略目标；大伦敦 2000 年后在整个规划中都贯穿人与自然、环境和谐相处的思想，规划中明确把气候变化、低碳经济、能源消费、减排计划等作为规划的核心；纽约于 2007 年、2013 年、2015 年分别提出将纽约建成 21 世纪第一个可持续发展的城市，更强壮、更具韧性的城市。展望 2035 年，上海提出建设生态之城，实现基本建成卓越的全球城市的远大目标。

何为生态之城？直观来看，就是环境质量良好、生态产品丰富之城。现代生态城市思想起源于霍华德的田园城市，其核心在于城市与自然的平衡。1971 年联合国“人与生物圈（MAB）计划”提出的“生态城市”展示了城市与自然的平衡。生态城市中的“生态”体现的是人与自然环境的协调关系以及人与社会环境的协调关系，“城市”则是一个自组织、自调节的共生系统①。在生态理念的指导下，生态城市被认为是更可持续的生活环境，并突出了城市中各种系统的协调性②。生态城市的核心目标是城市的可持续性，包括生态环境、经济社会与历史文化的可持续性，是对以前城市建设中“非生态化”不可持续性的一种修正③。从广义上讲，生态城市是按照生态学原则建立起来的社会、经济、自然协调发展的新型社会关系，是有效的利用环境资源实现可持续发展的新的生产和生活方式。从狭义上讲，生态城市是按照生态学原理进行城市设计，建立高效、和谐、健康、可持续发展的人

---

① 王如松、欧阳志云：《天城合一：山水城建设的人类生态学原理》，《现代城市研究》1996 年第 1 期。

② Chen, Yu. “Evaluation of Ecological City and Analysis of Obstacle Factors under the Background of High-quality Development: Taking Cities in the Yellow River Basin as Examples”. *Ecological Indicators*. 2020. Vol. 118.

③ 蒋艳灵、刘春腊、周长青：《中国生态城市理论研究现状与实践问题思考》，《地理研究》2015 年第 12 期。

类聚居环境[1]。虽然目前对生态城市的定义不尽相同，但都强调了城市发展过程中社会、经济、自然复合系统协调发展，城市发展与生态平衡相得益彰的问题。

生态城市首先需要有一定的经济基础作支撑。一方面，既要有活跃的经济活动和较高的生活水平，又要有优美生态环境，势必要投入大量人财物去治理生产生活所造成的污染排放、生态破坏，这需要较强的财力支撑。另一方面，只有当城市具备一定的经济基础，才能拥有并不断开发先进技术，以提高资源环境效率，使经济活动和人民生活的资源环境代价最小化，尽可能地让自然生态空间得到保留、优美环境免受侵蚀。生态之城的发展方式必须是绿色发展，而绿色发展的动能是绿色创新。城市要在绿色创新方面有大规模投入，要培育高水平的绿色创新主体（高科技企业、高校、科研院所等），要有能促进创新的社会环境[2]。

生态之城最终要实现经济－社会－环境三个子系统的协调、人与自然关系的和谐[3]，要以现代化的环境治理体系来规范和调控人的行为及各类组织的行为，摒弃不必要的物质消费，抑制污染排放、资源消费和生态空间占用，从个人到组织都要履行生态环境保护与修复的责任（如个人的垃圾分类和企业的达标排放）[4]。而且，现代化环境治理体系的建设与运行，应是全民参与的事业。

综合顶级全球城市的经验和国内外学者对生态城市的描述，结合上海城市发展的实际，概括而言，上海生态之城的内涵应为人与自然和谐的宜居之城、生态环境健康的美丽之城、生态经济繁荣的活力之城、生态文化时尚的潮流之城、生态治理先进的共治之城。

---

① 程会强：《生态城市建设的内涵与建议》，《环境保护》2008 年第 20 期。

② UNEP, *Towards a Green Economy: Pathways to Sustainable Development and Poverty Eradication-A Synthesis for Policy Makers* (New York: UNEP, 2011), pp. 29 – 33.

③ 黄肇义、杨东援：《国内外生态城市理论研究综述》，《城市规划》2001 年第 25 卷第 1 期，第 59 ~ 66 页；杨保军、董珂：《生态城市规划的理念与实践——以中新天津生态城总体规划为例》，《城市规划》2008 年第 32 卷第 8 期，第 10 ~ 15 页。

④ 谢鹏飞、周兰兰、刘琰：《生态城市指标体系构建与生态城市示范评价》，《城市发展研究》2010 年第 17 卷第 7 期，第 12 ~ 18 页。

二　上海“十三五”生态之城建设的回顾

“十三五”期间，上海生态之城建设在经济社会发展与生态环境改善方面均取得显著进展。

（一）“十三五”生态之城建设取得积极成效

“十三五”期间，由于积极投资于绿色创新和环境基础设施，上海大大提高了资源环境效率，在经济基础更加雄厚、人民生活水平进一步提高的同时，环境质量变得更加优美、生态产品供给更加丰富。

在经济社会发展方面，人民生活更加富足，享受到更丰富的公共物品，生活质量的提高体现在民众的健康、预期寿命上。2019 年，上海人均 GDP 达到 15.73 万元，扣除价格上涨因素①，相对于 2015 年年均增长 8.7%；2019 年，上海城镇居民人均可支配收入达到 73615 元，扣除价格上涨因素，相对于 2015 年年均增长 6.2%；扣除价格上涨因素，2015～2019 年，上海的一般公共服务支出、教育支出、卫生与计生支出、社保与就业支出分别增长 28.55%、18.72%、48.77%、68.40%，分别年均增长 6.48%、4.38%、10.44%、13.92%；2019 年，上海户籍人口的预期寿命提升至 83.66 岁，比 2015 年又提高了 0.91 岁。

上海的经济社会发展和生态环境改善呈现出一定同步性，“十三五”期间，上海在环境质量优化、生态产品供给等方面也取得长足进步。2019 年，上海大气中细颗粒物（$PM_{2.5}$）年日均值为 $35\mu g/m^3$，比 2015 年下降了 $18\mu g/m^3$，环境空气质量优良率达到 84.7%，比 2015 年提升了 14 个百分点。地表河流的监测断面中，2015～2019 年，Ⅱ～Ⅲ类水从 14.7% 增加到 48.3%，Ⅱ类水断面从无到有，劣Ⅴ类水从 56.4% 减少到 1.1%，Ⅴ类水也从 15.8% 减少到 3.1%。2015～2019 年，上海绿地面积从 12.73 万公顷增加到 14.07 万公顷，四年增长

① 根据《上海统计年鉴 2019》和《2019 年上海市国民经济和社会发展统计公报》，2015～2019 年，上海市的居民消费价格指数上涨了 9.3%。

10.54%；公园数从165个增加到352个，增长一倍多，建成区绿化覆盖率从38.5%增加到39.6%：这在寸土寸金的上海是很不容易的，是上海相关部门见缝插针努力造绿的结果。2019年，上海全市森林覆盖率达到17.56%，比“十二五”时期末提高3个百分点，逼近18%的2020年目标。“十三五”期间，上海建成21座郊野公园，既大大提高了本市的森林覆盖率，又让市民有更多的游憩好去处，享受“林在城中、城在林中”的美好生活。到2020年，上海将建成17条市级生态廊道，如从杨浦到徐汇再到郊外，整个黄浦江岸线的打通，就是其中一部分。尤其是这些生态廊道的市区段，不仅很好地发挥了提高生物多样性等生态服务功能，还让市民在家门口就可以亲近自然。

上海的生态环境改善和经济社会发展得益于上海大规模投资生态环保事业，投资科学技术创新，不断提升资源环境效率，使经济社会发展的资源环境代价最小化，让更多的自然生态空间、优美环境得到保留。从2005年开始，上海节能环保投入占GDP比重一般维持在3%左右，2015～2018年，上海R&D经费支出占GDP比重从3.73%提高到4.16%，2019年该比重初步统计约为3.93%。这些投入和努力的结果一方面是上海资源环境效率大大提高，2018年，依当年价格，上海单位GDP能耗、单位工业增加值电耗、单位工业增加值COD排放量、单位工业增加值SO_2排放量分别为0.3505吨标准煤/万元、0.0897千瓦时/元、1.173吨/亿元、1.047吨/亿元，扣除价格上涨因素，比2015年分别下降13.89%、9.59%、59.02%、92.09%。另一方面是环境基础设施大规模建设与升级，数量上补齐短板、质量上提标改造。2015～2019年，污水处理能力从795万$米^3$/日提高到834.3万$米^3$/日，出水标准达到一级A；2019年，生活垃圾安全处置能力达到40200吨/日，满足全部生活垃圾安全处置的需要，而且根据垃圾分类处置的要求，形成了焚烧厂、堆肥厂等合理配置的末端分类处置体系①。

① 用于以上纵向比较的资料包括2015～2019年《上海市国民经济和社会发展统计公报》，2015～2019年《上海市（生态）环境状况公报》，2015～2018年《上海市大气环境保护情况统计数据》（上海市生态环境局网站公布），2015～2018年《上海市水环境保护情况统计数据》（上海市生态环境局网站公布），《上海统计年鉴2019》。

（二）贯彻生态文明体制改革，推动环境治理体系现代化

2015 年，中央出台《生态文明体制改革总体方案》后，上海发布了许多地方版的政策法规，将其中内容加以落实，在落实环境责任、污染源监管等方面有了更严密制度，在市场导向环境政策、环保公众参与、长三角环保合作等方面成绩可圈可点，2020 年 9 月还提出了环境治理体系现代化的地方版顶层设计方案。

1. 贯彻落实生态文明体制改革

2015 年 9 月，中央发布《生态文明体制改革总体方案》，上海市在领导干部生态环保工作责任、生态文明考核、绿色发展评价、环保督察、自然资源资产审计、生态环境损害责任追究、生态红线设置等各方面都制定并实施了地方版法规或方案，将生态文明体制改革各项措施在本市贯彻落实。

2017 年，上海市委、市政府出台《上海市生态环境保护工作责任规定（试行）》，各区区委、区政府陆续出台该规定的实施意见或实施方案。2018 年 11 月，上海市发改委等多部门联合出台本市生态文明考核、绿色发展评价的指标体系。上海推出了本市市级层面的“环保督察整改方案”，并在 2018 年、2019 年两年对 16 个区实施了第一轮市级环保督察全覆盖。2017 年，上海在浦东、崇明、奉贤、青浦启动了自然资源资产离任审计试点，积累了大量经验。上海市委、市政府在中央环保督察中，各区区委、区政府在市级环保督察中，依法依规对生态环境损害责任问题进行追责、问责，落实“生态环境损害责任追究办法”，有关人员受到党纪政纪处分或移交司法部门。2018 年 6 月，《上海市生态保护红线》发布，完善了本市自然生态空间管控的法律依据。

而且，2014 年 7 月，崇明区、闵行区入选第一批国家生态文明先行示范区；2015 年 6 月，青浦区入选第二批国家生态文明先行示范区，在我国的生态文明体制改革征程中承担了探路先锋的责任。其中，崇明区的生态文明先行示范区是与世界级生态岛建设紧密结合在一起的。早在 2004 年，就已明确崇明定位是生态岛，2016 年，该区“十三五”规划将这一定位提升到“世界级”生态岛，《崇明区总体规划暨土地利用总体规划（2017 ~ 2035）》

明确到2035年要达到这一目标。2017年，市人大出台相关决定，为促进和保障生态岛建设，在生态、环境、景观等方面实施更严格标准。生态岛建设是创制性工作，其所创的新体制机制在试点成功后，对全上海乃至更大范围都有借鉴意义。

2. 夯实领导干部生态环保责任

上海市通过“生态环保工作责任规定”、生态文明考核、绿色发展评价等夯实区、街镇等各级以及各相关部门领导干部的生态环保责任，比较典型的制度有河长制、湖长制和“最小单元”环境治理。

2017年2月，上海市委、市政府发布相关文件，全面推行河长制，从市领导到各区县、各街镇领导都守土有责。到2018年5月，又提出在深化河长制的同时落实湖长制。到2019年3月，河长制、湖长制在本市已做到全覆盖。2020年10月，又进一步提出，沪苏浙三地要建立联合河湖长制。

早在2013年10月，上海就实施了“城市网格化管理办法”。在这一制度基础上，2020年9月，上海又强调“最小单元”环境治理，进一步夯实街道、镇、产业园层面党政领导或管理机构的环保责任。

3. 污染源监管更加严密规范

“十三五”期间，上海主要借助以下改革措施，让污染源监管更加严密规范。其一，2018年1月，上海实施环境监测监察体制改革，区级环境监测、监察机构受市级环保部门垂直管理，不再受同级环保部门管辖，减少对环境监测、执法的人为干扰。其二，2017年6月5日，上海环保部门颁发本市首张排污许可证，开启本市持证排污时代，污染源监管工作更规范，2020年10月4日查询，上海有排污许可证5475张[①]。其三，2016年底，上海出台了地方版的“土十条”，逐步补齐土壤污染监管和防治的短板。2018年上海已完成全市的土壤污染情况摸底，2019年已全面建成土壤和地下水监测体系。从2017年底开始，逐步建立覆盖土地流转各环节的场地环境调

① 全国排污许可证管理信息平台，http：//permit. mee. gov. cn/permitExt/syssb/xkgg/xkgg！license-Information. action。

查评估制度，防止污染地块进入土地批租市场；同时逐步建立土壤污染的信息公开制度，引入社会监督、让公众参与土壤污染监管[①]。

4. 积极推行市场导向的环境政策

上海积极推行碳交易、绿色金融、企业环境信用评价、环境责任险、环境污染第三方治理等市场导向的环境政策，鼓励社会资本投资生态环保事业。

2013 年 11 月，在国家发改委的领导下，上海作为 7 个试点省市之一启动了碳交易试点，交易平台设置于上海环境能源交易所。经过约 3 年的实践，由于上海的相关交易规则、交易体系、监管体系等在 7 个试点省市中运行绩效相对较好，2017 年 12 月，国家发改委正式宣布，在未来的全国统一碳交易市场中，上海将承担中心交易平台的功能。

在绿色金融方面，2017 年末，上海的绿色信贷余额达到 2428 亿元；从 2016 年开始，就有国际金融机构在沪发行绿色债券；2017 年，上海证交所开始发布上证绿色公司债指数，中证指数开始发布上证绿色债券指数。[②] 基于碳交易的碳金融也是绿色金融的一种，2017 年 12 月在沪建立的绿色技术银行为绿色技术转让、传播、应用提供金融服务，也具有绿色金融的功能。2020 年，上海生环局联合上海工商联等机构，与多家银行建立了绿色金融战略合作关系。

企业环境信用评价与绿色金融是密切相关的，2020 年，上海已将 3063 家企业纳入环境信用评价[③]，评价结果将作为金融机构是否向相关企业发放贷款的依据，并且与企业能否获得政府资金支持、税收减免、公共采购、项目准入等挂钩。

上海从 2009 年开始试点环境污染责任险，在 2016 年的《上海市环境保护条例》修订中，探索纳入环境污染责任险的条款，鼓励钢铁、石化等高污染企业投保该险种。

上海从 2014 年开始推进环境污染第三方治理试点，目前，第三方企业已

---

① 《上海市土壤污染防治行动计划实施方案》，2016 年 12 月。

② 张淑贤：《上海绿色金融发展全国领先》，《浦东时报》2018 年 5 月 29 日，第 5 版。

③ 《上海市生态环境局关于开展 2019 年度上海市企业环境信用评价工作的通知》，2020 年 9 月，https：//sthj. sh. gov. cn/hbzhywpt2025/20200911/06d93ecbaab1440e8fb810683a1f5f37. html。

经在上海污染治理中扮演了较重要的角色，如整个上海化工区的污水治理就是外包给一家中外合资企业的。上海一些大型国企下属的污染治理部门，也转制成第三方的污染治理企业，到市场上去寻求更多业务，如申能集团下属的申欣环保。2019 年，上海有 7 家营业收入超过 5 亿元的环保类上市公司[①]。

5. 以垃圾分类为契机让环保公众参与跃上新台阶

上海在环保公众参与方面已有良好基础，公众借助环境信息公开、环境违法投诉、环境政策法规征求意见、环境影响评价民意调查等环节参与环境治理，2019 年开始的强制性垃圾分类投放又让本市环保公众参与跃上新台阶。“垃圾分类就是新时尚”，这是习总书记 2018 年 11 月在上海提出的理念。这种新时尚就是民众的环保意识、公民责任意识，以履行公民环境责任为荣。2019 年 1 月，上海通过了本市的“生活垃圾管理条例”，当年 7 月 1 日开始，垃圾分类投放从多年的自愿性试点成为强制性法定义务。垃圾分类对民众和社区自治功能都是考验和锻炼。民众从不习惯到习惯，养成了履行公民环境责任的意识和行为规范。社区自治组织——居民委员会及其下属楼组长系统，花了数月时间宣传、动员、培训、试运行，从 7 月 1 日开始依照新规进行常态化的管理和监督。在社区居民之间利用熟人社会的一些机制开展互相监督，使本市基层社区的自治功能得到一次大练兵。在一个成熟的社会中，社区自治组织在公共管理包括环境管理中发挥着重要作用，如果没有这个中间层来组织民众，绿化市容、城管等政府部门就要直接面对数以万计的民众，其管理成本之高是难以想象的。

6. 一体化发展示范区促长三角合作升级

长三角生态环保合作由来已久，在 2010 年世博会筹备阶段就有防治大气污染跨区域输送的合作，从“世博蓝”到“进博蓝”都有长三角合作的功劳。目前长三角已在跨界水污染防治、大气污染防治、危险废物转移监管、固废安全处置、能源互济互保等方面有较成熟的合作机制，在合作促进

---

① 刘影：《143 家涉环保上市公司 2019 年业绩大数据》，http：//www.h2o－china.com/news/308243.html。

科技创新、培育绿色发展动能方面，也有G60科创走廊。2019年下半年建立的“长三角生态绿色一体化发展示范区”促进长三角生态环保、绿色发展合作进一步升级。

2019年5月，为促进长三角一体化发展，党中央通过相关规划纲要，明确将建立“长三角生态绿色一体化发展示范区”，涵盖青浦（沪）、吴江（苏）、嘉善（浙）。以该示范区建立为契机，进一步探索各种长三角生态环保、绿色发展合作机制，试点成功后推广到沪苏浙皖四省市层面。在合作载体方面，2019年11月，沪苏浙三方的联合执行机构“示范区执委会”成立，青浦等区县市建立了一线办事机构。在该执委会协调、推动下，一些新的合作协议、合作规则陆续出台，如2020年10月发布的“重点跨界水体联保方案”。

7. 提出环境治理体系现代化的地方版顶层设计方案

2020年9月，上海市委、市政府出台《关于加快构建现代环境治理体系的实施意见》，为2025年建成现代化环境治理体系提出地方版的顶层设计方案。

现代化环境治理体系的内容很多，其中最关键的是多元共治，包括领导（政府部门、党政官员）责任体系、企业（市场主体）责任体系、全民行动（公民责任）体系。相应地，我们需要规定各类主体的权利义务，规范调控其行为的法规政策体系、监管体系，以及激励、调动市场主体积极性的市场体系、信用体系。

一方面，公众要有环保意识、公民责任意识，不能只诉求环境权利，也要积极履行环境责任。另一方面，政府要为公众参与畅通渠道，如加强环境信息公开，方便社会监督。而且，环保公众参与应当是有序的，政府和公众之间应当有运行良好的中间层，社区自治组织、社会团体应发挥更大作用。这些都在前述实施意见中有所涉及。

三　上海生态之城建设绩效评估与比较

本报告运用上海社科院生态所开发的“城市绿色景气指数”指标体系，对长三角12个城市生态之城建设的绩效进行评估与比较，发现上海在绿色发展、绿色创新、生态宜居、环境治理四个维度上全面领先，但在细分指标上还面临一些挑战。

（一）全球生态城市建设共性指标

虽然顶级全球城市的生态建设方案侧重点不同，但也有不少共性指标值得借鉴。

一是环境污染治理类指标，集中在污染物减排、生活垃圾减量等指标上。如纽约提出2030年与2005年相比废弃物排放总量减少90%，并实现城市垃圾“零填埋”，2050年与2005年相比温室气体排放量减少80%。东京提出2024年$PM_{2.5}$空气质量标准达标率100%。伦敦将更广泛地应用超低排放车辆，使大气污染水平变低。

二是生态空间建设类指标，集中在扩大生态空间规模和类型等指标上。如纽约提出到2030年住所步行距离以内有公园的居民比例由79.5%增至85%。东京提出最大限度创建城市蓝绿空间、创新城市农业空间、塑造滨水空间景观，提升城市绿色生态空间多样性。伦敦提出到2050年所有新建建筑将包括更多的绿色覆盖，包括绿道、袖珍公园、屋顶花园和墙体绿化，绿地将被整合成为战略性绿地网络。

三是低碳发展类指标，集中在可再生能源占比、新能源汽车占比、智慧能源管理等指标上。如东京提出致力于发展为智慧能源城市，可再生能源发电比例从2012年的6%增至2024年的20%，2020年实现保有燃料电池私家车6000辆、15万座住宅安装家用燃料电池的目标。伦敦提出致力于建立一个安全、可持续和更智能的能源管理系统，把能源需求和能源浪费控制到最低限度。

四是生态设施建设类指标，集中在增加储水设施、管道更新等指标上。如东京提出致力于增加污水存储设施容量和管道更新，到2029年100%完成4处老城区的污水管道更新。伦敦提出致力于建立一个安全、可持续和满足需求的供水系统，实现城市绿色和灰色基础设施系统互为补充。纽约提出致力于增加海防线总长度和提高建筑执行洪水保险政策比重，提供高质量的给水服务等。

（二）评估与比较方法

本报告运用上海社科院生态所开发的“城市绿色景气指数”指标体系，该指标体系系统地从绿色经济、绿色创新、生态宜居、环境治理等方面反映了一个城市生态文明建设的绩效①。对长三角 12 个城市生态之城建设的绩效进行评估与比较，从横向比较中判明上海的优势与短板所在。被纳入评价的城市包括上海都市圈“1 + 8”城市以及苏浙皖 3 个省会城市，选择上海周边 8 个城市，是因为它们与上海在地理上、经济上的关系更紧密，在生态环境、绿色经济等方面的相互影响较大；选择 3 个省会城市，是因为它们的经济社会发展水平、环境治理水平等较高，在长三角城市群中具有较强的代表性。

“城市绿色景气指数”所涉指标如附表 1 所示。本报告所用数据，除附表 1 中特别说明外，为 2018 年数据。本次评估与比较所用数据来源包括各城市 2019 年统计年鉴、2018 年统计公报、2018 年环境状况公报、2018 年固废防治公报、2018 年市级环保局决算报告、2018 年市级环保局信息公开年报、历年所在省绿色学校公示名单、《中国城市统计年鉴 2019》、Incopat 专利数据库、全国排污许可证管理信息平台等。本次评估与比较中，数据标准化的算法是对于某一项三级指标，最优城市赋值为 12（因为共有 12 个城市），第二优城市赋值为 11，以此类推，最差城市一般赋值为 1（如有城市排名并列，可能最差城市赋值并非为 1）。特定城市在某一项二级指标或一级指标上的得分，就是该二级指标或一级指标下属各三级指标得分的加总。

（三）评估结果分析与比较

本报告围绕绿色发展、绿色创新、生态宜居、环境治理四个维度对长三角 12 个城市进行分析与比较。从一级指标来看，上海全面领先；在二级指标、三级指标的比较上，则可以看出上海短板所在，由于人口规模较大、工业企业数量较多等现实情况，上海在个别指标上并不占优势。其中，二级指

---

① 周冯琦等：《长三角城市绿色景气指数报告（2019）》，上海社会科学院生态与可持续发展研究所，2019。

标的比较图示上所显示的是长三角6个都市圈的中心城市[①]，三级指标的比较图示上所显示的是长三角上海和南京、杭州、合肥3个省会城市。

1. 上海在四个维度都居于长三角领先地位

如图1至图4所示，上海在绿色发展（绿色增长源）、绿色创新、生态宜居、绿色治理四个维度都居于长三角领先地位。相对而言，在绿色发展、绿色创新、绿色治理三个维度上，上海与排名第二的城市拉开比较大的差距；在生态宜居维度上，上海的优势则不明显，在生态宜居的分项指标上可能存在较大短板。具体分项指标上的评估与比较，下文将以更细化的图形来呈现与分析。

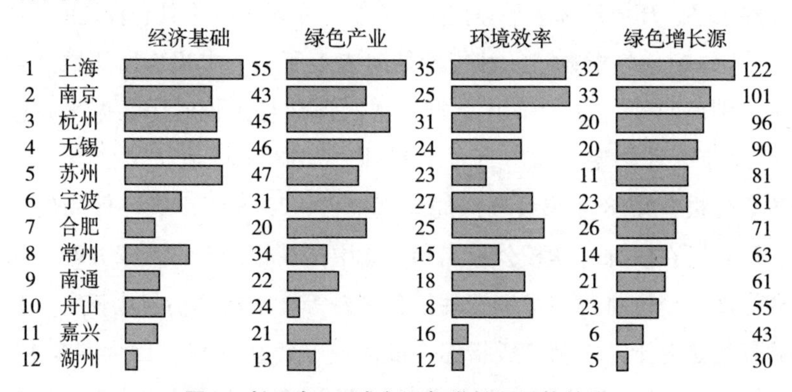

图1　长三角12城市绿色增长源评估结果

资料来源：作者根据文中所述资料和计算方法算得，下同。

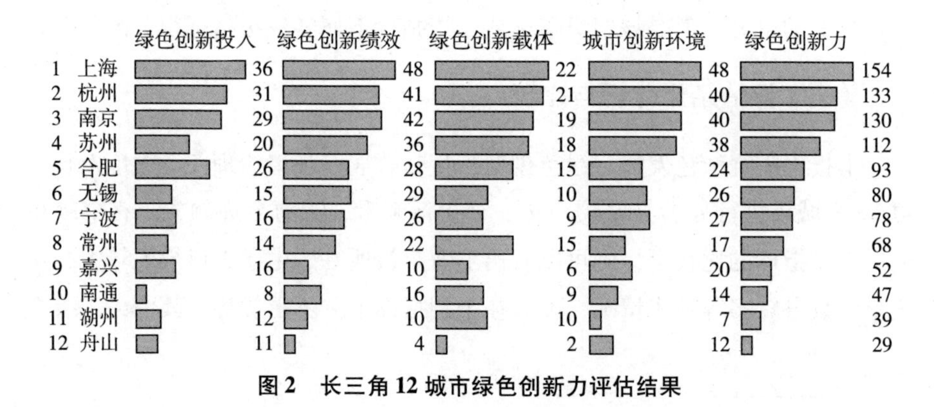

图2　长三角12城市绿色创新力评估结果

① 中共中央、国务院：《长江三角洲区域一体化发展规划纲要》，2019。

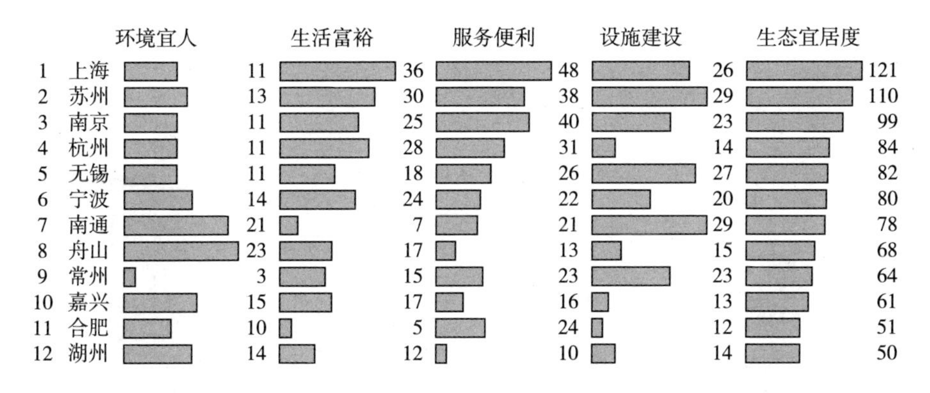

图3　长三角12城市生态宜居度评估结果

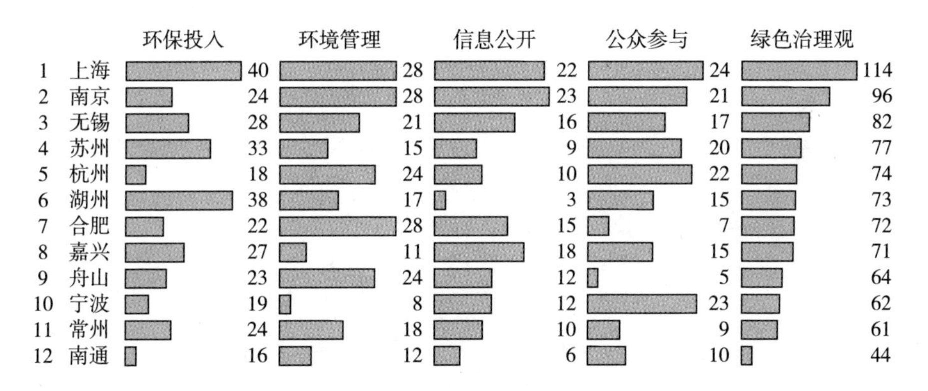

图4　长三角12城市绿色治理观评估结果

2. 绿色发展总体领先，但人均水平面临挑战

在绿色发展（绿色增长源）维度下，上海的各项指标总体领先于长三角其他城市，但在（人均）发展水平方面并不占优势。如图5所示，从绿色增长源的二级指标比较来看，上海环境效率虽然在长三角主要城市中名列前茅，但未能达到第一。如图6所示，南京的能源消耗指标优于上海，合肥与南京的水污染物指标优于上海，说明上海还需在工业内部进一步优化行业结构、推动技术升级。从绿色增长源的三级指标来看，以人均GDP表征的发展水平，上海并不占优，在纳入比较的12城市中仅居中游。

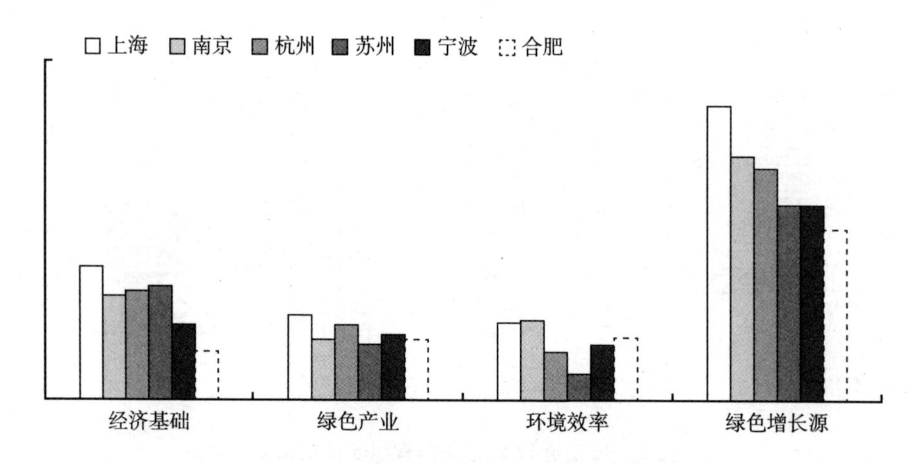

图 5　长三角 6 个中心城市绿色增长源二级指标评估

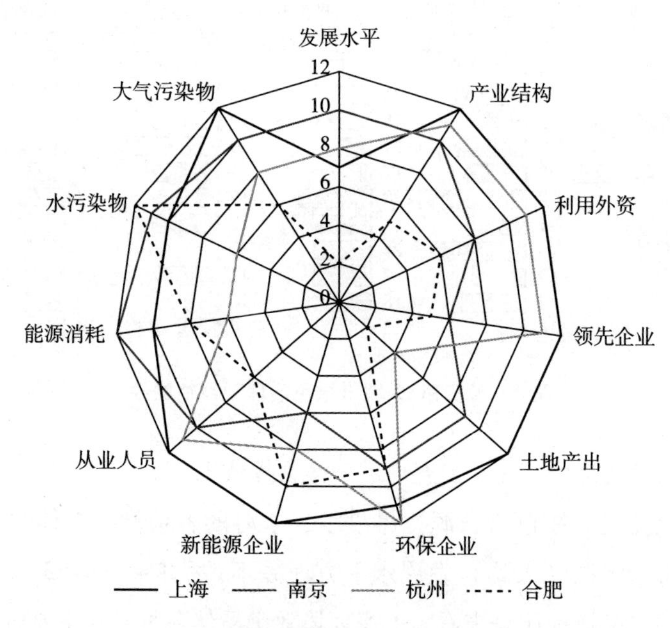

图 6　沪宁杭庐绿色增长源三级指标评估

3. 绿色创新力各项指标全面领先

如图 7 和图 8 所示，上海的绿色创新力各项指标在长三角城市中全面领先。当然不同指标上领先的程度有所差异，在绿色创新载体方面，上海、杭州、南京 3 城市名列前茅且彼此差距较小，因为这 3 个城市都有数量众多的

名牌高校和国家级科研机构；合肥也有很好的绿色创新载体（中科大的所在地），但略逊于前述3城市。

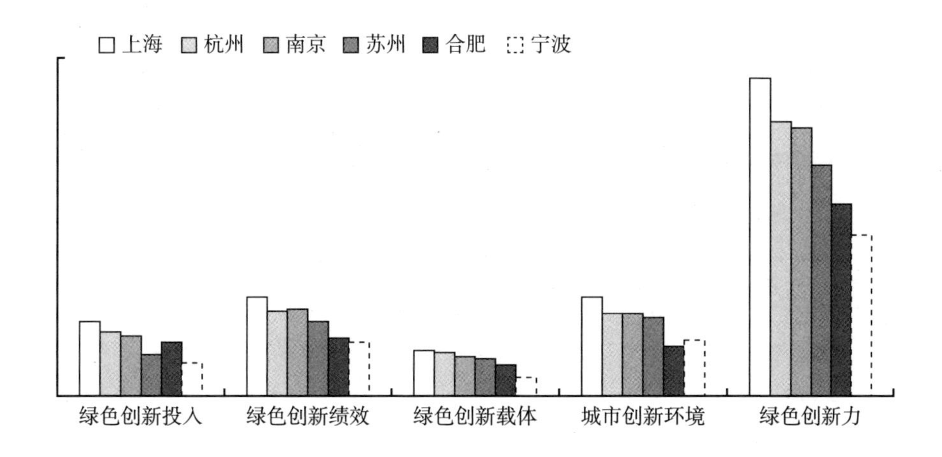

图7　长三角6个中心城市绿色创新力二级指标评估

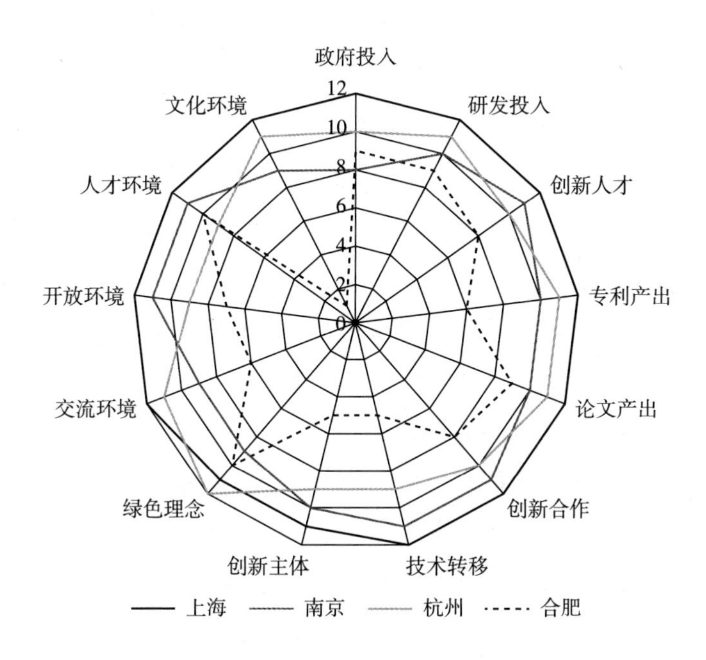

图8　沪宁杭庐绿色创新力三级指标评估

4. 生态宜居度总体较好，但人均绿地和住房不占优势

如图 9 和图 10 所示，上海生态宜居度总体领先长三角其他城市，这得益于上海在空气质量、居民收入（居民消费能力）、消费结构、财政支出（公共物品供给支出）、医疗服务、入学便利、商业零售（购物便利）、道路设施（交通便利）等方面优势。然而，上海的人均绿地（生态空间指标）和人均住房指标（居住状况指标）明显落后于长三角其他城市，但是考虑到上海人口密度高、土地资源紧缺，上述问题仍是未来生态之城建设中面临的挑战。

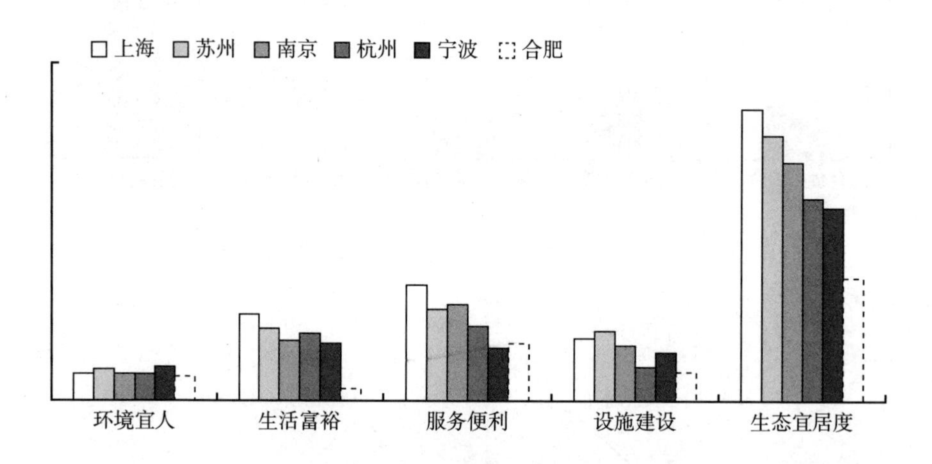

图 9　长三角 6 个中心城市生态宜居度二级指标评估

5. 环境治理总体领先

在环境治理（绿色治理观）维度上，上海有不少指标的表现可圈可点，总体领先于长三角其他城市；但是在个别环境管理事务中，由于工业企业数量较多，上海投入的资源相对不足。

在环境管理方面，上海在环境监测上投入资源远多于长三角其他城市，较好地带动了设备升级、人员素质提升等，这在很大程度上是因为在大气环境监测方面，上海被赋予长三角区域预测预报中心的职能。

在信息公开方面，上海不仅公开的信息数量远远多于长三角其他城市，而且从受关注度来看，上海公开的环境信息具有较高的质量。

在公众参与方面，上海在垃圾分类等全民性参与的环境事务中起步较

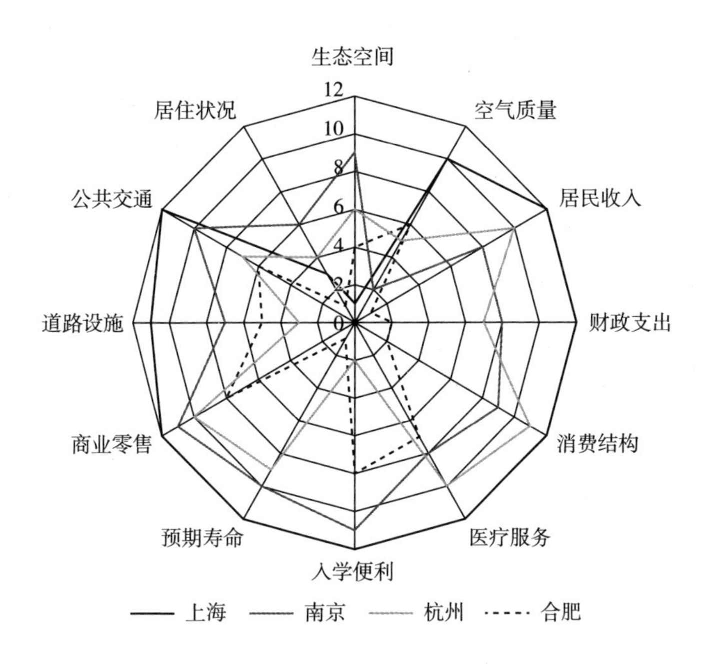

图 10　沪宁杭庐生态宜居度三级指标评估

早，市民的环保参与责任意识、环保参与能力以及社区环境事务自治能力都较早得到锻炼和提升，“参与广度”指标表现较优。

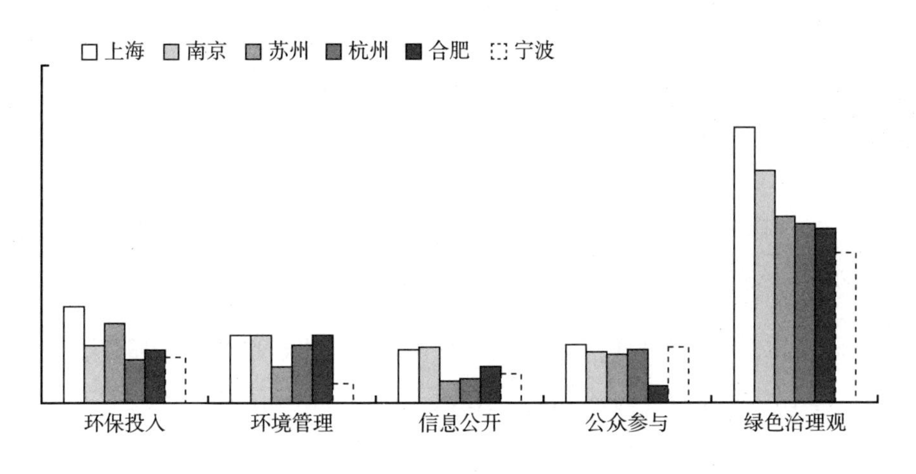

图 11　长三角 6 个中心绿色治理观二级指标评估

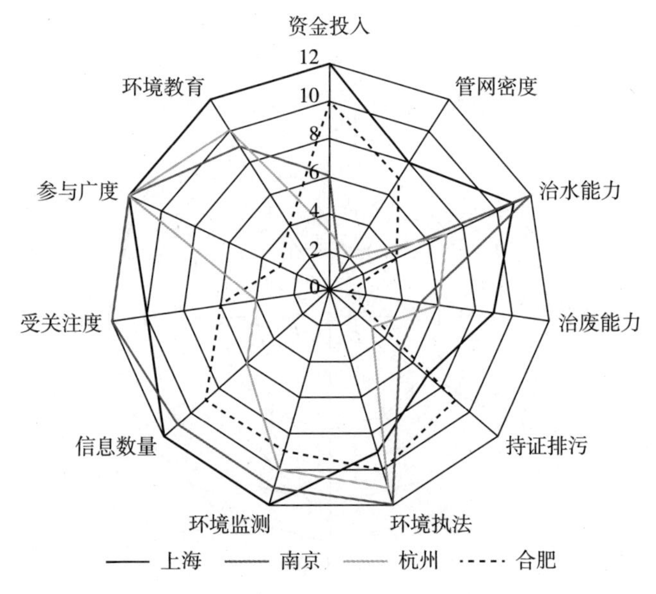

图 12　沪宁杭庐绿色治理观三级指标评估

四　上海生态之城建设的展望

为建设与卓越的全球城市定位相匹配的生态之城，上海需要实施更严格的环境标准，调动全社会力量投资于资源环境效率提高，畅通生态产品价值实现的机制尤其是市场化机制，促进环境治理体系和治理能力现代化，以及依靠更密切的长三角生态环保与绿色发展合作。

（一）目标：资源效率、环境质量、生态产品全面达到顶级全球城市水平

根据前述与长三角 12 个城市的评估与比较，上海的生态之城建设处于领先水平，然而，与纽约、伦敦、东京等顶级全球城市相比，仍然存在一定差距。

例如，在资源环境效率方面，上海的单位 GDP 碳排放仍然是纽约、伦敦、东京等顶级全球城市数值的 8 ~9 倍。在环境质量方面，2019 年，上海

$PM_{2.5}$年日均值为 35 微克/米^3，但纽约 2017 年水平是 7.85 微克/米^3，伦敦 2018 年水平是 11 微克/米^3，东京都区部 2018 年水平是 13.0 微克/米^{3}①。在水环境方面，不少国外城市的自来水可以直饮。在生态产品供给方面，上海的人均公园绿地 2020 年达到 8.5 平方米②，伦敦的人均公园绿地在 30 平方米左右，纽约的人均公园绿地面积在 15 平方米左右③。

（二）关于生态之城建设路径的建议

1. 适当控制人口和严控工业企业准入

人口规模过大、工业企业数量过多，给上海生态之城建设个别指标的改善带来很大压力，因此需要从源头加以控制。如果人口规模得不到适当控制，人均绿地、人均住房之类的指标就很难改善。在工业企业数量方面，为减轻相关部门管理负担，将来应主要在金山、宝山等重点发展工业的地区引入规模较大、便于管理、技术水平高、单位产出排污少的工业企业；对于规模较小、会带来更高管理成本的工业企业，除非技术水平、排污系数等达到"领跑者"水平，一般不应引入。

2. 实施更严格环境标准

从上海市委李强书记提出的"四个论英雄"出发，在工业生产、交通工具、工地施工等方面实施更严格环境标准，这也是从源头减少污染的重要手段。对于达到高环境标准的工业企业、交通工具、建设企业等，可推出倾斜力度更大的优惠措施。例如，上海就机动车通行划出一定限行区域、在某些道路规定一定限行时间，而新能源汽车则可享受不限行待遇。

---

① 《2019 上海市生态环境状况公报》；New York City Government, *One NYC 2050: Building a Strong and Fair City* (Master Plan for 2050), 2019; *London Average Air Quality Levels* (*to May 2019*), https://data.london.gov.uk/dataset/london-average-air-quality-levels；《东京统计年鉴》，http://www.toukei.metro.tokyo.jp/homepage/ENGLISH.htm。

② 陈玺撼：《上海人均公园绿地面积年底将达到 8.5 平方米》，《解放日报》2020 年 4 月 16 日，第 2 版。

③ 〔韩〕金善雄、张男钟：《图示世界大都市建设情况比较（6）：生活基础设施》，〔韩〕丁晨楠译，北京·国际城市观察站（北京市城市规划设计研究院规划研究室为主建立）编辑，2018。

3. 更多投资于资源环境效率提高

不仅政府相关部门要更多投资于资源环境效率提高（如以政府资金支持绿色创新），而且要多措并举鼓励企业、撬动巨量社会资本投资于这一领域。一方面，借助更严格环境标准、环境信用黑名单等，打击环境不友好企业的竞争力，相应地让愿意投资于资源环境效率提高的企业在市场上竞争力更强。另一方面，借助环境信用优质企业名单、绿色金融等，让投资于资源环境效率提高的企业更容易获得资金。

4. 畅通让生态产品价值实现的机制

习总书记提出“绿水青山就是金山银山”重要理念，而要让绿水青山变成金山银山则需要许多具体的机制：一方面，政府要为生态产品的供给埋单；另一方面，如果我们能畅通让生态产品价值实现的市场化机制，就能吸引更多社会资本投资于生态产品供给。具体来说，生态旅游以及生态农产品认证体系和供应渠道就是典型的生态产品价值市场化实现机制。

5. 环境治理体系和治理能力现代化是制度保障

好的政策要靠高效的治理体系和强大的治理能力实施下去，环境治理体系和治理能力现代化是上海生态之城建设的制度保障。上海对标顶级全球城市的生态之城建设，不仅是关注具体的生态环境、资源效率指标数值，更要借鉴体制机制方面的好做法。具体而言，上海主要可以从纽约、伦敦、东京等顶级全球城市学习以下经验。

其一，政府相关部门主动培养与环保组织、行业协会、社区自治组织等合作的能力，培育和借助行业或产业园区的自治组织，以降低管理成本。

其二，让生态之城建设的评价指标体系和监测体系更能反映市民获得感。如伦敦在环境战略中引入“健康街区项目”（the Healthy Streets Approach），并设置更接近居民实际生活感受的“健康街区指标体系”（Healthy Streets Indicators），作为环保工作成败的指标①。伦敦市政府的数据公开网站上可

① Greater London Authority, *London Environment Strategy*, 2018.

以查询到社区（ward）一级的土地利用、公共绿地、低碳出行等数据，伦敦甚至开发出“社区福利指数”（Ward Well-Being Scores）[①]。纽约市从2008年开始每年开展“社区空气质量普查”（Community Air Survey，NYCCAS），以对居民健康影响为导向设置监测点位，即在对人体健康有直接影响的地方（近地面处、近交通要道处）布设点位，且监测点位设在社区层面，更加密集[②]。上海也需要在生态之城建设的评估指标体系和监测体系中增加更能反映市民获得感的指标。以滨江绿地和开放空间为例，沿黄浦江全线贯通之后，除了考察绿地面积、开放空间面积等指标，建议增加可达性指标的考察。

其三，加大环境信息公开力度，方便市民参与环境事务的监督和意见表达，而且，这也方便相关研究者获得生态环境类、资源利用类数据，对于提高学术研究、决策咨询的质量也大有裨益。前述纽约市“社区空气质量普查”的研究报告也在政府网站公开，后续的研究者接触到其研究成果或研究结论后，就能大大提高研究效率和研究质量，能够更迅速、更好地向政府提出改善大气环境的政策建议。

其四，在政府相关部门网站加大信息服务力度，让市民或企业在政府网站上找到自己所需的相关环境服务企业的名录、联系方式和网站链接。一方面，方便了环境服务的需求端；另一方面，在供给端促进了上海环境污染第三方治理、合同能源管理、环境检测等产业的发展。

6. 依靠更密切的长三角生态环保与绿色发展合作

上海需要依靠更密切的长三角生态环保与绿色发展合作，来减少外部输入污染（大气污染、水污染、机动车污染、船舶污染等），甚至助力本市范围内的能源转型，如从外省输入清洁电力来减少本市煤炭发电及其衍生的大气污染。

长三角生态环保与绿色发展合作需要在取得很大成绩的基础上，在以

---

① https：//data. london. gov. uk/.

② NYC Health, *The New York City Community Air Survey*：*Neighborhood Air Quality 2008 - 2016*, 2016.

下几方面进一步探索：各省份、各城市之间环境规划、环境立法如何协同，环境类技术规范如何趋同，河湖上下游跨界地区的发展或环境功能定位如何协调，环境数据如何共享，能源市场如何打通，绿色发展动能如何合作培育。要支撑这些合作机制运转良好，最根本的还是建立更好的利益协调机制。

附表1　城市绿色景气指数指标体系

一级指标	二级指标	三级指标	指标解释	单位
绿色增长源	经济基础	发展水平	人均 GDP	万元
		产业结构	三产占 GDP 比重	%
		利用外资	实际利用外资额	亿美元
		领先企业	全国 500 强企业数量	家
		土地产出	单位土地面积 GDP	万元/平方公里
	绿色产业	环保企业	环保业务收入超 5 亿元企业数量	家
		新能源企业	新能源业务收入超 10 亿元企业数量	家
		从业人员	水利、环境与公共设施管理从业人数	万人
	环境效率	能源消耗	单位工业增加值电耗	千瓦时/元
		水污染物	单位工业增加值 COD 排放	吨/亿元
		大气污染物	单位工业增加值 SO_2 排放	吨/亿元
绿色创新力	绿色创新投入	政府投入	人均地方公共财政科技支出	万元
		研发投入	R&D 支出占 GDP 比重	%
		创新人才	科学研究、技术服务和地质勘查业占从业人数比重	%
	绿色创新绩效	专利产出	绿色创新专利产出	件
		论文产出	绿色创新论文产出	件
		创新合作	绿色创新专利合作次数	次
		技术转移	绿色技术转移次数	次
	绿色创新载体	创新主体	参与绿色创新机构数量	家
		绿色理念	2019 年万人新能源汽车保有量	辆
	城市创新环境	交流环境	城市咖啡厅数量	家
		开放环境	城市展览数量	次
		人才环境	本科院校数量	所
		文化环境	万人公共图书馆藏书量	册

续表

一级指标	二级指标	三级指标	指标解释	单位
生态宜居度	环境宜人	生态空间	人均公园绿地面积	平方米
		空气质量	环境空气质量优良率	%
	生活富裕	居民收入	城镇居民人均可支配收入	元
		财政支出	人均一般公共预算支出	元
		消费结构	城镇居民恩格尔系数	%
	服务便利	医疗服务	综合医院数量	家
		入学便利	小学分布密度	所/平方公里
		预期寿命	城镇居民平均预期寿命	岁
		商业零售	万人拥有批发零售业从业人员	人
	设施建设	道路设施	城市道路面积率	%
		公共交通	轨道交通网密度	公里/平方公里
		居住状况	城镇居民人均住房建筑面积	平方米
绿色治理观	环保投入	资金投入	节能环保投入占 GDP 比重	%
		管网密度	建成区排水管道密度	公里/平方公里
		治水能力	人均日污水处理能力	吨
		治废能力	人均日垃圾处理能力	公斤
	环境管理	持证排污	单位规模以上工业企业排污证数	张/百家
		环境执法	单位规模以上工业企业市级环境执法投入	万元/家
		环境监测	单位规模以上工业企业市级环境监测投入	万元/家
	信息公开	信息数量	单位规模以上工业企业市环保局主动公开信息数	条/家
		受关注度	个均市环保局官博粉丝数	万人
	公众参与	参与广度	2020 年强制性垃圾分类推广度	—
		环境教育	截至 2019 年获评省级或以上绿色学校数	家

资料来源：周冯琦等：《长三角城市绿色景气指数报告（2019）》，上海社会科学院生态与可持续发展研究所，2019。

生态产品篇

Chapter of Ecological Products Reports

B.2
上海城市生态空间体系特征及品质提升研究

程 进*

摘 要： 优质生态空间是生态之城建设的重要依托，应形成“数量、质量、分布”三位一体新的建设管理格局。“十三五”以来，上海生态节点的规模持续增加，生态节点的空间分布差异不断缩小，生态节点的结构不断优化，绿色廊道密度不断提升。但与国内外主要城市相比、与城市居民日益增长的美好生活需要相比，生态空间品质仍存在一些短板和不足，表现为生态空间的数量规模仍需增加，生态空间保护与利用尚需协调，生态空间的使用负荷差异明显。在“人民城市人民建，人民城市为人民”理念的指引下，“十四五”时期上海生态空间建设需要更加强化公平性和品质感，利用建成区碎

* 程进，上海社会科学院生态与可持续发展研究所副研究员，研究方向为自然资源与生态城市。

片化空间定点增绿，利用郊区用地规模化增绿，加强生态空间的多功能融合；由外而内打造由生态保育区圈层、生态维护区圈层、生态互动区圈层、生态嵌入区圈层构成的圈层式分布格局；注重显化城市生态空间价值，拓宽生态产品的价值实现渠道；创新跨界生态空间共保机制，推进用地指标的跨地区交易，推动建立长三角生态空间协同保护的空间规划体系。

关键词： 生态空间 生态产品 生态品质 人民城市

城市生态空间是维持生态环境功能和生态产品供给的重要空间载体，城市生态空间建设与管理关系着民生福祉与城市健康发展。2019 年，上海森林覆盖率达到 17.56%，建成区绿化覆盖率达到 39.6%，人均公园绿地面积为 8.3 平方米，城市生态空间建设取得显著成效。《上海市生态空间专项规划（2018～2035)》更是提出要构建“双环、九廊、十区”的多层次、成网络、功能复合的生态格局。截至 2019 年底，上海的常住人口已达到 2428.14 万，一方面，上海建设用地面积占全市陆域面积的比重超过了 45%，高强度的人类活动对城市自然生态空间的压力日益增大；另一方面，庞大的人口规模对优质生态空间的需求日益增长。上海是一个河口冲积城市，缺少较大规模的自然生态物质空间，在一定程度上为城市生态空间培育和发展带来了难题。另外，与伦敦、纽约等全球城市相比，生态空间品质仍是影响上海城市竞争力的短板①。因此，上海生态空间建设既要继续加强“数量供给”，更要注重“品质提升”。有必要梳理上海城市生态空间体系特征，明确人民城市理念指导下生态空间品质提升方向与路径，为建设人民向往的生态之城提供良好的空间载体。

① 袁芯：《基于“城市针灸”原理的生态空间品质提升路径研究——以上海市静安区为例》，《上海城市规划》2018 年第 2 期。

一　优质生态空间是生态之城建设的重要依托

生态之城要有提供优质生态产品的能力，优质生态空间本身是优质生态产品的重要组成部分，同时也是生产优质生态产品不可或缺的空间载体。

（一）生态空间是生态产品的重要组成部分

根据《全国主体功能区规划》，生态产品是指维系生态安全、保障生态调节功能、提供良好人居环境的自然要素。随着认识的深化，目前对生态产品的认识具有不同的观点[①]：一是延续《全国主体功能区规划》的提法，将生态产品等同于具有生态系统功能的自然资源要素，能够提供供给、调节、文化等生态服务；二是认为生态产品既包括自然资源要素，也包括自然资源经过产业化加工衍生出的产品。还有的根据生态产品是否具有物质形态，而将其分为生态物质产品和生态服务产品[②]。综合看来，不论对生态产品的认识从何角度出发，生态物质产品均是其不可或缺的构成要素，最直接的就是各类自然资源要素及其承载体，也就是各类生态空间，因此，生态空间建设是生态产品供给的重要组成部分。

目前对生态空间的理解和界定并不统一，形成了绿地系统、绿色空间、景观生态空间、生态用地等不同的称谓，总结看来，争议的焦点大多集中在用地空间能多大程度提供生态服务。一种观点认为以提供生态服务和生态产品为主体功能的地域空间为生态空间，如各种自然保护地，更注重强调生态空间是各种自然因子的空间载体[③]；另一种观点则认为只要提供生态系统服务功能或生态产品的地域空间都属于生态空间，如耕地和城市绿地[④]。而从

① 李宏伟：《以机制创新推进生态产品价值实现》，《中国矿业报》2020年7月15日，第2版。

② 马建堂：《生态产品价值实现路径、机制与模式》，中国发展出版社，2019，第3～10页。

③ 何梅、汪云、夏巍：《特大城市生态空间体系规划与管控研究》，中国建筑工业出版社，2010，第21～27页。

④ 詹运洲、李艳：《特大城市城乡生态空间规划方法及实施机制思考》，《城市规划学刊》2011年第2期。

行政管理视角来看，生态空间是与城镇空间、农业空间并列的国土空间。《关于划定并严守生态保护红线的若干意见》指出，生态空间是具有自然属性、以提供生态服务或生态产品为主体功能的国土空间，包括森林、草原、湿地、河流、湖海、滩涂、荒漠、戈壁等。

对生态空间认识不同，是因为对生态空间的尺度和属性认识不同。按照层级性、以提供生态服务为主导功能、分布上的连续完整性等原则，可将生态空间细分为不同类型（见图1）。其一，具有自然属性的生态空间为自然生态空间。其二，城市中绿地、森林公园等具有人工或半人工生态系统景观特征的空间为城市生态空间；农村中具有农林牧混合景观特征的空间为农村生态空间。这些生态空间的共同特点是以提供生态系统服务或生态产品为主导功能。

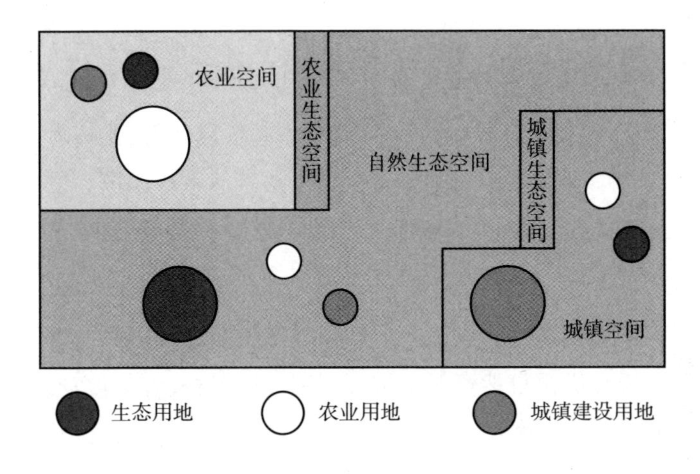

图1　生态空间的类型

资料来源：高吉喜、徐德琳、乔青：《自然生态空间格局构建与规划理论探索》，《生态学报》2020年第3期。

（二）生态空间是生产生态产品的重要载体

从定义来看，生态空间是以提供生态服务或生态产品为主体功能的地域空间。生态产品除了森林、绿地、湿地等有形的物质产品外，供给、调节、文化等生态服务产品也至关重要，人对清新空气、清洁水源、舒适环境、宜人气侯等一系列生态服务产品的需求，需要借助生态物质产品加以实现，因为几乎所有的自然资源和生态服务都是基于生态空间而产生、存在及利用的。如城市森林生态空间在提供涵养水源、调节气温、固碳释氧、净化空气、生物多样性保护、休闲游憩等生态服务方面具有重要作用①。只有建设及保护好森林、草原、湿地、湖泊、海洋等生产生态产品的用地空间，才能提供更多优质生态产品。因此，城市优质生态空间是优质生态产品再生产的重要载体，加强优质生态空间建设与管理，是保障优质生态产品供给的重要方式，直接关系到城市健康发展。

（三）人民美好生活需要更多优质生态空间

“人民美好生活”的关键词是“美好”，而“美好”则表现为获得感、幸福感和安全感。2019 年 11 月，习近平总书记在杨浦滨江考察时提出“人民城市人民建，人民城市为人民”的重要理念，要求在城市建设中注重以人民为中心，合理安排生产、生活、生态空间。从人民城市、健康城市建设的角度来看，优质生态空间应形成“数量、质量、分布”三位一体新的建设管理格局。

一是在数量上增加有效供给。在确保存量生态空间的基础上寻求增量生态空间，保证现有优质自然资源不被破坏和过度消耗，同时在城市土地资源日趋紧张的情况下，不断拓展新的、更多的城市生态空间，供给更多优质生态产品，满足城市居民日益增长的对优美生态环境的需求，解决生态空间“有没有”的问题。

二是在质量上提升生态服务功能。城市生态空间建设已基本结束规模扩张的发展阶段，优质生态空间建设应不断拓展生态空间的功能内涵，立足市民幸福生活、人与自然和谐等目标，通过高质量生态建设，促进自然生态资

① 王兵、牛香、宋庆丰：《中国森林生态系统服务评估及其价值化实现路径设计》，《环境保护》2020 年第 14 期。

源向生态产品服务转变，不断提升生态空间的生态功能，解决生态空间“好不好”的问题。

三是在空间分布上实现公平性，生态空间的分布格局决定城市居民空间福利的普惠性和公平性，优质生态空间建设应以居民福祉为核心，优化城市社会与生态空间的交互关系，提高生态空间的服务供给与居民需求分布的空间匹配性，推进城市生态空间的合理规划和科学配置。

二　“十三五”以来上海生态空间体系发展趋势

“十三五”以来，上海重点构建“两道两园两网”的生态体系，生态空间建设的点、线、网布局得到进一步完善，生态空间建设与城市品质提升和市民需求不断融合，进一步提升了城市生态空间功能。

（一）生态节点体系不断完善

1. 生态节点的规模持续扩大

“十三五”期间，上海生态空间建设的力度加大，生态节点数量相对于“十二五”时期有大幅提升。截至2019年底，上海建成区绿化覆盖率达到39.6%，人均公园绿地面积达到8.4平方米，森林覆盖率达到17.56%。上海的公园数量由2011年的153个增加至2019年的352个，从年度新增公园数量来看，“十二五”期间上海年新增公园数量均不多于5个，“十三五”以来上海年新增公园数量大幅增加，除了2017年为26个外，其他三个年份新增公园数量均超过50个（见图2）。

从每年新增绿地空间来看，上海在城市土地资源紧缺的情况下，“十三五”以来年新增绿地空间仍实现了大幅增加（见图3）。年新建绿地面积由2012年的1038公顷增加至2019年的1321公顷，增加了27%；年新建林地面积由2012年的1.75万亩增加至2019年的11.3万亩，增加了545%。两者均体现了上海在扩大生态节点规模上的努力和成效。

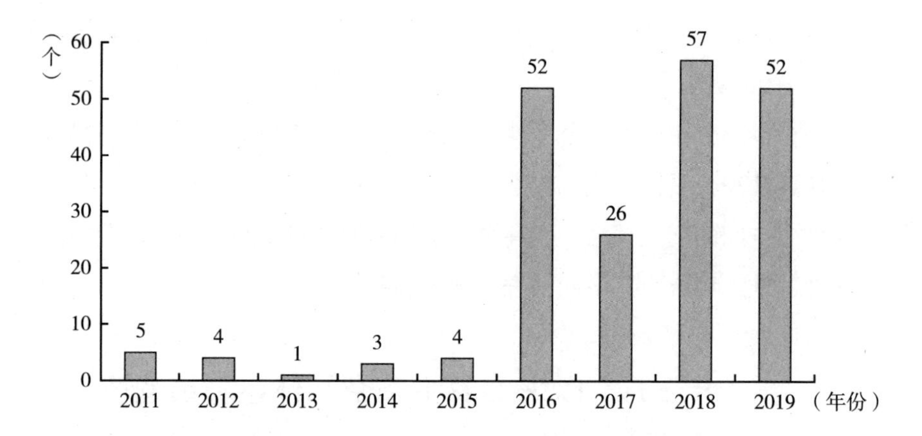

图2　2011～2019年上海市年新增公园数量

资料来源：《上海统计年鉴》，2012～2019。

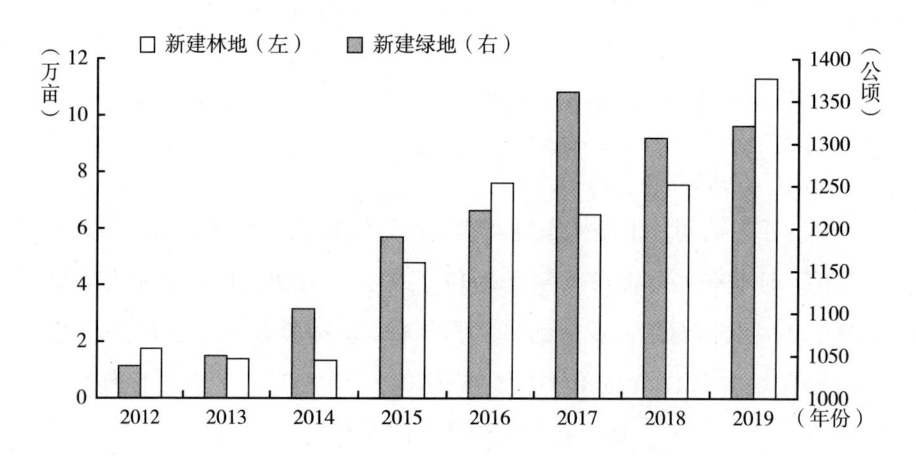

图3　2012～2019年上海新增林地和绿地面积

资料来源：2012～2019年《上海市国民经济和社会发展统计公报》。

2. 生态节点的分布差异缩小

受土地供应等因素影响，上海市生态空间存在区域分布不均现象（见图4）。以公园的区域分布为例，2018年，浦东新区公园数量达到43个，在各区中最多，其次为闵行、宝山、嘉定等土地供应量相对宽松的区县。从各区单个公园面积的分布差异来看，松江平均单个公园面积为19.11公顷，在

各区中最大，最小的金山单个公园面积仅为2.09公顷，总体上松江、青浦、宝山等郊区的单个公园面积较大，而黄浦、徐汇、长宁、静安、普陀、虹口等中心城区单个公园面积较小。

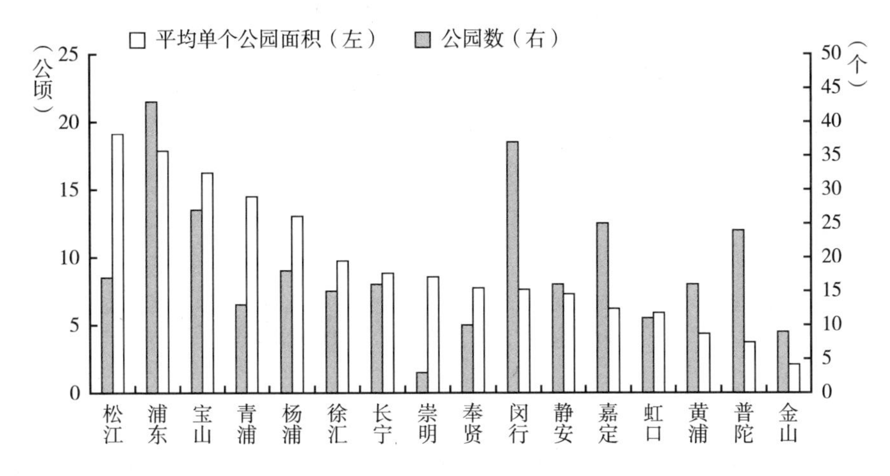

图4 2018年上海市各区公园数和单个公园面积

资料来源：《上海统计年鉴》，2019。

虽然上海的生态空间分布不均现象仍然存在，但“十三五”以来生态节点的分布差异正趋于缩小（见图5）。从2016~2018年上海市各区年新增公园数的变化情况来看，2016年和2017年每年都有6个区的公园数零增长，其他区增长幅度差异较大，如2016年闵行区和嘉定区公园分别增加了12个和13个，黄浦、普陀、金山等区仅各增加1个。2018年这一现象得到转变，除崇明外，其他区均有新增公园，且各区的新增公园数量较为均衡，这也说明居民日益增长的生态需求与生态空间分布的匹配性得到重视并加以实现。

3. 生态节点的结构不断优化

从绿地、林地、湿地的整合来看，在公园绿地建设方面，上海正不断完善由国家公园、郊野公园、城市公园、地区公园、社区公园、口袋公园等构成的公园体系，截至2019年，上海已建成城市公园352座、郊野公园7座。在森林绿地建设方面，上海正构筑以环廊森林片区为结构型空间载体，以城

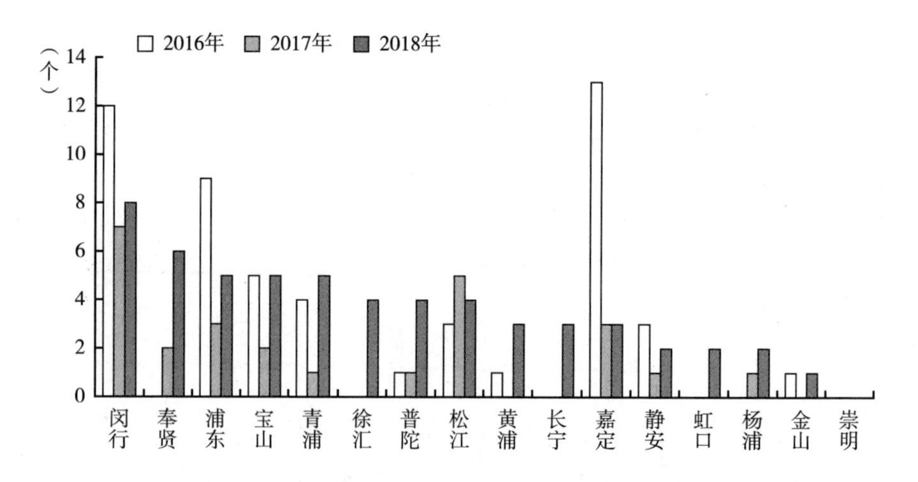

图5　2016～2018 年上海市各区年新增公园数量

资料来源：《上海统计年鉴》，2017～2019。

区森林群落为链接载体的城市森林空间体系。在湿地空间建设方面，上海正打造长江口湿地圈、淀山湖群及黄浦江上游水源湿地圈、杭州湾北岸湿地带、河流及运河湿地网、城市人工库塘和景观水面等组成的湿地格局。

从自然保护地构成来看，上海市形成了涵盖自然保护区、国家级湿地公园、国家森林公园、国家地质公园等在内的自然保护地体系，共有各类自然保护地 11 处，不断强化上海"生态之城"的重要载体，筑牢生态安全屏障。

从城市绿地构成来看，上海的公园绿地和附属绿地占比有一定程度的上升（见图 6），其中公园绿地占比由 2011 年的 13.4% 增加至 2018 年的 14.8%，附属绿地占比由 2011 年的 15.9% 增加至 2018 年的 18%。这说明面向公众的、以游憩为主要功能的绿地空间，以及居住用地、工业用地、交通用地、市政设施用地等用地类型中的附属绿化空间有所增加。

（二）绿色廊道密度不断提升

"十三五"期间，上海着重激活有限的生态空间资源，通过绿色廊道建设将各类公园、绿地、森林、湿地等生态空间串联贯通，为市民高品质生活

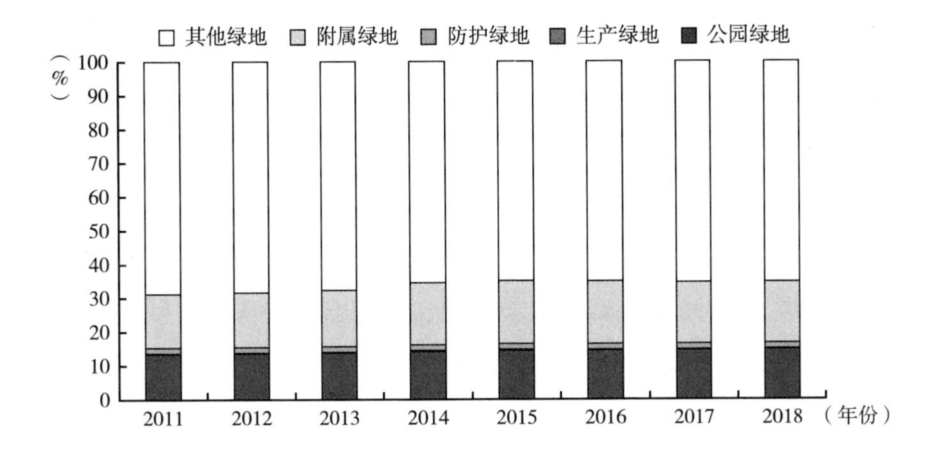

图 6　2011～2018 年上海市不同绿地类型占比

资料来源：《上海统计年鉴》，2012～2019。

提供“绿色走廊”。

一是打造生态廊道网络。“十三五”期间上海重点在近郊绿环、主要道路和河道两侧按照一定标准建设防护绿带，以森林为主体，打造市域放射状通畅性廊道，形成廊道网络体系。“十三五”期间，上海的 17 条市级滨水沿路生态廊道全部完工，总面积超过 12 万亩，是环城绿带面积的 1.3 倍以上。上海生态廊道重点发挥三大作用：阻隔邻避设施的作用、隔离城市组团的功能和连接生态系统的功能。根据规划，“十三五”期间上海市级重点生态廊道的造林总量将占总造林量的四成。

二是打造绿道网络。上海绿道建设主要借助水道河网、景观道路、绿带等自然和人工廊道，打造融合生态保护、游憩休闲和资源利用等功能的线性生态空间。上海于 2016 年发布《上海市绿道建设导则（试行）》，并自 2017 年起连续三年将绿道建设列入政府实事项目。“十三五”时期上海绿道建设目标为 1000 公里，近年来上海每年新建绿道均超过 200 公里，截至 2019 年底，上海市绿道总长已达到 881 公里，其中作为上海“1 号绿道”的黄浦江两岸滨江绿道最具有代表性。根据规格的不同，上海的绿道可分为市级绿道、区级绿道和社区级绿道三种类型，目前上海已建绿道中，社区级绿道占比超过50%，这也反映了上海绿道以围着居民区修建为主要特点，能够较好满足服务人群需求。

（三）生态网络功能不断丰富

一是加强生态空间的功能融合。“十三五”期间，上海生态空间建设在坚持生态为主的同时，加强生态空间的功能叠加，统筹相应的休闲、景观、游憩、生活、体育功能，兼顾生态功能、环境功能、经济功能和景观功能。首先是系统化打造绿地、林地、湿地融合的生态空间，以公园城市满足市民对美好生活的需要，以森林城市打造韧性生态系统，以湿地城市实现人与自然和谐共生。其次是以提升绿化、彩化、珍贵化、效益化水平为指引，扩大彩化、珍贵化、效益化的植物品种应用，实行多品种、多规格搭配，营造良好景观，综合实现生态空间的生态、社会和经济效益。

二是致力于满足市民休闲需求。上海致力于提升生态空间的开放共享程度，推进生态效益和市民诉求的有机融合，满足人民日益增长的优美生态空间需要，打造人人向往的生态之城。在森林覆盖率快速提升的过程中，上海积极探索将有条件的林地分阶段打开，让市民走进森林，享受大自然。2018～2019年，上海市确定了19片林地作为市级开放式林地试点，面积约为3万亩，有效利用了林地富余空间和资源，增加了居民对城市生态建设成果的获得感。在黄浦江核心段两岸公共空间贯通的基础上，上海大力提升核心段滨江空间品质。黄浦江绿道由漫步道、跑步道、骑行道构成，全程采用无障碍坡道设计，并与周边商务区、居住社区紧密联系，接驳公共交通站点，形成便捷的慢行网络，为各种年龄段使用者提供方便。

三　人民城市理念下优质生态空间供给的挑战

上海在生态空间建设方面已经取得了显著成效，但与国内外主要城市相比、与城市居民日益增长的美好生活需要相比，生态空间品质仍存在一些短板和不足。

（一）生态空间的数量规模仍需增加

生态空间只有达到一定规模，才能更好地发挥其生态效益。上海位于平原河网地区，土地开发强度大，植被覆盖率总体上较低。国内外实践表明，要让一个国家或地区的生态环境比较优越，其森林覆盖率要达到30%以上，此时森林的一系列生态服务功能才能得到有效发挥。目前上海森林覆盖率已达到17.55%，但与国内外城市相比还有一定的提升空间，如北京、深圳、广州等国内城市森林覆盖率均已达到40%左右。上海的建成区绿化覆盖率为39.6%，同样低于北京、深圳、广州等城市。

生态空间覆盖率的相对不足，也使得生态空间满足居民生态环境需求的能力受到制约。上海人均公园绿地面积已经从“一双鞋”增加至“一间房”，2019年上海人均公园绿地面积达到8.3平方米，而北京、深圳、广州等国内城市人均公园绿地面积已达到16平方米左右，相比之下，上海人均生态空间水平还需要继续提升。由于上海土地资源日益紧缺，可供生态空间建设的土地日趋紧张，每年新辟生态用地面积有限，未来为生态空间建设腾出新空间的难度越来越大。

表1　国内部分大中城市园林绿化指标对比

单位：%，平方米

城市	森林覆盖率	建成区绿化覆盖率	人均公园绿地面积
上海	17.56	39.60	8.30
北京	44.00	48.46	16.30
深圳	39.78	43.40	15.95
广州	42.31	45.13	17.30

（二）生态空间保护与利用尚需协调

作为超大城市，上海的城市生态空间是支撑城市生态安全和生产生活的重要保障，不仅要严格保护生态空间，还要加强对生态空间的科学合理利用，满足市民多元生态需求。如何做到一方面严格保护城市生态空间，另一方面仍然服务于城市经济社会发展和满足市民生态需求，是上海生态空间建设所面临的挑战。

一方面，城市生态空间需要严格保护，确保规模不缩小、功能不弱化。生态保护红线明确了需要强制性严格保护的生态空间。2018 年 2 月，《上海市生态保护红线》正式对外发布，划定的生态保护红线面积达到 2082. 69 平方公里，其中陆域面积为 89. 11 平方公里，长江河口及海域面积为 1993. 58 平方公里。生态保护红线原则上遵照禁止开发区域的管理要求，禁止经营开发活动。其他贴近市民日常生活区域的公园、绿地和河湖水网等生态空间，虽未划入生态保护红线范围，也将实施分级分类保护和管理。未来需要紧密结合上海高度城市化的发展特征，解决好生态保护红线的线内线外生态空间管控等问题，以应对更加紧迫的空间资源约束。

另一方面，上海土地供需矛盾突出，需要实现土地利用效益综合化，特别是发挥生态空间的生态效益、经济效益、社会效益，提供更多优质的生态产品，实现生态产品价值。但目前对生态产品认识和理解还有待明确和加深，特别是生态产品价值实现过程中涉及的产权管理、价值评估、有偿使用等制度工具还需完善。

（三）生态空间的使用负荷差异明显

上海生态空间分布不均，大型的森林公园、郊野公园、湿地公园、生态廊道和防护带等主要集中在崇明和青浦、松江、金山、奉贤、浦东新区等区块，中心城区主要分布口袋公园、城市公园、广场绿地、绿道等生态空间，总体上中心城区生态空间不足。

上海市的生态空间与人口分布存在空间错位现象，中心城区人口密度大，生态空间规模较小，郊区是生态空间的主要集中区，但人口密度低，这就造成生态空间的使用负荷呈现空间不均衡性。以公园的接待负荷为例，2018 年虹口区的单位公园面积接待游客数为 52. 6 万人次/公顷，在上海市各区中最高，而最低的青浦区单位公园面积接待游客数仅为 1 万人次/公顷，

总体上中心城区生态空间的使用负荷大大高于郊区。郊区人口密度小，加上生态空间的交通可达性还需要进一步提升，使得资源利用效率相对较低，其生态服务功能还没有得到最大限度的发挥。

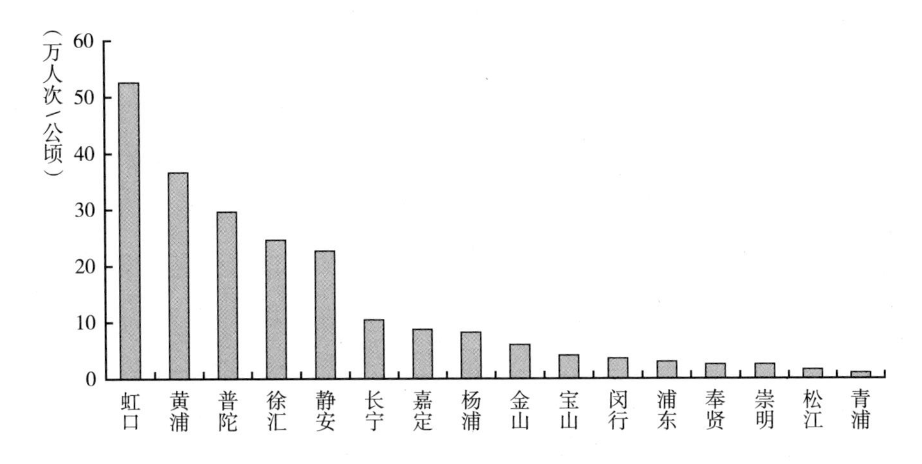

图7　2018年上海市各区单位公园面积接待游客数

资料来源：《上海统计年鉴》，2019。

四　上海市生态空间品质的提升策略

在“人民城市人民建，人民城市为人民”理念的指引下，“十四五”时期及未来更长一段时间上海的生态空间建设需要更加强化公平性和品质感，实现生态空间从数量管控向布局优化、功能达标和质量提升转变，构建多元主体参与的优质生态产品供给体系及政策保障体系。

（一）持续增加生态空间的有效供给

首先，利用建成区碎片化空间定点增绿，增强绿视效果。深入推进建成区全域增绿提质，积极开展拆旧建绿、拆墙透绿、拆违还绿、破硬添绿、见缝插绿、阳台增绿、立体挂绿等行动。建成区城市更新腾出的地块优先用于绿化改造、游憩公园等绿地空间，利用零星地块推进微绿地建设；拆除具备条件的公园围墙，提供更多开放性的生态休闲空间；持续增加城市道路绿量，提升城市道路绿化品质，建设以绿为主、多彩协调的生态空间。

其次，利用郊区用地规模化增绿，厚植发展底色。通过“土地整治 +”拓展郊区生态空间，重点是依托原有的农田林网、郊野植被、河道湖塘等生态基底，立足休闲游憩需求，突出郊区森林公园和郊野公园建设。特别是探索将部分永久基本农田范围外的农用地转为森林公园等生态空间，将森林公园建设工作与乡村振兴和全域旅游相结合，既能有效减少农业面源污染，又能大幅增加森林生态系统服务功能，为市民提供更多的健康生活环境，给城市提供更多的优质生态空间。

最后，加强生态空间的多功能融合。在生态空间建设与管理过程中强化生态性功能、健康功能、文化功能、经济功能等多样化功能的融合发展，推动城市生态空间从好看到好用的升级。一是在公园等生态空间中进一步融入休闲、体育、文化设施，使生态空间的功能渗透城市生活，基于多样化、灵活化、精细化供给来满足居民的生态需求。同时发挥生态空间的物种遗传基因库、学术研究、环境教育等功能作用。二是增强生态空间的健康功能。梳理保障公共健康的关键生态要素，强化基于公共健康的生态服务功能，在生态空间建设与管理中加入对公共卫生事件主动防范的内容，通过完善各类生态空间的分布格局，加强生态空间的隔离和疏解功能。

（二）优化圈层式生态空间分布格局

经过持续努力，上海生态空间建设已取得显著成效，初步形成了“环、楔、廊、园、林”的格局，各类型生态空间在布局上的圈层式结构已见雏形，未来需要进一步强化不同圈层生态空间的主体功能，明确不同生态空间圈层的作用和建设重点。从生态保护和居民需求两个视角出发，可将上海生态空间分为四个圈层。

由外而内的第一圈是生态保育区圈层，包括城市外围的自然保护区、湖泊、近海及海岸滩涂湿地等生态空间，其特征是生态结构相对完整、远离城市建成区、具有较强的生态服务功能，是城市生态空间中的严格保护区。生

态保育区圈层的作用是尽可能保留生态空间的自然状态，尽可能减少人工改造活动，使人与自然保持一定的距离，为候鸟、鱼类等生物保留一定的生存空间，为城市生态安全提供屏障。

第二圈为生态维护区圈层，包括城市远郊区的郊野公园、生态走廊、近郊绿环、生态间隔带等，其特征是既最大限度地保留和提升原有自然格局和生态风貌，保护动植物原生态栖息地，又能一定程度地对接城市居民需求，发挥连接城市和乡村的过渡作用。对改善城市生态环境具有积极作用。

第三圈为生态互动区圈层，包括外环绿带周边的城市公园、城区森林群落、楔形绿地等，其特征是具有较好的交通可达性，配套服务完善，具备复合的生态性功能、健康功能、文化功能、经济功能等。生态互动区圈层作为城市生态空间重要的连接载体，是城市居民亲近自然的重要媒介，应最大限度地发挥其为城市居民提供生态服务和提升城市景观效果的作用。

最内圈（第四圈）为生态嵌入区圈层，包括城市中心城区的社区公园、口袋公园、绿道、立体绿化等生态空间类型。受土地资源紧缺的影响，生态嵌入区圈层呈零散分布状态，通过各种形式嵌入城市的居住、工作、交通、休闲等场所，其特征是开放性较强，与城市居民日常生活的联系极为紧密，主要用于满足居民日常的休闲游憩活动。

（三）加强城市生态空间的价值管理

一是显化城市生态空间价值，以价值引领优质生态空间建设。上海的生态空间大致可分为城市绿地、林地、滩涂湿地、近岸海域、河流湖泊等主要类型。明确各类城市生态空间边界、土地权属及附着物等数据信息，为生态空间的价值核算提供基础支撑。建立价值核算体系，明确研究针对不同类型生态空间的价值评估体系和技术规范，综合核算生态物质产品、调节服务产品和文化服务产品的直接经济价值以及尚未实现的经济价值等，综合计算生态空间补偿价值。根据城市生态空间实物量、价值量的动态变化，常态化开展生态空间价值存量和增量的动态监测，并将之作为考核生态空间管理绩效的重要参照。

二是拓宽生态产品的价值实现渠道。强化“生态 +”和“品牌 +”，打造具有超大城市特色的生态空间品牌，加快扩散品牌效应，实现生态产品溢价。首先，依托供给服务实现生态空间价值，包括自然形成的各种水产品、林产品、原材料，以及利用生态资源要素加工生产的各类物质产品，直接进入市场交易获得价值。探索实现生态资源资本化，可试行公益林补偿收益权质押贷款和林地信托抵押贷款，以此盘活公益林资产。其次，依托文化服务实现生态空间价值。开发生态旅游及文化产品，加强城市公园和绿道廊道文化地标、网络打卡地的创意设计和差别化打造，推动生态空间场景功能与市民需求精准匹配。最后，依托生态补偿政策实现生态空间价值。完善生态空间权益补偿制度，创建生态公益基金，建立生态空间有偿使用制度，完善区域性生态经济补偿制度。建立土地权益转移补偿制度，使生态空间管理绩效与区域土地开发形成联动，增加城市建设用地需等量增加生态空间，通过交易引导市场要素配置，实现空间要素的市场化转换，以缓解经济发展与生态空间保护的矛盾，协调城市不同区块之间的发展权益关系。

（四）推进生态空间跨区对接与协同

一是构建协同保护空间格局。以保持长三角生态系统完整性为指引，推动建立长三角生态空间协同保护的空间规划体系，重点打造以沿海、沿江、沿淮“π”字形绿色生态廊道为骨架，以铁路、高速公路、国道防护林带、农田林网、水系林网为脉络，以生态保护红线、重点生态功能区、国家级自然保护地等为嵌点的生态空间网络体系。

二是创新跨界生态空间共保机制，与江苏、浙江两省共同落实环杭州湾、环淀山湖、长江口等跨界生态区域的规划衔接、协同保护、联动监督。明晰跨界生态空间分类管控要点，重点是共推岸线产业升级、共建绿色生态廊道、共保生态环境质量、共享生态旅游开发成果。

三是推进用地指标的跨地区交易，探索建立长三角的建设用地、补充耕地指标跨区域交易机制，建立长三角用地指标跨省市调剂平台，为建设更多的生态空间提供用地指标。

参考文献

李宏伟：《以机制创新推进生态产品价值实现》，《中国矿业报》2020 年 7 月 15 日，第 2 版。

樊良树：《全面提升优质生态产品供给能力》，《中国国情国力》2019 年第 10 期。

徐毅、彭震伟：《1980～2010 年上海城市生态空间演进及动力机制研究》，《城市发展研究》2016 年第 11 期。

袁芯：《基于“城市针灸”原理的生态空间品质提升路径研究——以上海市静安区为例》，《上海城市规划》2018 年第 31 期。

王甫园、王开泳：《城市化地区生态空间可持续利用的科学内涵》，《地理研究》2018 年第 10 期。

苏红巧、苏杨、林翰哲：《国家公园与区域发展关系研究——以上海生态之城建设为例》，《环境保护》2020 年第 15 期。

詹运洲、李艳：《特大城市城乡生态空间规划方法及实施机制思考》，《城市规划学刊》2011 年第 2 期。

王甫园、王开泳、陈田：《城市生态空间研究进展与展望》，《地理科学进展》2017 年第 2 期。

B.3

人民城市建设理念下特大型城市公园绿地空间配置社会绩效评价

——以上海市中心城区为例

吴 蒙*

摘 要： 当前上海市公园绿地建设空间配置面临以下问题：一是城市公园绿地建设总量不足，空间布局失衡；二是城市居民公园绿地服务需求不断升级，需求层次多样化；三是中心城区人口加速老龄化，提升公园绿地建设的社会公平性与社会正义性迫在眉睫。在此背景下，本报告从社会公平正义视角，构建基于人类社会系统与城市公园绿地生态系统“压力－状态－响应”关系的公园绿地空间配置社会绩效评价指标体系，以上海中心城区77个镇（街道）为具体评价单元，开展社会绩效评价研究。结果显示：①上海中心城区公园绿地空间配置社会绩效差异表现为区间差异与区内差异并存，虹口区、静安区、黄浦区和普陀区区间比较绩效得分较低，并且区内差异更加显著；②公园绿地总量供给不足，社区公园建设存在较大缺口；③不同等级公园空间配置的社会公平性差异显著，空间公平性方面，区级公园 <社区公园 <市级公园；④公园绿地规划布局并未特别关注老年群体和青少年群体的人口密度与分布情况，这两类人群密度较高的镇（街道）人均公园绿地资源实际占有量均低于区域平均水平，公

* 吴蒙，上海社会科学院生态与可持续发展研究所博士，主要研究方向为环境规划与管理。

园绿地空间配置的社会正义性亟须加强。文章最后，从社会公平正义视角提出公园绿地空间配置社会绩效提升的相关规划对策建议。

关键词：　公园绿地　社会绩效　公平正义　公共服务均等化　上海

2019 年 11 月 3 日，习近平总书记在上海考察期间提出“人民城市人民建，人民城市为人民”的重要理念，深刻回答了城市建设发展依靠谁、为了谁、建设什么样的城市、怎样建设城市等一系列重大问题，为深入推进人民城市建设提供了根本遵循[①]。首先，从建设什么样的城市这一问题出发，上海经过改革开放以来四十多年的努力，生态环境建设方面取得了显著成效，城市公园绿地建设、环城绿带建设、黄浦江两岸贯通等，显著提升了上海城市生态品质，但与纽约、伦敦、东京等全球城市相比，生态品质仍是影响上海城市竞争力的重要短板[②]。其次，从怎样建设城市这一问题出发，当前我国推进基本公共服务均等化已然提上日程。2018 年 12 月，国家出台《关于建立健全基本公共服务标准体系的指导意见》明确指出，“力争到 2025 年，基本公共服务标准化理念融入政府治理，标准化手段得到普及应用，系统完善、层次分明、衔接配套、科学适用的基本公共服务标准体系全面建立；到 2035 年，基本公共服务均等化基本实现。”公园绿地作为提供城市居民休闲游憩公共服务的重要载体，当前正面临提升空间配置公平性的挑战。此外，我国当前正积极打造公共服务型政府，亟须提升政府公共服务治理绩效。城市公园绿地空间配置绩效是政府公共服务治理绩效的有机组成，加强政府公园绿地建设空间配置绩效考核评价，是提升政府公共服务治理绩

① 《人民城市人民建，人民城市为人民！今天市委全会通过这份重磅文件》，上海市人民政府办公厅，2020 年 6 月 24 日。

② 《上海市生态空间专项规划（2018 ~ 2035）》，上海绿化和市容管理局，http://lhsr.sh.gov.cn。

效的重要抓手。

城市公园绿地不仅为居民提供了多样化的景观娱乐、休闲游憩服务，还发挥着城市绿肺、缓解城市热岛效应、维持城市化地区生物多样性等一系列重要的生态系统服务功能，是城市生态品质的重要体现。上海作为特大型城市，城市化过程中人口不断集聚，土地空间资源有限，当前城市公园绿地建设的规模与速度已经难以满足人民美好生态环境需求的不断提升。单从城市居民公园绿地休闲游憩服务需求来看，城市公园绿地建设面临以下重要挑战。一是城市公园绿地建设总量不足，空间布局失衡。2018 年上海市人均公园绿地仅为 8.2 平方米，中心城区人均公园绿地面积不到全市水平的一半。二是城市居民公园绿地休闲游憩服务需求不断升级，需求层次多样化，包括节假日大型市级公园绿地空间的需求、区级综合性公园绿地服务的需求，以及社区日常休闲活动空间的需求。此外，新冠肺炎疫情冲击下，居民对日常健康运动公共开放空间的需求更加迫切。三是目前上海市中心城区人口加速老龄化，为提升公园绿地建设布局的社会公平性、正义性带来重要挑战。2018 年全市老年人口比重达到了 33.78%，其中黄浦区最高，达到 49.86%。老年和青少年等弱势群体对公园绿地服务需求更大，对公园绿地服务的便捷性、健康性、舒适性等更加敏感。

因此，在上海新一轮总体规划提出建设生态之城的背景下，以人民城市建设理念为指引，深入开展上海特大型城市公园绿地生态空间配置社会绩效评价研究，对促进市民多元公园绿地服务的供给与平衡，提升基本公共服务均等化水平，推进政府公共服务治理绩效提升，建成“人人都能享有品质生活的城市、人人都能切实感受温度的城市”，都具有重要意义。

一　上海市中心城区公园绿地供需特征及面临挑战

城市公园绿地供需关系是反映其空间配置社会绩效的重要方面，本报告分别从城市公园绿地生态空间供给、区域人口规模与结构、公园绿地结构与

空间配置等方面，揭示上海中心城区公园绿地供需基本特征，并分析公园绿地供需面临的主要挑战。

（一）上海中心城区公园绿地供给空间格局特征

城市公园绿地供给直观上是指公园绿地生态空间资源的供给，具体为不同规模等级公园绿地的面积和数量，一定程度上反映了城市公园绿地休闲游憩公共服务的供给能力。

目前，上海全市各类绿地（包括道路绿地、防护绿地、生产绿地、单位附属绿地、居住区绿地、公园）总面积为1394.27平方公里，其中，公园绿地面积为205.78平方公里，占比约为14.76%。中心城区的黄浦区、徐汇区、长宁区、静安区、普陀区、虹口区和杨浦区等7个行政区各类绿地总面积为68.74平方公里，约占全市绿地总面积的4.93%，公园绿地总面积为29.14平方公里，约占全市公园绿地总面积的14.16%。结合上海市各区人口分布情况（2018年上海市常住人口为2423.78万人，其中，中心城区7个行政区常住人口总数为688.65万人，占全市比重约为28.41%），中心城区7个行政区人均公园绿地面积约为4.23平方米，仅为全市人均公园绿地面积的一半。由此可以看出，在当前的全市人口分布格局下，上海市公园绿地建设配置仍然不够均衡，中心城区人均公园绿地面积较小。

根据2018年上海市土地利用数据，对照百度地图进行解译分析，得到中心城区7个行政区各类绿地分布空间格局。可以看出［见图1（a）］，公园绿地面积最大，为10.98平方公里，占比为43.28%，其次为居住区绿地、单位附属绿地、道路绿地和防护绿地，生产绿地面积最小，占比约为3.47%。中心城区面积大于50公顷的市级公园有3个，分别为上海共青森林公园、上海植物园和上海动物园。面积在10～50公顷的地区综合性公园有18个，面积小于10公顷的社区公园、开放绿地和口袋公园共有210个。从图1（b）的空间分布情况可以看出，目前，上海中心城区满足不同层次休闲游憩需求的城市公园体系已具雏形，但目前仍有部分镇（街道）缺乏区级公园配置，社区公园和面积较小的口袋公园的配置不均衡，城市公园体系建设仍面临不均衡不充分的重要挑战。

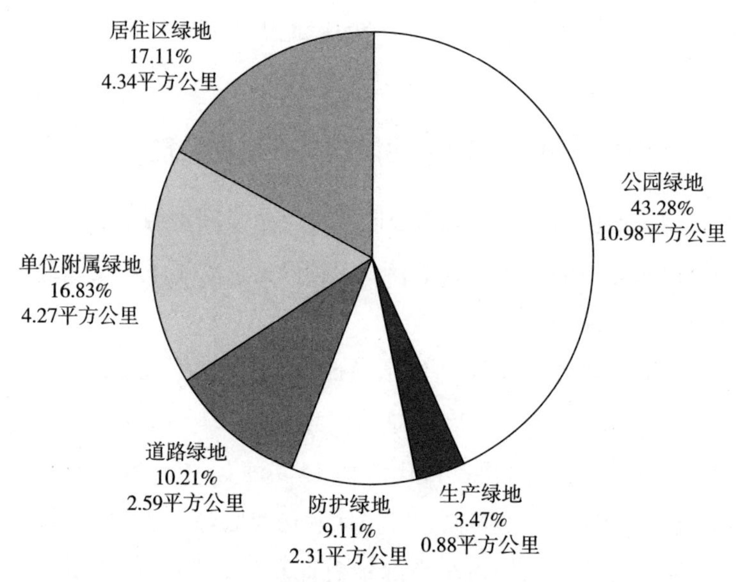

（a）各类绿地面积及占比

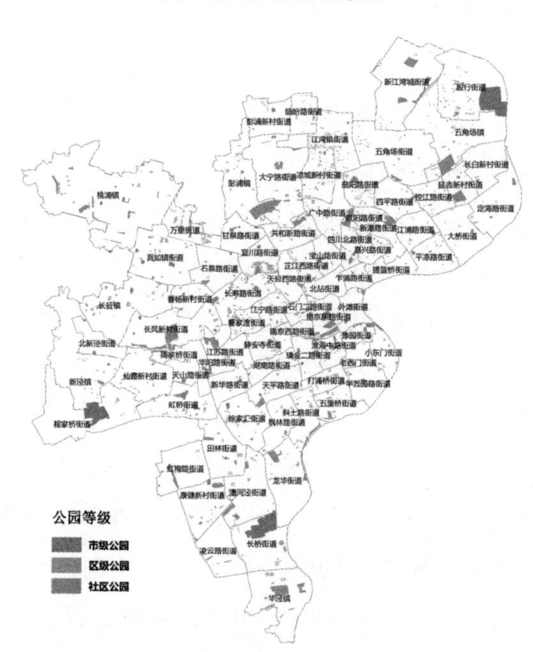

（b）不同等级公园绿地分布格局

图1　上海中心城区不同类型和规模公园绿地分布格局

注：图1（b）基于上海市地理信息公共服务平台网站下载的审图号为沪S（2020）041号－047号的标准地图制作，底图无修改。

（二）上海中心城区公园绿地需求空间格局特征

从社会人口视角来看，生态系统服务的表达，尤其是城市公园绿地休闲游憩服务的供需与服务人群直接关联，包括人口规模、结构与分布等特征，是生态系统服务使用者与生态系统相互作用的过程。随着城市人口不断集聚，持续增大的人口规模与资源环境承载力的矛盾日益突出，是城市公园绿地供需失衡的主要原因。2018 年底，上海全市常住人口达到 2423.78 万人，常住人口总量持续增加给城市公园绿地等环境基础设施建设带来巨大压力。从人口分布情况来看，目前中心城区人口密度仍偏高，2018 年，中心城区常住人口达 688.66 万人，内环以内人口密度约为 3 万人/平方公里，部分街道人口密度超过 5 万人/平方公里，例如豫园街道、老西门街道、乍浦路街道、宜川路街道、宝山路街道、嘉兴路街道等，此类区域人口高度集聚带来的需求使城市公园绿地生态空间压力巨大。从人口年龄结构方面来看，在多数城市的公园休闲游憩游客群体当中，老年人所占比重较大，老年群体对公园表现出明显的就近、安全、健身、便捷等方面的生理及心理需求。目前上海市中心城区人口老龄化严重，未来除了要考虑城市公园绿地建设的空间配置公平性，还要充分考虑人口结构特征。公园绿地建设须关注老年群体与青少年群体的适应性与友好性，充分体现基本公共服务供给的社会公平与社会正义。

从城市公园绿地游客数量来看，以 2018 年上海中心城区各区公园游客人数统计为参照，中心城区 7 个区全年公园游客总数达到 18250.46 万人次，其中，徐汇区全年公园游客人数最多，达到 3604.90 万人次，其后依次为虹口区、普陀区、静安区、黄浦区、杨浦区和长宁区。以公园游客人数与常住人口的比值来近似表征公园绿地的需求水平，得到需求程度由高到低排序依次为虹口区、黄浦区、徐汇区、静安区、长宁区、普陀区和杨浦区，各区公园绿地需求空间差异较为显著。需要指出的是，用公园游客数量年度统计数据反映局部区域的需求可能存在较大误差，因为难以排除跨区域游客、公园特色娱乐观光项目对游客选择偏好的影响，但在一定程度上可以反映区级层

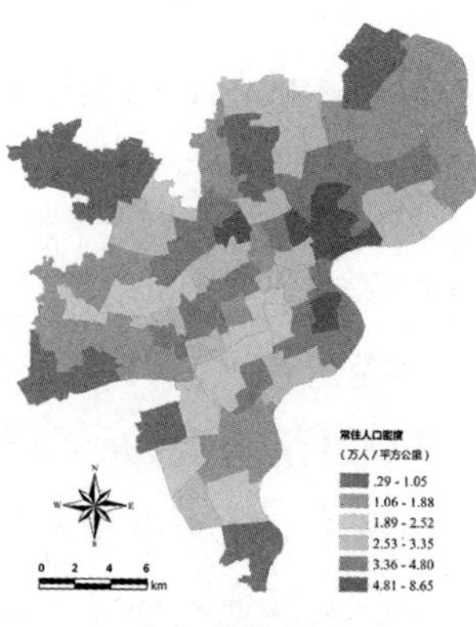

（a）常住人口

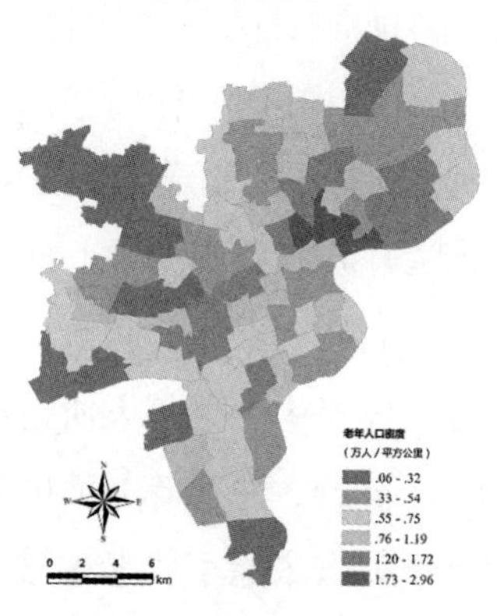

（b）老年人口

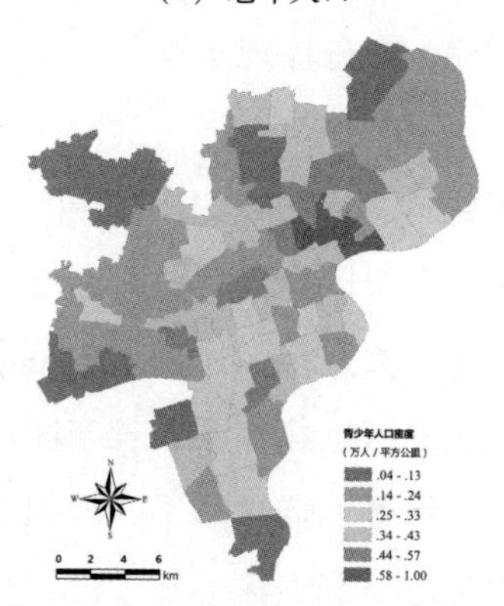

（c）青少年人口

图2　上海中心城区各镇（街道）人口规模与结构空间分布格局

注：该图基于上海市地理信息公共服务平台网站下载的审图号为沪S（2020）041号~047号的标准地图制作，底图无修改。

面上居民对公园绿地休闲游憩服务的需求水平。未来，应考虑重点关注虹口区、黄浦区等高人口密度区域的公园绿地服务需求，并优先供给。

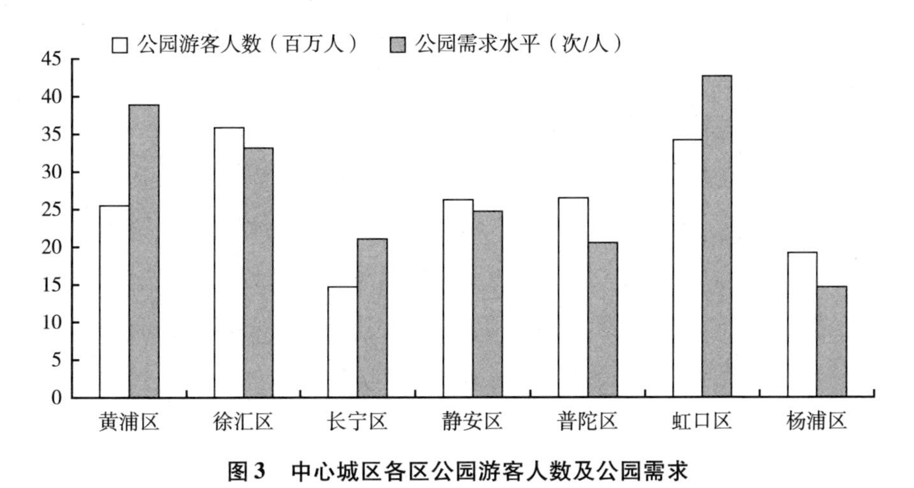

图3　中心城区各区公园游客人数及公园需求

二　城市公园绿地空间配置社会绩效评价体系研究

长期以来，我国城市公园绿地建设采用人均公共绿地面积、人均公园绿地面积、绿化覆盖率等指标来衡量是否满足城市居民休闲游憩服务需求。在过去城市化快速发展的特定阶段，此类评价方式对促进城市生态环境改善和提升环境基础设施建设水平，的确发挥了重要作用。但对城市公园绿地建设的空间均衡性、社会公平性与社会正义性考虑不足，制约了公园绿地建设社会绩效的提升。随着新时期人们美好生态环境需求的不断增长，对城市公园绿地服务供给的质和量都提出了更高、更多元化的要求。在人民城市建设背景下，如何通过基本公共服务供给的社会绩效管理，营造“人人都能享有品质生活的城市、人人都能切实感受温度的城市”，成为当前建设公共服务型政府所面临的一项重要挑战。

（一）城市公园绿地空间配置社会绩效评价研究进展

“绩效”（performance）概念源于管理学，描述人们从事某种活动产生的成绩和结果，20 世纪末，逐渐被城市规划领域用于衡量城市专项职能运行的总体水平，如经济绩效、环境绩效、社会绩效等。城市公园绿地发挥着重要的基本公共服务职能，其运行过程关联一系列社会效应，目前国内外大量研究从社会公平和社会正义视角对其社会效应进行研究。唐子来等参考江海燕等梳理的西方城市公共服务空间分布的公平性研究进展，将城市公园绿地公平性研究的发展历程归纳为从“地域平等”到“社会平等”，从“社会公平”到“社会正义”。其中，“地域平等”聚焦地域之间公共设施服务水平的差异，“社会平等”聚焦使用者之间公共设施服务水平的差异，“社会公平”聚焦公共设施服务水平分布和居住人口分布之间的“空间匹配”，“社会正义”强调公共服务设施分布应向特定社会弱势群体倾斜。据此，本研究尝试将城市公园绿地空间配置社会绩效定义为政府为应对城市公园绿地服务需求压力，采取一系列公园绿地服务供给响应措施，达到城市公园绿地空间公平性、社会公平性与社会正义性的综合水平。

从空间公平视角看，公园绿地作为重要的城市公共服务设施，大量已有研究探讨了公园绿地服务水平的空间差异，并分析了空间配置公平性与人口、财富、种族等特征在不同评价尺度上的关联性。例如，Puay Yok Tan 等以新加坡为例，指出城市公园绿地空间分布不均衡现象在较小的社区评价尺度上表现得更加显著，在较大评价尺度上与人口分布的关联性更强。Chao Xu 等以德国南部慕尼黑地区的不同城市为例，研究指出城市公园绿地空间分布的公平性与社会经济变量在空间上并非总是一致的，较大的住房需求更倾向于加剧公园绿地空间配置不均衡。国内相关研究主要关注基于公园绿地可达性分析的空间公平性评价，多数采用两步式搜索法、大数据分析法、GIS 空间网络分析法、最小累积阻力模型法等，分析公园绿地可达性的空间差异，并提出公园绿地规划布局的相关对策与建议。

从社会公平视角看，休闲游憩权利是社会公民基本权利的一部分，政府须保障休闲游憩服务设施供给，创造相对公平的休闲游憩机会，空间公平是其重要基础。社会公平更加关注公园绿地服务水平分布和居住人口分布的空

间匹配性，国内典型研究如下：尹海伟等率先构建了基于公园绿地可达性与社会公平性的耦合评价方法，利用基于最小邻近距离法计算获得的可达性水平与基于人口的需求指数，以二者的相关性来表征社会公平性；周春山等采用公园服务比、公园服务面积比来表征公园绿地的公平性，对城市公园绿地服务空间分异的形成机制展开探索；唐子来等采用缓冲区法计算公园绿地的可达性，并采用基尼系数和洛伦兹曲线来评价绿地服务的公平性，用区位熵表征城市绿地公平性空间格局。从社会公平视角对城市公园绿地供需关系进行研究，更加体现了城市公共绿地的社会资源属性，对城市公共服务社会效益享用的均等化研究，具有促进作用。

从社会正义视角看，关注不同年龄结构、经济地位、城市地理区位的社会群体在公园绿地服务需求方面的差异，强调公共服务设施分布应当向特定社会弱势群体倾斜，已然成为城市公园绿地供需关系研究的新热点。典型研究如下：王敏等以上海市徐汇区为例，研究指出过去城市公园绿地空间布局决策时对老年人、青少年群体关注不够，其空间配置的社会正义性亟待提高；唐子来等研究表明上海市中心城区老龄群体享有公共绿地资源的份额指数略低于社会平均份额，外来低收入群体享有公共绿地资源的份额指数略高于社会平均份额，基本公共服务设施分布的社会正义绩效与特定社会群体的空间分布相关。从社会正义视角研究城市公园绿地的供需关系，一方面与当前我国正加速迈入老龄化社会的时代背景相契合；另一方面加强了对社会弱势群体享受基本公共服务均等性问题的考虑，对破解当前我国基本公共服务供给不均衡、不充分问题具有重要启示。

在城市公园绿地空间配置社会绩效评价方面，唐子来等从社会公平正义视角出发，较为系统地提出公共服务设施分布社会绩效评价的方法，引入公共绿地有效服务面积、人均公共绿地区位熵、人均公共绿地服务区位熵等评价指标，并采用基尼系数方法进行社会公平绩效评价，为此后相关研究提供了重要参考。此外，杨丽娟等从可达性、数量、面积和质量四个方面评价了不同房价水平居住区公园供给的公平性；周宇飞从“居住－道路－绿地”互动的视角构建了城市绿地社会绩效评价模型。总体来看，由于城市公园绿

地供需相关影响因素复杂，不确定性较大，准确量化分析难度较高。目前公园绿地空间配置绩效评价相关研究，对公园绿地的社会需求、政府治理等方面因素考虑不足，普遍只关注公园绿地空间配置公平性状态的静态评价，未揭示人类社会系统与公园绿地生态系统之间的相互作用机制，难以全过程反映公园绿地基本公共服务治理的社会绩效。

然而，当前我国正积极推进基本公共服务均等化，城市公园绿地是居民休闲游憩基本公共服务的主要载体，也是政府基本公共服务治理的重要内容之一，但在城市公园绿地空间配置社会绩效管理方面，尚未建立专门的考评管理机制。因此，在向服务型政府转型背景下，加强城市公园绿地空间配置社会绩效评价体系研究，一方面，有助于为政府基本公共服务治理绩效提升提供管理参考；另一方面，可以丰富城市公园绿地空间配置绩效评价的理论探讨。

（二）城市公园绿地空间配置社会绩效评价指标体系

从人类社会系统与城市公园绿地生态系统的相互作用关系来看，城市化地区人口集聚、城镇建设用地不断蔓延，导致为城市居民提供休闲游憩基本公共服务的生态空间供给不足，政府通过城市公园绿地规划建设，满足居民不断升级的公园绿地服务需求。当城市人口发展空间格局与公园绿地空间配置出现不匹配、不协调状况，城市公园绿地服务表现为空间公平、社会公平与社会正义失衡状态，这一状态变化又反过来影响政府公共服务治理绩效与城市居民的福利。政府通过采取公园绿地规划建设、布局调整、政策调控等措施，对以上失衡状态做出响应，如此循环往复，构成人类社会系统与城市公园绿地生态系统之间的“压力－状态－响应”关系（见图4）。因此，本研究采用PSR模型，从社会公平正义视角出发，构建城市公园绿地空间配置社会绩效评价指标体系，建立包含城市公园绿地需求压力、供给响应与公平正义状态3个一级指标、6个二级指标、17个三级指标的评价指标体系（见表1），用于开展上海中心城区公园绿地空间配置社会绩效评价。

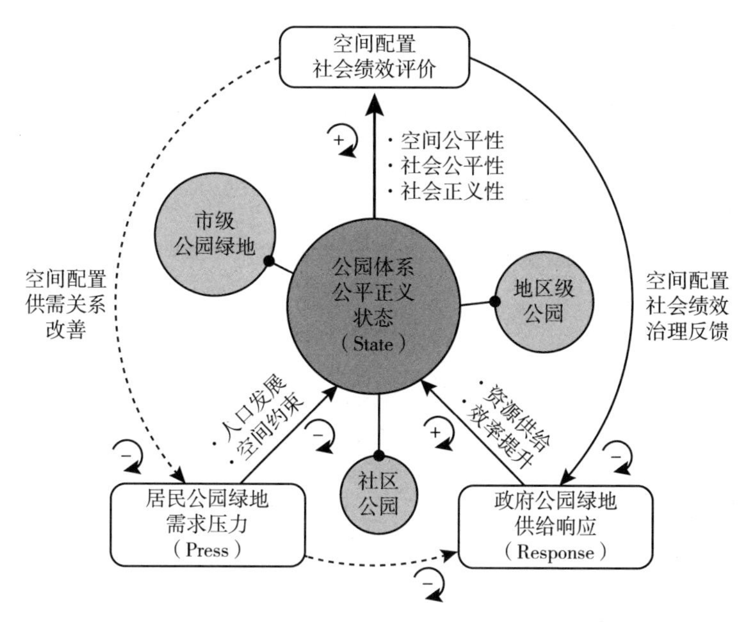

图4　城市公园绿地复合系统“压力－状态－响应”作用关系模型

1. 城市公园绿地需求压力指数

城市公园绿地的需求主体为城市居民，其人口规模、结构、分布是城市公园绿地需求压力的最直接来源，老年与青少年群体公园绿地需求具有特殊性，是社会公平正义研究视角关注的重点。此外，城市公园绿地需求压力还受区域土地空间资源约束。因此，本研究从空间资源约束和人口发展两个方面选取了城镇建设用地面积比重、公园绿地面积比重、区域常住人口密度、区域老年人口密度、区域青少年人口密度几个指标来测度公园绿地需求压力。

2. 城市公园绿地供给响应指数

公园绿地供给响应是指在公园绿地服务空间公平、社会公平和社会正义失衡的情况下，政府采取的公园绿地规划建设、公园绿地服务效率提升等对策措施。本报告考虑指标数据的可获取性，尝试基于以上两个方面，选取新建公园绿地面积比重、评价单元公园绿地密度、开放公园绿地面积比重、不同等级公园服务半径覆盖率等指标来测度公园绿地供给响应。

3. 城市公园绿地公平正义状态

参考唐子来、王敏等的研究，城市公园绿地配置的公平正义状态综合采用空间公平性、社会公平性和社会正义性三个维度指标来衡量（其中，社会公平性和社会正义性综合表达为社会公正性）。以不同等级公园绿地游憩机会表征空间公平性，以人均公园绿地区位熵表征社会公平性，以老年与青少年人口人均公园绿地区位熵表征公园绿地配置的社会正义性。

评价指标体系框架、指标名称及解释如表1所示。

表1　基于PSR模型的城市公园绿地空间配置社会绩效评价指标体系

评价目标	一级指标	二级指标	三级指标	指标计算方法与表征意义
城市公园绿地空间配置绩效	需求压力	空间资源约束	城镇建设用地面积比重	城镇建设用地面积占评价单元总面积比重，表征公园绿地建设用地需求压力
			公园绿地面积比重	评价单元公园绿地面积与各类城市绿地总面积的比值，表征城市公园绿地建设结构压力
		人口发展演变	区域常住人口密度	评价单元总面积与常住人口的比值，表征公园绿地建设人口规模压力
			区域老年人口密度	60岁以上人口数与评价单元总面积比值，表征公园绿地建设人口结构压力
			区域青少年人口密度	17岁以下人口数与评价总面积比值，表征公园绿地建设人口结构压力
	公平正义状态	空间公平性	市级公园绿地休闲游憩机会	居住用地服务半径内可到达市级公园绿地数量均值，表征公园绿地空间公平性
			区级公园绿地休闲游憩机会	居住用地服务半径内可到达区级公园绿地数量均值，表征公园绿地空间公平性
			社区公园绿地休闲游憩机会	居住用地服务半径内可到达社区级公园绿地数量均值，表征公园绿地空间公平性
		社会公正性	人均公园绿地区位熵	评价单元人均公园绿地面积与研究区域人均公园绿地面积比值，表征社会公平性
			老年人口人均公园绿地区位熵	评价单元老年人人均公园绿地面积与研究区域老年人人均公园绿地面积比值，表征社会正义性
			青少年人口人均公园绿地区位熵	评价单元青少年人均公园绿地面积与研究区域青少年人均公园绿地面积比值，表征社会正义性

续表

评价目标	一级指标	二级指标	三级指标	指标计算方法与表征意义
城市公园绿地空间配置绩效	供给响应	加强资源供给	新建公园绿地面积比重	评价单元新建公园绿地面积占公园绿地总面积的比重,表征公园绿地空间资源供给响应
			评价单元公园绿地密度	评价单元公园绿地数量与评价单元总面积的比值,表征公园绿地数量供给响应
			开放公园绿地面积比重	评价单元免费开放公园绿地面积占公园绿地总面积的比重,表征公园绿地供给管理调控方面响应
		提升服务效率	市级公园服务半径覆盖率	参考《城市绿地分类标准》,《上海市城市总体规划(2017~2035年)》,市级公园面积大于50公顷,按5公里计算服务半径覆盖率
			区级公园服务半径覆盖率	参考《城市绿地分类标准》,《上海市城市总体规划(2017~2035年)》,区级综合性公园面积大于10公顷,按2公里计算服务半径覆盖率
			社区公园服务半径覆盖率	参考《城市绿地分类标准》,《上海市城市总体规划(2017~2035年)》,社区公园和口袋公园等面积较小的公园统一按500米计算服务半径覆盖率

（三）空间配置社会绩效评价方法以及主要数据来源

下文将对研究评价对象、主要数据来源、指标评价方法和权重计算方法等进行介绍。

1. 评价对象与数据来源

以上海市中心城区为主要研究区域，考虑中心城区包含的浦东新区部分镇（街道）被黄浦江天然隔断，影响服务半径覆盖率、公园绿地游憩机会指数等指标计算分析的准确性与客观性，故只选取中心城区的黄浦区、杨浦区、虹口区、普陀区、长宁区、徐汇区、静安区为具体研究对象，以中心城区共77个镇（街道）为具体评价单元（见图5）。

上海中心城区行政区划数据来源于上海市地理信息公共服务平台，行政区划根据各区标准地图绘制，审图号为沪S（2020）041号－047号，各镇（街道）人口数据主要来源于所在区2018年统计年鉴或国民经济和社会发

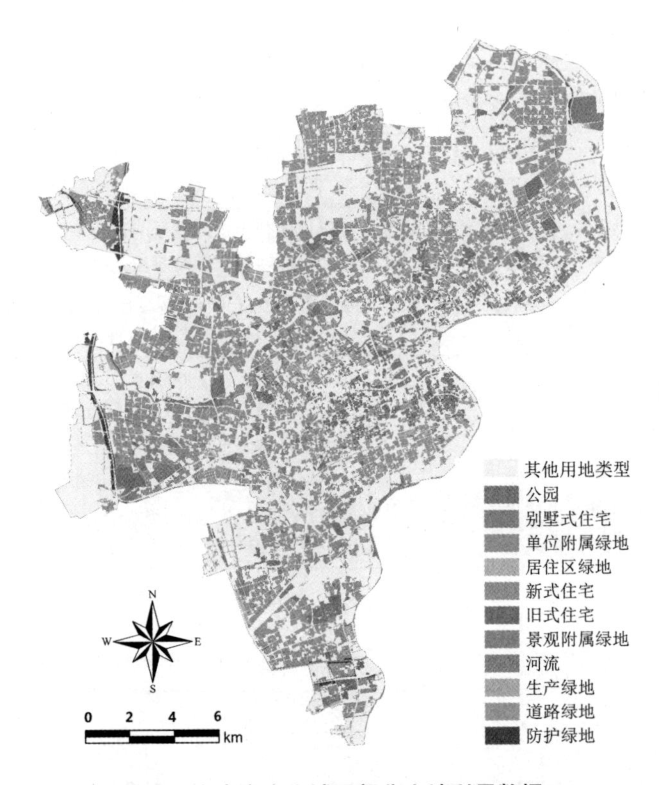

图5　上海市中心城区部分土地利用数据

注：该图基于上海市地理信息公共服务平台网站下载的审图号为沪S（2020）041号~047号的标准地图制作，底图无修改。

展统计公报，部分镇（街道）老年和青少年人口数据根据区级人口年龄结构比例计算获得。上海中心城区2018年土地利用数据来源于“地理国情监测云平台”，分辨率为2.5米，居住用地和公园绿地为作者根据百度地图人机交互目视解译并校准获得（见图6）。

2. 社会绩效的评价方法

研究构建的评价指标体系中各评价指标的计算方法主要参考了唐子来等和王敏等的研究，评价指标计算方法见表1。目前，公园绿地服务半径覆盖率、人均公园绿地区位熵、公园绿地游憩机会指数等评价指标在已发表的类似研究当中均被广泛接受和采用，因此，限于篇幅，具体计算公式在此不再

图 6　上海市中心城区部分镇（街道）分布

注：该图基于上海市地理信息公共服务平台网站下载的审图号为沪 S（2020）041 号～047 号的标准地图制作，底图无修改。

赘述。

评价指标权重的计算采用熵值法模型。首先，采用离差标准化方法对各类指标进行标准化处理，再利用熵值法计算各指标权重，以镇（街道）为具体评价单元，计算其空间配置社会绩效指数及“压力－状态－响应”指数。公式如下：

$$C_i = \sum\nolimits_{j=1}^{n} S_{ij};S_{ij} = W_j \times X_{ij}$$

$$W_j = \frac{d_j}{\sum\nolimits_{j=1}^{n} d_j};d_j = 1 - e_j;e_j = -k\sum_{i=1}^{m}(Y_{ij} \times \ln Y_{ij})$$

$$k = \frac{1}{\ln m};Y_{ij} = \frac{X_{ij}}{\sum\nolimits_{i=1}^{m} X_{ij}}$$

式中，i 和 j 分别表征镇（街道）和对应评价指标序号，m 和 n 分别为参与评价的镇（街道）的总数和指标总数，e_j 为指标信息熵，X_{ij} 为 i 镇（街道）第 j 项指标的标准化值，W_j 为 j 项指标的权重，S_{ij} 为 i 镇（街道）的 j 项指标的得分，C_i 为 i 镇（街道）的公园绿地空间配置社会绩效指数。

三　中心城区公园绿地空间配置社会绩效评价结果

对上海市中心城区 77 个镇（街道）单元进行评价，并采用 GIS 自带的 Nature breaks（Jenks）分类法，对空间评价结果进行分层分组，保证分类后的组间方差最大、组内方差最小，将上海市中心城区公园绿地空间配置社会绩效指数按照得分高低，划分成 5 个等级分明的组分，以分析其空间格局特征。

（一）空间配置社会绩效指数评价结果

结果显示（见图 7），目前上海中心城区公园绿地空间配置社会绩效水平空间差异显著，区间差异与区内差异并存。从区间差异来看，徐汇区、黄浦区、长宁区和杨浦区指数得分较高，静安区、虹口区、黄浦区、普陀区得分较低；从区内差异来看，绩效得分较低的区内部差异更显著。从镇（街道）层面来看，77 个评价单元平均得分为 6.5，程家桥街道、新江湾城街道、瑞金二路街道、长风新村街道、天山路街道、南京东路街道、虹梅路街道 7 个街道得分最高，平均得分为 9.5，其中程家桥街道得分最高为 10.58；嘉兴路街道、临汾路街道、提篮桥街道、老西门街道、彭浦新村街道、广中路街道等 13 个街道得分较低，平均得分为 3.94，而嘉兴路街道得分最低为 2.41，远低于中心城区各镇（街道）的平均水平。

（二）“压力－状态－响应”指数的评价结果

从需求压力指数评价结果来看，如图 8（a）所示，区级层面上，徐汇区、长宁区、杨浦区和普陀区的需求压力较小，虹口区需求压力相对最大，

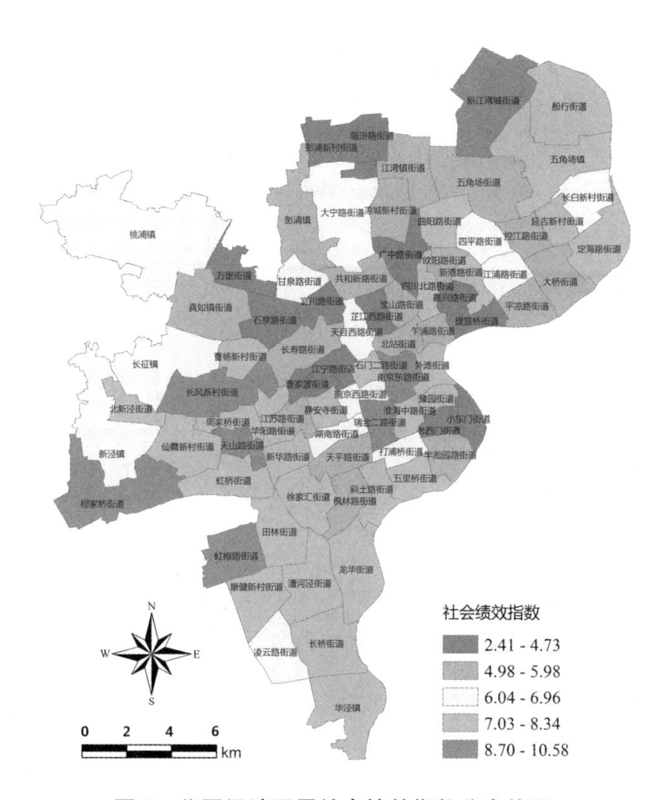

图 7　公园绿地配置社会绩效指数分布格局

注：该图基于上海市地理信息公共服务平台网站下载的审图号为沪 S（2020）041 号～047 号的标准地图制作，底图无修改。

原因主要是虹口区人口密度最大，老年人口比重高，2018 年，60 岁以上老年人口占常住人口的比重达到 36.44%，而公园绿地面积和公园数量均为各区倒数第一。在镇（街道）尺度上，嘉兴路街道、老西门街道、曹家渡街道、提篮桥街道、控江路街道 5 个街道的需求压力最大，平均得分为 1.35（做负向指标标准化处理），远低于各镇（街道）的平均分 2.95，原因是这些镇（街道）常住人口密度较大，老年人口所占比重较高，公园绿地面积占各类绿地总面积的比重均不足 10%，而其他道路绿地、防护绿地、单位附属绿地往往不适于或难以提供休闲游憩服务。

从公平正义状态指数评价结果来看，如图 8（c）所示，区级层面，徐

汇区、长宁区和杨浦区的整体得分相对较高，虹口区、静安区和普陀区得分较低。在镇（街道）尺度上，程家桥街道、天山路街道、瑞金二路街道、新江湾城街道、长风新村街道、南京东路街道、周家桥街道的得分相对较高，平均值为2.53，远高于中心城区各镇（街道）的平均值1.22；临汾路街道、彭浦新村街道、石泉路街道、提篮桥街道、小东门街道、老西门街道、芷江西路街道和广中路街道的得分相对较低，平均值为0.44，远低于中心城区各镇（街道）的平均值。

从供给响应指数评价结果来看，如图8（b）所示，区级层面，虹口区、静安区、普陀区得分相对较低，杨浦区、长宁区和徐汇区得分较高，主要原因是各级公园绿地服务半径覆盖率空间差异显著。测算结果显示，中心城区市级公园服务半径覆盖率达到67.56%，其中，静安区、黄浦区和虹口区市级公园服务半径覆盖率整体较低，静安区基本难以覆盖。面积大于10公顷的地区综合性公园绿地服务半径覆盖率达到71.23%，服务半径覆盖率较低的主要是程家桥街道、真如镇街道、石泉路街道、万里街道、天平路街道、江湾镇街道、彭浦新村街道、临汾路街道，服务半径覆盖率均低于20%。社区公园服务半径覆盖率为55.79%，其中，长桥街道、龙华街道、老西门街道、五角场街道和五角场镇的服务半径覆盖率较低，均低于20%（见图9）。建议中心城区在土地资源受限的情况下，重点加强规模较小的社区级公园和口袋公园的建设布局，通过改善市级公园可达性扩大其服务半径，实现中心城区全覆盖，通过跨区域统筹规划布局提高区级公园服务半径覆盖率。

（三）社会绩效提升规划对策建议探讨

综合前文评价结果与公园绿地休闲游憩机会指数、人均公园绿地区位熵两个指标的评价结果，下文对上海市中心城区公园绿地空间配置的社会公平正义性进行讨论，并提出公园绿地空间配置社会绩效提升相应的规划对策建议。

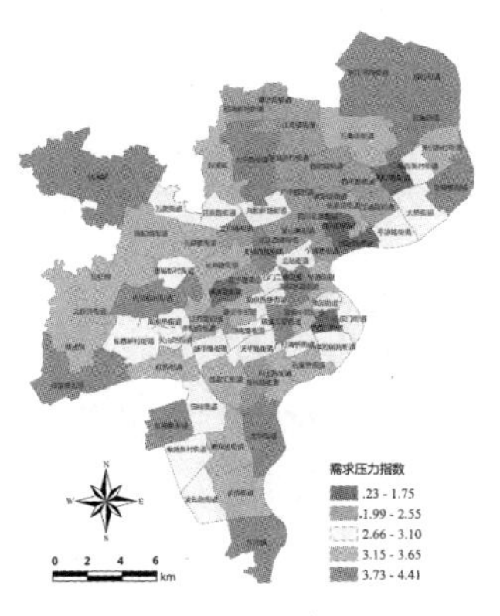

（a）需求压力指数空间格局

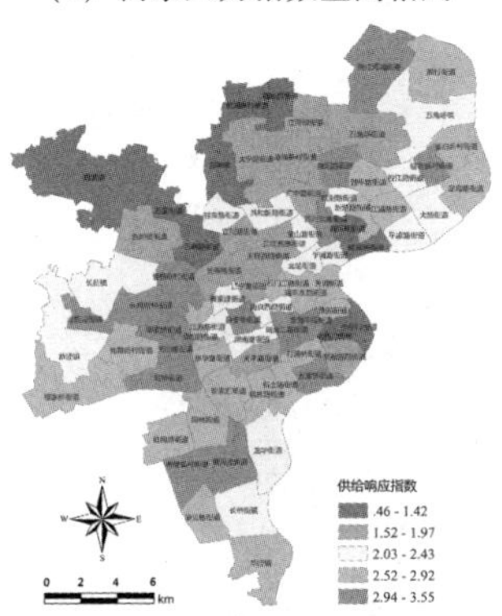

（b）供给响应指数空间格局

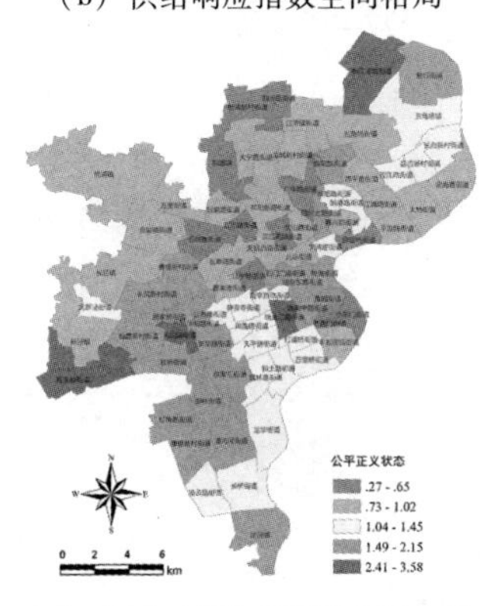

（c）公平正义状态指数空间格局

图 8　上海中心城区公园绿地空间配置“压力－状态－响应”各评价指数空间格局

注：该图基于上海市地理信息公共服务平台网站下载的审图号为沪S（2020）041 号~047 号的标准地图制作，底图无修改。

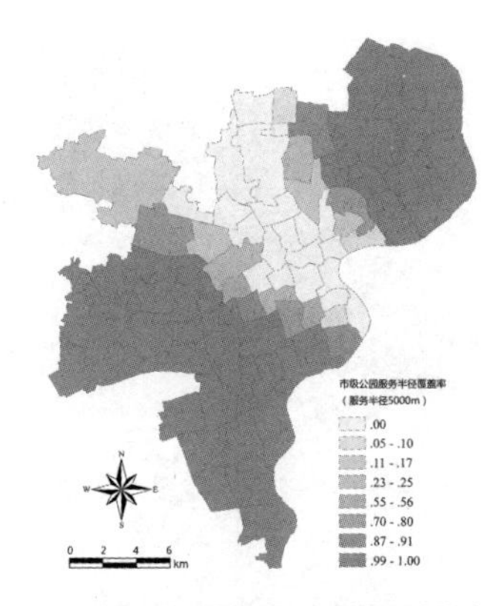

（a）市级公园绿地服务半径覆盖率

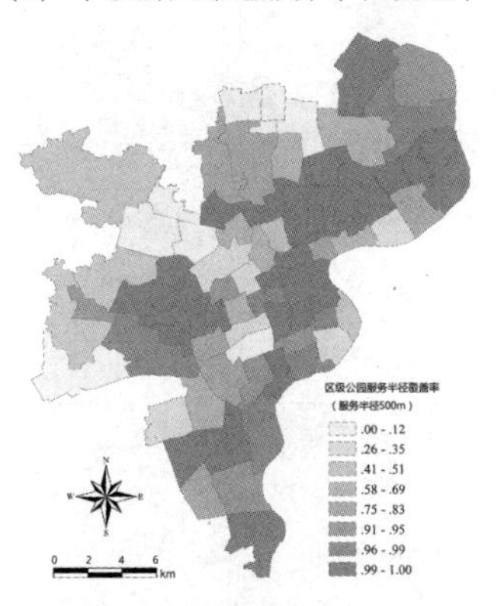

（b）区级公园绿地服务半径覆盖率

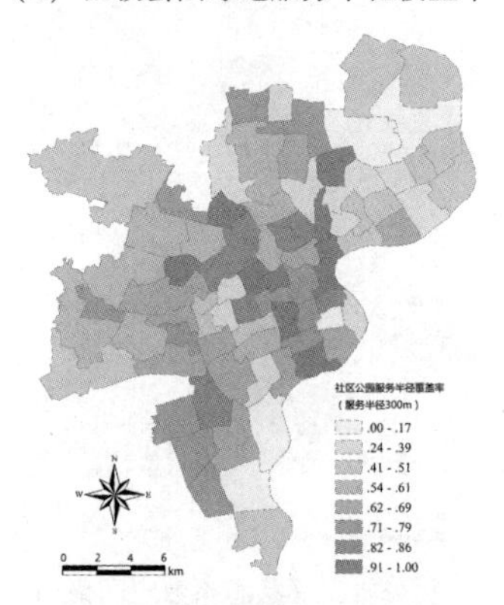

（c）社区公园绿地服务半径覆盖率

图 9　上海中心城区不同类型和规模公园绿地分布格局

注：该图基于上海市地理信息公共服务平台网站下载的审图号为沪 S（2020）041 号 ~047 号的标准地图制作，底图无修改。

1. 公园绿地配置空间公平性讨论及规划对策建议

首先，从市级公园绿地休闲游憩机会指数计算结果来看（见图10），各评价单元得分的标准差为0.669。市级公园绿地休闲游憩机会指数在区级层面空间差异显著，长宁区与徐汇区交界区域的天山路街道、虹桥街道、新华路街道、江苏路街道、徐家汇街道、田林街道等共9个镇（街道）平均得分大于2，同时享有较为便捷的2个市级公园绿地的休闲游憩服务供给，而虹口区、静安区和黄浦区市级公园休闲游憩机会指数最低，平均得分小于0.1，这三个区市级公园绿地空间配置公平性较差。综合前文公园绿地空间配置社会绩效评价结果，建议上海在新一轮城市生态空间规划当中，以虹口区、静安区、黄浦区为重点关注对象，尽可能推进城市交通体系网络与公园体系网络的进一步融合，提升这三个区对上海共青森林公园、上海植物园、上海动物园以及周边新建的郊野公园的可达性，以补足中心城区市级公园绿地服务供给的短板。

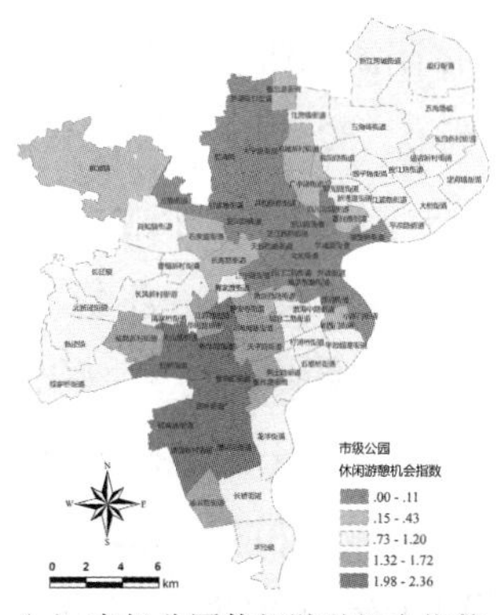

（a）市级公园休闲游憩机会指数

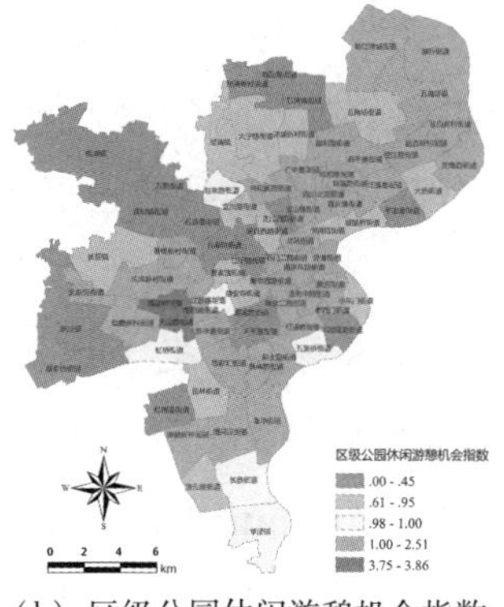

（b）区级公园休闲游憩机会指数

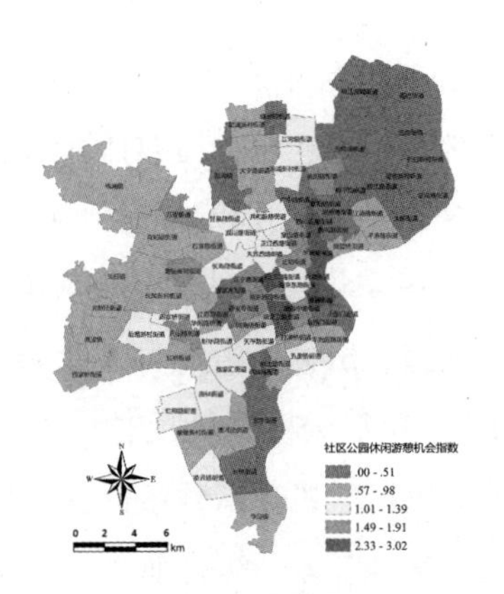

（c）社区公园休闲游憩机会指数

图 10　不同等级公园绿地休闲游憩机会指数空间格局

注：该图基于上海市地理信息公共服务平台网站下载的审图号为沪 S（2020）041 号～047 号的标准地图制作，底图无修改。

其次，从区级公园绿地休闲游憩机会指数计算结果来看［见图 10（b）］，各评价单元得分的标准差为 0.782。镇（街道）层面上，靠近黄浦江一侧的带状区域 43 个镇（街道）区级公园绿地休闲游憩机会指数均大于 1，平均值为 1.71，其他 34 个镇（街道）评价得分均小于 1，平均值为 0.52。未来中心城区的区级公园绿地服务效率仍具有较大提升空间，在区域土地资源严重短缺的情况下，对于区域规模较大的镇（街道），建议实行“一镇一园”建设；对于区域规模较小的镇（街道），建议在公园体系规划当中统筹布局，利用周边镇（街道）区级公园绿地建设布局，实现跨镇域的有效服务全覆盖。此外，建议在多个镇（街道）交界处合理规划建设一批服务半径 2 公里的区级公园绿地，同时实现对多个镇（街道）的全覆盖，例如天目西路街道、宜川路街道、长寿路街道与江宁路街道的交界处。

最后，从社区级公园绿地休闲游憩机会指数计算结果来看［见图 10（c）］，各评价单元得分的标准差为 0.672。杨浦区的社区级公园绿地休闲游憩机会指数最低，其次为长宁区和徐汇区，未来杨浦区须重点规划建设一批社区公园和口袋公园，为居民日常就近提供休闲游憩服务。镇域层面

上，社区级公园绿地休闲游憩机会指数具有显著的空间差异，社区级公园绿地休闲游憩机会指数大于1的镇（街道）共34个，平均值为1.61，占评价单元总数不到一半，主要位于上海内环以内的老城区；其余43个镇（街道）的社区公园休闲游憩机会指数平均值为0.54。结合图5中上海中心城区居住用地空间格局来分析其原因，老城区主要为旧式里弄住宅，居住区内部一般没有配置居住区附属绿地，而目前新式住宅小区和别墅式住宅往往都配置了面积较大的居住区附属绿地，但居住区附属绿地往往不在城市公园绿地统计范围内，这是社区级公园绿地休闲游憩机会指数空间差异较大的原因。上海中心城区居住区附属绿地占绿地总面积的比重为17.11%，仅次于公园绿地的43.28%，这一部分绿地当前多数处于封闭或半封闭状态，并且服务效率较低。建设并利用好居住附属绿地，突破一墙之隔，将其与社区公园或口袋公园建设相结合，将部分条件较好的居住区附属绿地改造为社区公园或口袋公园，满足日常运动健康、社交、散步等多元化服务需求，在保障社区安全的前提下适度向周边居民开放，既可以缓解中心城区公园绿地建设增量用地紧张的问题，又可以大幅提升社区公园服务效率。

2. 公园绿地社会公平正义性讨论及规划对策建议

人均公园绿地区位熵表征中心城区各镇（街道）实际占有公园绿地资源总量，揭示公园绿地空间配置的社会公平性，如图11（a）所示。测算结果显示，程家桥街道（17.83）、新江湾城街道（9.23）、殷行街道（4.8）、长桥街道（4.07）、华泾镇（3.26）、南京东路街道（3.63）的人均公园绿地区位熵较高，而嘉兴路街道、提篮桥街道、老西门街道、控江路街道、广中路街道、曹家渡街道和江苏路街道区位熵较低，人均公园绿地区位熵小于1的评价单元有55个，占71.4%。结合上海中心城区人均公园绿地面积仅为4.23平方米，由此判断，目前多数镇（街道）公园绿地资源配置不足。此外，图10中各级公园绿地休闲游憩机会空间差异性异常显著，表明公园绿地空间布局不尽合理进一步影响着有限的公园绿地的服务效率。未来上海中心城区一方面需要大幅增加公园绿地生态空间资源总量供

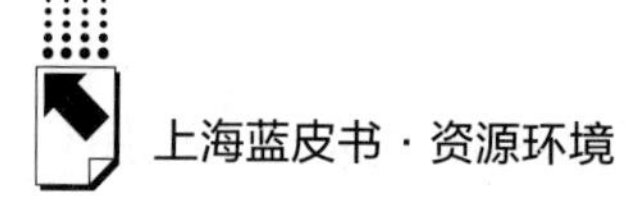

给，另一方面亟须提升不同等级公园绿地空间布局的均衡性，提升公园绿地服务效率。

老年群体和青少年群体人均公园绿地区位熵表征对于对公园绿地服务需求具有特殊性的弱势群体的倾斜程度，揭示公园绿地配置的社会正义性，如图11（b）、图11（c）所示。测算结果显示，老年群体和青少年群体人均公园绿地区位熵空间格局基本趋势保持一致但略有不同。真如镇街道、五里桥街道、外滩街道的老年群体人均公园绿地区位熵大于1，但青少年群体人均公园绿地区位熵小于1，未来优化公园绿地配置时应优先关注青少年群体的需求。石门二路街道的青少年群体人均公园绿地区位熵大于1，但老年群体人均公园绿地区位熵小于1，在优化公园绿地配置时应优先关注老年群体的需求。整体来看，上海中心城区过去在公园绿地规划布局时并未特别关注老年群体和青少年群体的人口密度和分布情况，结合前文图2可以进一步发现，这两类人群密度较高的镇（街道）人均公园绿地区位熵普遍低于平均水平。因此，在新一轮城市生态空间规划中亟须强化对老年群体和青少年群体公园绿地空间配置社会正义性方面的考虑，通过建立健全公园绿地空间配置社会绩效评价机制，聘请社会第三方对公园绿地空间配置社会绩效进行年度评价，并向全社会公开发布绩效指数报告，将评价结果纳入政府绩效考核当中，倒逼政府公园绿地基本公共服务治理绩效的提升。

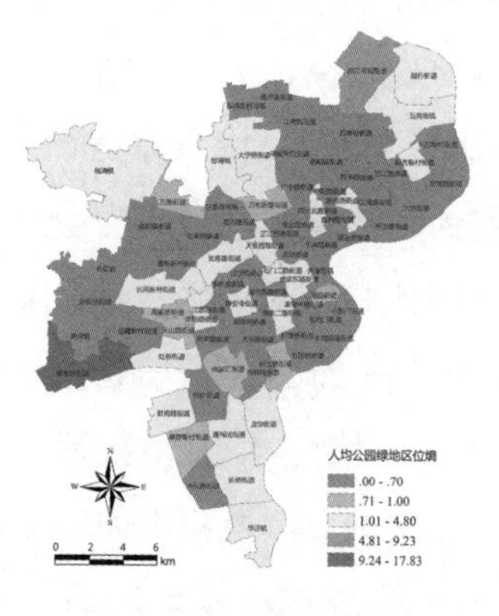

（a）人均公园绿地区位熵

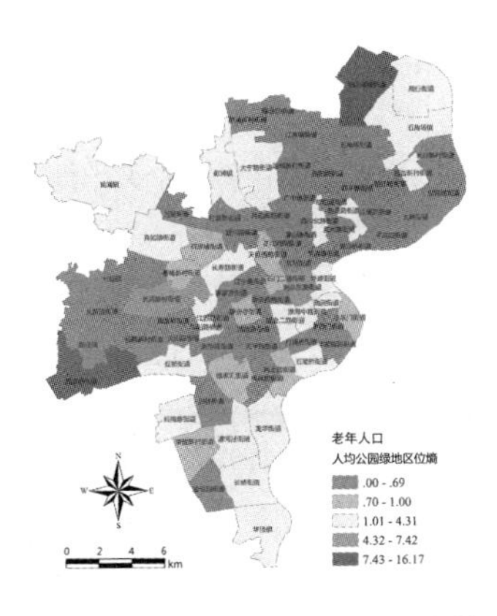

（b）老年人口人均公园绿地区位熵

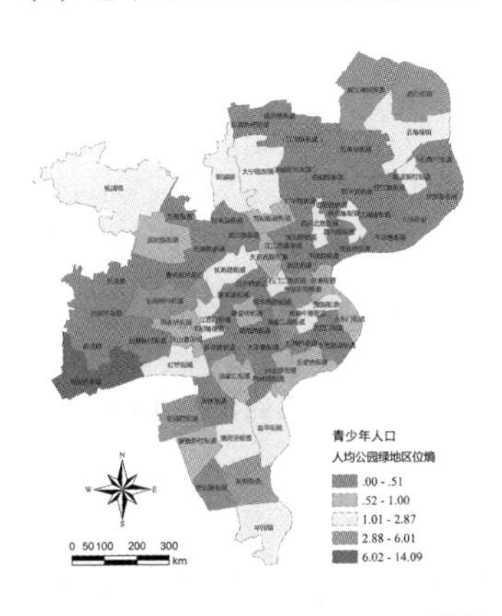

（c）青少年人口人均公园绿地区位熵

图 11　人均公园绿地区位熵、不同年龄群体人均公园绿地区位熵空间格局

注：该图基于上海市地理信息公共服务平台网站下载的审图号为沪 S（2020）041 号～047 号的标准地图制作，底图无修改。

参考文献

章佳民：《基于改进可达性的城市公共绿色空间公平性研究》，浙江大学硕士学位论文，2020。

王敏等：《基于社会公平正义的城市公园绿地空间配置供需关系——以上海徐汇区为例》，《生态学报》2019 年第 19 期。

Costanza R. , "Ecosystem Services: Multiple Classification Systems are Needed," *Biological Conservation* 02 (2008).

张运吉:《老年人公园利用的研究》,山东农业大学博士学位论文,2009。

王丽娟:《城市公共服务设施的空间公平研究》,重庆大学博士学位论文,2014。

金云峰、杜伊:《"公园城市":生态价值与人文关怀并存》,《城乡规划》2019 年第 1 期。

彭剑锋:《人力资源管理概论》,复旦大学出版社,2003。

周聪惠:《公园绿地绩效的概念内涵及评测方法体系研究》,《国际城市规划》2020 年第 2 期。

唐子来、顾姝:《上海市中心城区公共绿地分布的社会绩效评价:从地域公平到社会公平》,《城市规划学刊》2015 年第 2 期。

江海燕等:《西方城市公共服务空间分布的公平性研究进展》,《城市规划》2011 年第 7 期。

Chao Xu. , Dagmar Haase. , Didit Okta Pribadi. , et al. , "Spatial Variation of Green Space Equity and Its Relation with Urban Dynamics: A Case Study in the Region of Munich," *Ecological Indicators* 93 (2018).

张海霞等:《社会政策之于公共游憩供给:兼议政府作为的空间载体》,《旅游学刊》2010 年第 9 期。

江海燕等:《西方城市公共服务空间分布的公平性研究进展》,《城市规划》2011 年第 7 期。

尹海伟等:《城市绿地可达性与公平性评价》,《生态学报》2008 年第 7 期。

周春山等:《城市公共服务社会空间分异的形成机制——以广州市公园为例》,《城市规划》2013 年第 10 期。

B.4
上海生态产品价值实现的路径探索与优化策略

张文博*

摘　要： 城市在生态产品供给中通常存在供需失衡、空间错配等问题，城市生态产品价值的实现路径也具有其特殊性。作为特大型城市，上海生态产品供需不平衡的问题更为突出，具体表现为服务型生态产品供给能力不足、物质型生态产品对外依赖度较高、生态产品空间配置不均衡、区域性生态服务产品供给不稳定等。上海积极探索具有城市特色的生态产品价值实现路径，在低效建设用地复垦、绿地系统建设、郊野公园经营管理模式创新、矿山生态修复和多元化经营等方面积累了成功经验。但上海目前的生态产品供给和价值实现路径还存在供给压力持续增加、空间错配，以及供给方式单一等诸多问题，与人民城市建设的要求还存在较大差距，需要通过协同推进生态修复、深化长三角区域合作、优化城市生态空间格局、创新多方共治机制等举措探索，进一步提升生态产品供给能力，优化生态产品价值实现的路径。

关键词： 生态产品　价值实现路径　生态空间　上海

---

* 张文博，经济学博士，上海社会科学院生态与可持续发展研究所助理研究员，研究方向为资源环境经济、生态文明政策。

推进生态产品价值实现是践行“绿水青山就是金山银山”理念的重要举措。自2005年“两山”理论提出以来，关于生态产品价值实现的研究成为学者关注的焦点，关于生态产品价值实现路径的探索也成为各地践行“两山”理论的重要举措。城市由于其生态空间不足，经济社会活动强度较大，生态产品的供给能力先天不足。但同时，由于人口集聚和经济水平较高，城市也是对生态产品需求最集中的地区。探索城市生态产品的供需特征和价值实现路径，对促进城市生态产品供需平衡，提升城市居民的满意度和获得感，推动城市绿色发展具有重要意义。上海市作为我国改革开放的排头兵和制度创新的先行者，已经在增加生态产品供给和推进生态产品价值实现等领域进行了积极探索，在低效建设用地复垦、绿地系统建设、郊野公园经营管理模式创新、矿山生态修复和多元化经营等方面取得了成功的经验。

一　城市生态产品及其价值实现路径的特殊性

城市不仅是生态产品需求集中地，也存在绿地、河流等生态空间，具有一定的生态产品供给能力。与乡村和自然保护区等生态产品供给充裕的地区相比，城市具有生态产品需求大、生态产品供需空间错配等特点，其生态产品价值实现的路径也具有一定的特殊性。

（一）生态产品的内涵和分类

生态产品概念最早是在《全国主体功能区规划》中提出的，随着我国生态文明建设的理论和制度体系不断完善，生态产品的内涵及在生态文明建设中的地位和作用也不断演变。

1. 生态产品的内涵

现有研究和实践探索中对生态产品的界定并不相同，对生态产品的内涵尚未形成共识，目前主要的观点可以分为狭义和广义两方面。

狭义的生态产品概念是从生态系统服务角度出发，认为生态产品是提供生态系统服务的载体。曾贤刚等认为生态产品是指维持生命支持系统、保障

生态调节功能、提供环境舒适性的自然要素，包括干净的空气、清洁的水源、无污染的土壤、茂盛的森林和适宜的气候等[①]。高晓龙认为，生态产品是人类从生态系统获得的各种惠益。《全国主体功能区规划》将生态产品界定为维系生态安全、保障生态调节功能、提供良好人居环境的自然要素，包括清新的空气、清洁的水源、宜人的气候等。

广义的生态产品内涵是从人类的生态需求角度出发的，认为生态产品是人类活动和自然生态系统共同作用下为满足人类需求而提供的物质产品和服务的总称。石敏骏认为，生态产品是指在不损害生态系统稳定性和完整性的前提下，生态系统为人类生产生活所提供的物质和服务，主要包括物质产品供给、生态调节服务、生态文化服务等。[②] 刘伯恩认为生态产品既包括生态系统提供的生命支持系统、气候调节系统以及舒适宜人的自然要素，同时也包括对物质与文化产品传统生产方式的改造与升级，即以绿色、低碳、循环的发展方式实现物质与文化产品的供给[③]。张林波等人认为生态产品是指生态系统为人类福祉提供的终端产品或服务，除生态系统外，人类也是生态产品的生产供给者[④]。马建堂认为，生态产品既包括自然资源要素，也包括自然资源经过产业化加工衍生出的产品。还有的观点根据生态产品是否具有物质形态，而将其分为生态物质产品和生态服务产品。[⑤]

综合现有研究和各地实践探索，本报告认为生态产品应包含更为广义的内涵，是区域生态系统为人类生产生活所提供的最终产品与服务价值的总和，包括生态物质产品、生态文化产品、生态服务产品和自然生态产品，具有外部性、空间差异性和公共产品性等特征。

---

① 曾贤刚、虞慧怡、谢芳：《生态产品的概念、分类及其市场化供给机制》，《中国人口·资源与环境》2014 年第 7 期，第 12 ~ 17 页。

② 石敏骏：《生态产品价值实现的理论内涵和经济学机制》，《光明日报》2020 年 8 月 25 日。

③ 刘伯恩：《生态产品价值实现机制的内涵、分类与制度框架》，《环境保护》2020 年第 13 期，第 49 ~ 52 页。

④ 张林波、虞慧怡、李岱青、贾振宇、吴丰昌、刘旭：《生态产品内涵与其价值实现途径》，《农业机械学报》2019 年第 6 期，第 173 ~ 183 页。

⑤ 马建堂：《生态产品价值实现路径、机制与模式》，中国发展出版社，2019。

2. 生态产品的类型

在广义的生态产品概念下，生态产品的类型多样、涵盖范围较广，既包括生态系统的服务，也包括生态化的物质产品，服务范围和产权特征也较为多元。现有研究主要从两个方面对生态产品进行分类。

一是根据生态产品形态分为服务型生态产品和物质型生态产品。服务型生态产品即狭义的生态产品，是维系生态安全、保障生态调节功能、提供良好人居环境的自然要素的综合，包括空气、水源、气候等生态要素，也包括绿地、公园、农田等生态空间，以及良好的人居环境等。物质型生态产品是指自然资源经过人类加工的各种产品，包括绿色农产品、生态工业品等。

二是根据服务范围和产权特征分为全国性公共生态产品、区域或流域性公共生态产品、社区性公共生态产品、私人生态产品。全国性公共产品、区域或流域性公共生态产品服务范围较广，关系基本民生福祉，属于基本公共服务范围。这类生态产品具有显著的公共产品属性，其供给和分配涉及多个行政主体，需要通过跨区域协作和生态补偿来实现合理配置和有效供给。社区性公共生态产品的服务范围相对较小，属于准公共产品，在消费上存在一定的排他性和竞争性，其生产和供给不仅需要社区主体共担，也需要政府的引导和规划。私人生态产品是指能够界定产权的生态产品，物质型生态产品大多属于这一类型。这类产品的供给和分配，也可以通过市场力量进行配置，价值实现的路径相对明晰。

（二）城市生态产品的供需特征

城市生态产品呈现明显的供需失衡特征。从供给来看，城市的生态系统经过大量的人工改造，在传统的粗放发展模式下，人类活动往往会挤占生态空间，造成生态系统服务功能退化，城市的生态产品供给能力较弱。从需求来看，城市聚集了大量的人口，并具有相对较高的收入水平和物质精神需求层次，城市的生态产品需求更强。具体表现为以下几个方面。

一是服务型生态产品供给能力不足、空间分布不均衡。城市的服务型生态产品主要来自城市的生态空间，由于城市生态空间总量的减少、结构的破碎化和功能的退化，城市生态空间能够提供的生态系统服务严重不足。从总量看，城市生产、生活空间大量挤占生态空间，我国城镇化初期以土地城镇化为主要特征，城市的扩张主要表现为人工建筑覆被取代植物和自然要素覆被，造成城市中农田、绿地、水体、湿地等生态空间大量减少。据谢高地测算，北京城区的人均生态空间面积从2000年到2010年减少了50%。从结构来看，城市的生态空间碎片化严重，生态空间面积小、连通性和可达性较差，人均就近享有的生态空间面积不足，生态空间与生活空间的分布不一致，导致城市生态空间的景观质量、生态环境多样性，以及居民享受生态服务的便捷性存在严重不足。从功能来看，城市中的公园绿地以草地、低矮灌木为主，生态系统服务功能远弱于高大乔木，加之城市生态空间碎片化严重，导致生态空间的生态服务能力不足，局部气候调节、水流调蓄等能力十分有限。

二是区域性生态产品的需求较大，供给的外部依赖度较高。城市在运行中需要消耗巨量的资源，并产生巨量的废弃物，城市所在地的生态系统难以通过自身循环支撑城市的高强度物质代谢。因此，城市对区域性生态产品有巨大需求，一方面需要从临近地区输入清洁的水、农产品等满足城市的基本需求，另一方面需要借助区域生态系统的服务功能来维持城市的生态系统良性运转，如借助区域或者流域的环境容量满足城市的污染排放需求，借助区域性的森林、湿地、河湖水域来实现气候调节、水流调蓄和污染自净等。

三是物质型生态产品的供需相对平衡，但供给不确定性较大。物质型生态产品通常包括绿色农产品和生态工业品等，具有产权明晰、可以流通运输的特点。城市是物质型生态产品的主要消费地，城市居民具有较强的购买力、相对较高的环保意识和消费水平，对高附加值的生态农产品、生态工业品有更强的消费需求。城市的物质型生态产品供给呈现明显的分化，一方面，城市的农业空间有限，生态环境质量相对较差，缺乏生产绿色农产品的良好环境；另一方面，城市有较强的创新能力和技术水平，生态工业品等物质型生态产品的供给能力较强。物质型生态产品通常不具有整体性和不可分割性，可以界定产权，能够通过运输和跨区域调运实现供需平衡。

（三）城市生态产品价值实现路径的特点

生态产品的价值源于生态系统的生产和人的劳动，是通过自然资本、人造资本、人力资本三者有机结合，并在生态资产中累积而实现的。根据自然资源部发布的《生态产品价值实现典型案例（第一批）》，生态产品价值的实现路径主要有市场路径、政府路径，以及政府和市场混合路径，具体做法有生态资源指标及产权交易、生态修复及价值提升、生态产业化经营、生态补偿等。依据城市生态产品的供需特点，城市生态产品价值实现的路径也有所侧重。

一是生态修复及价值提升模式占据主导地位。生态修复及价值提升模式是在自然生态系统被破坏或生态功能缺失地区，通过生态修复、系统治理和综合开发，恢复自然生态系统的功能，增加生态产品的供给，并利用优化国土空间布局、调整土地用途等政策措施发展接续产业，实现生态产品价值提升和价值“外溢”。较为典型的案例有福建省厦门市五缘湾片区陆海环境综合整治促进土地资源升值溢价、江苏省徐州市贾汪区潘安湖矿坑生态修复建成旅游景区。城市是生态系统脆弱和生态功能缺失的典型地区，在传统城市发展理念下，城市的生态人居功能服务于生产功能、生态空间让位于生产生活空间，造成城市的生态功能退化。在可持续发展和生态文明理念指导下，许多城市将生态修复作为改善城市人居环境和恢复生态功能的重要举措，通过对城市河道、绿地等原有生态单元进行系统治理能够改善临近地区的生态人居环境；通过城市空间布局优化和城市更新，扩展城市的生态空间。生态空间增加和生态服务功能提升能够吸引高端人才和产业的进驻，通过人才集聚力和产业竞争力提升，带动周围土地价值增值，实现生态产品价值转化。

二是生态产业化经营模式的生态条件不足，资本和技术优势向生态良好地区外溢。生态产业化经营是通过规划、用地、产业和绿色认证等政策工具，推动产业生态化和生态产业化，将生态价值附着于产品和服务，借助生态环境优势，降低工业生产的成本，从而实现产品价值的提升。例如浙江省余姚市梁弄镇、江西省赣州市寻乌县等地培育的生态旅游、清洁能源产业；浙江省丽水市依托高质量的空气和水环境，降低企业洁净车间运行成本和水处理成本，将生态环境优势转化为产品的成本优势和竞争优势。城市自身的生态环境质量相对较差，生态空间较小，生态产业化经营模式所需要的生态条件不足。但城市具有生态产业化经营所需的资金、技术和经营管理人才，城市通过推动优势要素向生态良好地区外溢，促进生态良好地区的生态产业化经营，从而推动生态产品价值实现，分享生态产品价值转化的收益。

三是生态资源指标和产权交易主要集中于排放权交易领域。生态资源指标和产权交易模式针对生态产品难以界定受益主体的特征，通过政府行政管控或者设定限额等方式，引导利益相关方进行交易，进而实现生态产品的价值。例如福建省南平市“森林生态银行”将碎片化的森林资源进行集中收储和优化，转换成“资产包”，便于进行引资和管理；重庆市通过森林覆盖率限额、土地复垦地票等手段促进地区间生态产品交易。生态资源指标和产权交易模式在城市更多体现在排污权交易领域，一方面，城市是企业集中地，也是污染排放的重灾区，污染排放是城市生态环境问题的矛盾焦点之一，企业的排污指标和权责相对清晰，推行排污权交易能够倒逼企业提升污染防治效率，补偿企业的绿色创新行为，从而降低经济活动对城市生态环境系统的压力；另一方面，城市的生态空间和生态资源的总量都相对较少，以生态环境指标和自然资源产权为标的的交易存在规模小、产权界定成本高、交易带来的效率提升有限等诸多局限，开展的难度大、收效微。

四是生态补偿模式有赖跨区域协作，城市多为付费方。生态补偿模式是由各级政府或生态受益地区以资金补偿、园区共建、产业扶持等方式向生态保护地区购买生态产品，典型案例有新安江的流域补偿、湖北鄂州的生态价值核算和区域生态补偿等。城市自身的服务型生态产品供给不足，对区域性生态产品的依赖高，在生态补偿模式中主要承担付费者的角色。生态补偿模式的实现需要城市与邻近区域的协调和谈判，在实际推行中对跨区域协作水平有较高的要求。

二　上海市生态产品价值实现路径的实践探索

作为特大型城市，上海生态产品供需不平衡的问题较为突出，探索生态产品价值实现的路径，将良好的生态环境转化为经济效益，能够调和经济发展和环境保护之间的矛盾，进而增加生态产品的供给，缓解供需失衡的问题。上海市在“十三五”期间对生态产品价值实现进行了积极探索，并形成了一系列较为成功的经验和模式。

（一）低效建设用地减量化拓展城市生态空间

上海经过城市快速扩张和人口激增的高速城镇化后，城市生态产品供给缺口日渐增大，城市生态空间严重不足。在有限的国土空间下，上海市尝试通过低效建设用地减量化增加城市的生态空间。

一是通过资源效率评估，认定低效建设用地，通过政策组合推动产业转型，提升经济效率。2015年低效建设用地占上海全市工业用地比重接近1/4，工业总产值占全市比重还不到10%，地均工业产值不到全市平均水平的30%。低效建设用地内企业大多竞争力较差，通过产业、财税、环保、用能、金融等政策组合倒逼低效企业退出，释放用地指标和高效发展空间，从而实现资源利用效率和经济效率的双重提升。

二是将低效建设用地复垦为农用地和生态用地，在减轻生态系统压力的同时，增加生态空间和生态服务供给。低效建设用地内的企业大多存在突出的能耗和污染等问题，清退后能够显著降低环境治理成本，减轻生态系统压力。新增的农用地和生态用地也能够拓展城市的生态空间，为城市提供更多的生态农产品和生态服务，提升城市的绿色竞争力。

三是以异地置换与郊野公园建设为补充，既为部分高效企业提供后续发展出路，也实现了重塑区域生态系统、提升城市生态系统服务能力的长远生态利益。上海市向清退企业发放清拆奖扶资金，有发展潜力的企业可以借助该项资金在异地建厂，实现异地置换发展。郊野公园与减量化行动同步启

动，以农业综合体和现代都市农业为重点，实现保障农民长效收益、恢复和提升城市生态系统服务能力的社会及生态效益。上海市以低效建设用地减量化拓展城市生态空间的模式不仅拓展了生态空间，增加了生态产品供给，而且通过减量化倒逼企业资源利用率提升和产业转型升级，实现经济产出和生态效益双赢。

（二）绿地建设提升城市能级和生态服务价值

城市绿地和公园能够改善社区的生态人居环境，进而带来邻近土地增值、城市能级提升和业态的升级，实现生态产品价值的转化。上海将城市绿地建设与城市更新相结合，多措并举构建完善城市的公园绿地系统，提升城市能级和生态服务价值。

一是构建完善全市公园绿地体系，以生态环境改善推动城市能级提升和业态升级。上海市按照点－面结合的思路构建城市公园绿地体系，建设完成世博文化公园、浦东森兰、碧云楔形绿地等重点项目，推进虹桥商务区、长兴岛开发区、临港新城等重点区域项目，2019 年共新建绿地 1321 公顷，其中公园绿地 831.5 公顷，建成区绿化覆盖率提升至 39.6%。公园绿地建设显著提升了邻近区域的生态环境，增强了生态服务功能，进而带来城市能级提升和业态升级，实现了生态产品价值的转化。其中世博文化公园已经成为总部经济和文化创意产业集聚区，虹桥商务区和临港新城已经成为上海市高端服务业和现代制造业集聚的新增长级，片区的土地出让价格快速增长，城市能级提升效应显著。浦东森兰楔形绿地成为中心最大的绿地公园，形成集总部经济、商务休闲于一体的高端商务居住社区，碧云楔形绿地邻近区域建成国际居住休闲社区，居住环境显著改善带来区域人才集聚能力升级和区域价值增值。

二是推动公园绿地的差异化改造和精细化管理，提升生态产品的可得性和服务价值。上海市推进特色绿化街区建设，改扩建黄浦玉兰园、静安石南街心花园等街心花园，建设虹口区广粤路、黄浦区雁荡路、长宁区新华路等绿化特色街区，推进林荫道、绿化特色道路创建命名。目前特色绿化街区已经成为上海重要的文化旅游景点，集聚了生活休闲、文化创意等新业态。上海推进绿道等功能性绿化建设，建设黄浦江滨江绿道、横港河绿道、南站绿道、外环绿道等项目，通过功能性绿地建设挖掘生态产品的多元化服务价值，推动形成绿色发展方式和生活方式。

三是以生态廊道建设为着力点，保护和恢复城市森林资源，增强城市生态产品供给能力。上海市以生态廊道设计建设为着力点，带动植树造林和森林养护抚育。2019 年全市已启动 17 片（条）市级重点生态廊道项目，其中已完成立项或种植 9 万亩，完成造林 11.3 万亩，森林覆盖率达 17.56%。在生态廊道建设的同时，上海还完善森林资源的管理体系，推动森林资源更新调查，推进公益林市场化养护和林地抚育，强化森林火灾和有害生物预警、监测与巡察。森林资源的保护和恢复极大提升了城市生态系统的多样性和服务功能，增强了城市生态服务产品的供给能力。

（三）经营模式创新推动郊野公园生态产品增值

郊野公园是城市提升生态产品服务功能、拓展城市生态空间的重要载体，上海市在《上海市基本生态网络规划》中将郊野公园定位为“生态锚固区”和“郊野生态空间”，承担生态保育、现代都市农业和休闲娱乐等多重任务。上海通过引入多元主体等创新举措，协调政府－农民－游客等多方关系，促进郊野公园的生态系统良性循环。

一是创新多元主体经营管理模式，统筹协调生态保育、休憩旅游和现代农业发展等多重功能。郊野公园并非单一的林地或草地，园内既有承担生态保育功能的基底性生态空间，又有用于农业生产的基本农田，还有供市民休憩娱乐的经营性场所，涉及政府、农民、游客等多方主体利益，功能重叠和主体诉求冲突等矛盾的协调难度较大。上海市通过创新多元主体经营管理模式协调各主体、各功能之间的冲突。在规划和建设层面，建立区建设指挥部，配合市规划、园林部门推进郊野公园建设，充分考虑建设区利益诉求和基本情况。在管理方面，由园区土地所有者、国有农场重组公司作为管理主体，由农场公司、驻园企业、经营项目主体共同组成管委会，搭建各方主体

协商共建共享的平台。在经营方面，实行公共游憩与经营项目并举的模式，引入市场主体进行专业化经营，激发运营活力，政府通过定期开展安全教育培训和应急演练引导与规范经营主体行为，在推动郊野公园生态产品价值实现的同时，保障其公益性。

二是丰富郊野公园的营建主体，引导市民参与公园建设，在拓宽郊野公园建设资金渠道的同时，提升全民生态文明意识。上海市将社会绿化工作与郊野公园建设相结合，通过市民绿化节、"互联网 + 全民义务植树"等活动，鼓励和引导市民参与公园绿地建设，筹集建设资金，提升市民在公园建设中的参与度，补充和丰富公园建设的资金来源。上海植物园、上海滨江森林公园被确认为首批国家"互联网 + 全民义务植树"基地，未来将有更多郊野公园成为市民共建共享生态空间的基地。

三是土地整治与生态修复相结合，协同推进郊野公园建设和乡村振兴，同步强化生态服务产品和物质产品的供给。郊野公园的选址通常以大面积基本农田集中区为主，并综合考虑生态保育的功能。因此，上海在长兴、漕泾等郊野公园建设中以土地整治项目为抓手，配合田水路林村厂综合整治、山水林田湖草系统修复①，形成土地整治、乡村振兴和生态系统修复协同推进的建设模式。经过改造和整治，郊野公园与乡村振兴有机结合，形成兼具农业生产、景观生态、休闲游憩多重功能的大型开敞生态空间②，既能够保留和提升农用地绿色农产品的生产能力，也能够增加城市的生态空间，提升城市生态服务产品供给能力。

（四）矿山生态修复带动生态旅游和多元化经营

上海是最早探索以矿山生态修复带动生态产品价值提升的地区之一，目前已经建成运营的辰山植物园矿坑花园和佘山世茂深坑酒店，分别代表了矿山生态修复的两种生态产品价值转化模式。

---

① 《上海探索超大城市国土生态修复与乡村振兴模式》，《新华网》2019 年 6 月 24 日。

② 《上海探索超大城市国土生态修复与乡村振兴模式》，《新华网》2019 年 6 月 24 日。

一是矿山生态修复后转化为科教旅游基地的矿坑花园模式，将修复后的生态公园用于生物多样性保护、科研宣教和游览休憩，充分发挥其生态服务价值。辰山植物园矿坑花园原是辰山采石场的西矿坑，矿山生态修复中利用采石形成的台地、矿坑和山体，改造成为深潭、瀑布，并引进 1000 多种植物，形成修复式花园景观。矿坑花园及辰山植物园建成后不仅成为生态旅游的独特景点，而且与中科院合作建成为植物逆境生物学研究中心，成为全国科普教育基地和中国生物多样性保护与绿色发展示范基地。

二是矿山生态修复后转化为自然生态酒店的深坑酒店模式，将矿山生态修复与自然生态酒店建设相结合，以产业化、多元化开发经营推动生态产品价值实现。世茂深坑洲际酒店位于上海松江国家风景区，原为小横山采石场的矿坑，世茂集团借助深坑崖壁建成拥有天然室内花园、大型景观瀑布、水上景观客房、水中景观客房的五星级酒店。酒店结合深坑特点还开展蹦极、水下餐厅等多元化经营，2019 年实现营业收入 27900 万元，较上年度增长了 771.88%，实现了经济效益与生态效益的双赢。

三　人民城市建设对上海生态产品价值实现的新要求

习近平总书记在考察上海时提出“人民城市人民建，人民城市为人民”的重要理念，对上海市民生福祉和生态福祉提出了更高要求。上海目前的生态产品供给以及价值实现实践和模式还存在诸多问题，与人民城市建设的要求还存在较大差距。

（一）宜居宜业的目标增大生态产品供给压力

人民城市建设要求城市的发展建设更加宜居宜业，提出“人人都有出彩机会，人人都能享有品质生活”的目标。宜居和宜业两个目标都对城市的生态产品供给能力提出更高要求。一方面，随着基本生活需求和物质需求的满足，人们对宜居的内涵从室内居住空间进一步扩展到室外的景观、空气、环境、气候等方面，对生态产品的需求更加强烈。多项研究表明，良好

的环境质量和优美的城市绿地景观能够促进人的身体健康，显著提升市民的获得感和幸福感。另一方面，人才和创新要素越来越向生态和人居环境良好的城市集聚，生态产品的量和质成为城市集聚能力和竞争力的重要方面。

目前上海的生态产品供给形势与人民城市建设的目标差距显著，生态产品供给不足的问题日趋严重。一是城市的环境质量虽然整体改善但与国际城市仍然存在较大差距，主要污染物浓度、水环境质量仅相当于香港、纽约、东京等城市 5 ~ 10 年前的水平①，移动污染源、扬尘等污染治理仍然相对滞后。二是城市生态空间较小，服务型生态产品供给严重不足，上海市人均公共绿地面积为 7. 83 平方米，仅为纽约的 1/3②，由于服务型生态产品的不可移动性，难以通过区域协调和外部供给满足需求，人口增长和城市扩张还将加剧服务型生态产品供需失衡的问题。三是生态农产品、生态工业品等物质型生态产品的标准和认证规则复杂多样，认证主体不一，消费者辨识的难度较高。同时由于溯源和监管体系的不完善，物质型生态产品的质量参差不齐，物质型生态产品的供给不稳定。

（二）提升获得感要求优化生态产品空间分布

人民城市建设内在地要求城市的发展能够给人民带来更强的获得感和更高的满意度，提出以更优的供给满足人民需求。城市居民对生态服务产品的获得感和满意度通常与生态空间的距离、分布和面积有关。据调查，居民的游园频次与公园绿地的距离负相关，游园体验与公园绿地的面积和景观植被多样性正相关。也就是说城市生态空间与生活空间距离越近，居民游园的频次越高，对生态服务产品的获得感越强；城市的生态空间面积越大，景观和植被越丰富，居民的游憩体验越好，对生态服务产品的满意度越高。

我国的城市大多存在生态空间与生产生活空间分隔、便捷性与生态空间

① 张文博：《全球城市环境经济协调发展的国际比较及启示》，载周冯琦主编《上海资源环境发展报告（2019）》，社会科学文献出版社，2019，第 272 页。

② 张文博：《全球城市环境经济协调发展的国际比较及启示》，载周冯琦主编《上海资源环境发展报告（2019）》，社会科学文献出版社，2019，第 272 页。

面积难协调等共同问题，导致居民对生态服务产品的获得感不强、体验满意度不高，目前上海也存在同样的问题。一是生态生活空间的分布出现错配，人口集聚区生态产品供给不足。大面积高品质的生态空间大多分布在郊区，与主要生活空间距离较远。居住区附近的公园绿地受城市开发和道路的限制，总体面积较小，内部景观和植被都较为单一，生态服务功能严重不足，较大的人流量也进一步影响了居民的游憩体验。二是城市生态空间的可达性和便捷性较差，居民游憩的交通成本较高。滨江绿地、郊野公园等生态空间附近公共交通配套不足，可达性和便捷性较差，难以满足居民经常性和高频次的需求。

（三）共建共享要求生态产品的供给方式多元化

人人都能有序参与治理是人民城市人民建的题中之义，在生态产品供给方面应体现为生态空间和环境保护的共建、共治、共享。企业和居民等多元主体参与生态产品这类公共产品的建设、管理，不仅能够充分考虑各方的诉求，提升多元主体的满意度，而且有利于推进专业化和市场化，降低建设成本，提升运营管理效率。

目前上海生态产品的供给以政府为主，单一供给主体导致多种问题。一是政府的资金和人力有限，导致生态产品供给的质量和进程受限，仅依靠政府推进精细化治理和多元化经营，存在行政成本高、执行效率低下等问题，难以满足快速增长的生态产品需求。二是居民在规划决策、方案设计中的参与度不高，导致居民的意愿和需求难以及时反映，出现生态产品供需失衡、差异化需求难以满足等问题。三是企业和居民主体在生态产品供给和分配中的作用缺失，导致生态产品的共享机制单一，各主体难以充分享受生态产品的红利。

四　优化上海生态产品价值实现路径的策略选择

人民城市建设对上海生态产品供给和价值实现提出了新的要求和挑战，

在现有实践探索的基础上，上海市仍需要从生态修复与环境治理协同、区域合作、城市生态空间优化，以及多元化治理等方面进一步提升生态产品供给能力，优化生态产品价值实现的路径。

（一）协同推进生态修复，增加服务型生态产品供给

推动生态修复与城市更新、污染防治、水体治理等工作协同共建，对城市生态环境进行微治理和精细化管理，提升城市的绿地、水体等蓝绿空间的生态服务功能，以城市局部生态环境的改善带动邻近地区的人居环境改善和土地价值增值。鼓励和支持企业在项目建设中布局微型生态空间，推广绿色建筑和立体绿化，改善城市建设用地的微气候、微生态，以生态绿色建筑理念提升高端产业和创新资源的集聚能力。在水利设施建设和改造中融入海绵城市的技术和理念，注重对原有水文、生态特征的保护，增强水体的连通性，逐步恢复水体的自然循环，以生态功能的提升带动居住品质的升级。优化公园绿地的景观格局、植被，增强和恢复公园绿地的生态服务功能。

（二）深化长三角一体化合作，提升生态产品的区域配置能力

依托长三角生态绿色一体化发展示范区建设，打造长三角山水林田湖共同体，以良好的生态人居环境吸引人才、科创产业集聚，将生态产品优势转化绿色发展优势。积极推动长三角地区污染防治的标准一体化、生态环境建设的规划一体化，通过环境信息共享、执法职责共担等方式健全和完善生态环境联保共治的机制。《长三角生态绿色一体化发展示范区国土空间总体规划》要求，“到 2035 年示范区的蓝绿空间占比要达到 68%，其中先行启动区达到 75%”。要在此目标下，继续推动城际生态廊道、毗邻区生态空间的共建共享，加快形成三省一市共建共享的公共生态产品，增加区域性生态产品的供给能力，推动服务型生态产品的区域共享。引导和支持长三角地区共同成立生态产品开发主体，成立绿色建设基金，提升生态产品的配置能力。

（三）优化城市生态空间布局，提升生态产品的可得性

遵从和把握人民城市的人本价值，在城市规划、城市更新中广泛征集市

民的意见和诉求，推动城市空间格局向宜居、生态的方向演进。通过走访和调研等方式逐步摸清居民的生态产品需求，探索绘制城市生态产品需求地图，针对生态产品供需严重失衡的地区进行空间布局的重点优化。按照“见缝插绿”的思路增加点状绿地，结合城市水文、空气流动等自然因素，布局生态廊道等线状生态空间，整合土壤污染防治和旧城改造，在有条件的地区布局形状规整、破碎程度低的楔形绿地，增强生态空间的服务功能。改善现有公园绿地、滨水空间和郊野公园等生态空间的交通条件，增加串联居民区与生态空间的公共交通线路，优化公交站点、停车场等设施的布点，提升生态空间的可达性。针对道路、河流等对公园绿地的分割问题，增加连廊等设施，提升生态空间的连通性。

（四）探索多方共治机制，推动生态产品供给和经营多元化

积极探索生态产品供给的多方共建共治共享模式。继续发挥“互联网+全民义务植树”等活动的宣教引领作用，引导居民参与生态空间共建活动。拓宽居民参与生态空间规划、环境政策制定的渠道，通过听证、意见征询、网络信箱等途径听取和吸纳民众对生态产品供给的意见和建议。引导和支持居民通过志愿组织和志愿活动，参与公园绿地的管理工作，探索多方协同共治的管理模式。进一步完善郊野公园的多方共治和多元化经营制度，优化政府、企业、农民在郊野公园治理中的参与机制，鼓励多方共同成立经营主体，探索多元化经营模式，创新利益共享机制。

参考文献

曾贤刚、虞慧怡、谢芳：《生态产品的概念、分类及其市场化供给机制》，《中国人口·资源与环境》2014 年第 7 期。

刘尧飞、沈杰：《新时代生态产品的内涵、特征与价值》，《天中学刊》2019 年第 1 期。

刘伯恩：《生态产品价值实现机制的内涵、分类与制度框架》，《环境保护》2020 年

第 13 期。

王军、应凌霄、钟莉娜：《新时代国土整治与生态修复转型思考》，《自然资源学报》2020 年第 1 期。

高晓龙、程会强、郑华、欧阳志云：《生态产品价值实现的政策工具探究》，《生态学报》2019 年第 23 期。

李军洋、郝吉明：《生态经济经营的结构和运行机制》，《中国人民大学学报》2019 年第 1 期。

中共武汉市委政策研究室课题组、谭东升、王珏：《借鉴上海经验推进复合型郊野公园建设工程——上海市郊野公园建设调研考察报告》，《长江论坛》2017 年第 6 期。

石敏骏：《生态产品价值实现的理论内涵和经济学机制》，《光明日报》2020 年 8 月 25 日。

张林波、虞慧怡、李岱青：《生态产品内涵与其价值实现途径》，《农业机械学报》2019 年第 6 期。

马建堂：《生态产品价值实现路径、机制与模式》，中国发展出版社，2019。

《上海探索超大城市国土生态修复与乡村振兴模式》，《新华网》2019 年 6 月 24 日。

张文博：《全球城市环境经济协调发展的国际比较及启示》，载周冯琦主编《上海资源环境发展报告（2019）》，社会科学文献出版社，2019。

B.5

上海滨水空间功能优化的提升路径研究

——以上海市徐汇滨江区域为例

张希栋*

摘　要：“十三五”期间，上海从滨水地区空间规划、功能分区、区域发展以及环境品质等方面促进滨水地区功能转型重生，取得了良好的效果。但上海滨水空间建设仍然存在功能单一、可达性较差、缺乏活力等问题。本报告在分析全球城市滨水空间建设经验的基础上，以徐汇区滨水空间建设为研究对象开展问卷调研，发现徐汇区滨水空间建设在可达性、休闲娱乐设施供给、景观服务供给、基础设施建设等方面还存在进一步改善的空间。基于此，本报告从滨水空间可达性、基础设施建设、滨江岸线功能复合以及滨水空间文化打造等方面提出徐汇区滨水空间功能优化的路径措施。

关键词：滨水空间　功能优化　城市规划　上海市徐汇区

2019年11月，习近平总书记在杨浦滨江公共空间杨树浦水厂滨江段视察时提出“人民城市人民建，人民城市为人民”。习近平总书记对上海城市建设提出了要求，最根本、最核心的理念在于要贯彻以人民为中心的发展思想，要优化城市生产、生活、生态空间的布局，为老百姓提供充足的具有休

* 张希栋，博士，上海社会科学院生态与可持续发展研究所助理研究员，主要研究方向为资源环境经济学。

闲、健身、娱乐等功能的城市公共空间。2018 年，《上海市城市总体规划（2017～2035 年）》发布，指出上海的发展目标是建成卓越的全球城市，令人向往的创新之城、人文之城、生态之城，具有世界影响力的社会主义现代化国际大都市。其中，特别强调了未来的上海是“令人向往”的，突出了上海在建设社会主义现代化国际大都市过程中“以人为本”的建设理念。2020 年 6 月，中国共产党上海市第十一届委员会第九次全体会议审议通过《中共上海市委关于深入贯彻落实“人民城市人民建，人民城市为人民”重要理念，谱写新时代人民城市新篇章的意见》，指出要把握人民城市的人本价值，更好满足人民群众对美好生活的向往。我国决策层高度重视在城市建设中贯彻“以人为本”的建设理念，打造宜居宜业的城市公共空间，提升普通百姓的获得感、幸福感。

河流是城市的毛细血管，滨水空间是人民融入城市、休闲、健身、娱乐的重要场所，也是展现城市形象、体现城市品质、感受城市文化最直观、最切身的城市公共空间。当前，随着黄浦江、苏州河（以下简称“一江一河”）两岸货运、生产功能弱化，滨水地区两岸的生产、生活需求结构变化巨大，迫切要求优化城市滨水地区的空间功能结构，努力将滨水空间打造成上海人民城市建设的标杆区域。此外，上海滨水空间建设也是上海建设卓越的全球城市的重要内容之一。因此，如何将“以人为本”的建设理念融入滨水空间建设，提升普通百姓对滨水空间的使用体验，对上海建设卓越的全球城市具有重要意义。

一　上海滨水空间发展现状

上海位于长江入海口，境内河道、湖泊面积约为500 平方公里，占上海市面积的 8%左右。由于河网水系发达，上海拥有充足的滨水公共空间，特别是“一江一河”两岸的滨水公共空间，不仅分布有众多的全球知名旅游景点，还分布有众多大型的商业区以及住宅区，对滨水公共空间的旅游、休闲、娱乐等具有较高的要求。2016 年，时任上海市委书记韩正对滨江规划建设提出：“两岸开发，不是大开发而是大开放，开放成群众健身休闲、观光旅游的公共空间，开放成市民的生活岸线。”2018 年，《上海市城市总体规划（2017～2035 年）》提出“打造卓越的全球城市，突出中央活动区的全球城市核心功能”，而“一江一河”则是上海建设卓越的全球城市的代表性空间和标志性载体。“十三五”期间，上海对滨水空间建设进行了整体规划，实施了一系列相关的建设项目，取得了较好的成效，主要表现在以下几个方面。

（一）空间规划体系趋于完善

上海市滨水空间建设以“一江一河”两岸空间为主，上海市特别注重两岸的滨水空间开发，建成了较为完善的空间规划体系，从而对滨水空间开发的空间布局、结构功能以及时间节点进行了规范。如 2015 年，上海市启动编制《上海绿道专项规划》，涉及对滨水空间的绿道规划，为居民提供了休闲、健身、娱乐的滨水绿道；2016 年，上海市人民政府印发《黄浦江两岸地区发展“十三五”规划》，涉及浦东新区、宝山区、杨浦区、黄浦区、徐汇区等 8 个行政区的滨江区域，对黄浦江两岸的滨水空间做出了细致、高标准的规划；2018 年，上海发布《苏州河沿岸地区建设规划（2018～2035）》，综合考虑苏州河沿岸功能、发展和建设情况，对苏州河内环内东段、中心城区其他区段以及外环外区段进行了差异性规划。上海对黄浦江、苏州河沿岸地区滨水空间建设实现了规划全覆盖，明确了滨水空间的建设目标、空间布局、结构功能，对沿江岸线码头利用、综合交通以及重点区域空间景观等均进行了宏观把握。

（二）空间功能分区更加突出特色

“十三五”期间，上海对滨水空间建设进行了整体规划，开展了一系列建设项目，使得上海滨水空间，特别是“一江一河”滨水空间的功能分区特色凸显。黄浦江滨江区域：“十三五”期间，浦东滨江以建设新华－民生－洋泾为抓手，在对地块开发建设的同时也对工业遗存进行保护性开发，重点突出陆家嘴金融城的金融服务功能特色；宝山滨江建设则围绕国际邮轮母港，突出邮轮特色；徐汇重点开发徐汇滨江－前滩、世博园区，以“美术馆大道”为抓手，建设具有魅力的文化传媒区；黄浦区在打造“世界级滨水公共开放空间的核心区”目标下，重点聚焦南外滩，更好延展外滩金融聚集功能；杨浦滨江则以秦皇岛路－大连路－平凉路－军工路为抓手，在保护性开发工业遗存的同时，利用空置的土地及厂房打造特色众创空间。苏州河区域：“十三五”期间，静安区重点建设 27 个项目，以这些项目为抓手，建设智慧、人文、低碳、卓越的“都市之心”；普陀区根据既有资源，着力打造苏州河两岸的文娱活力点以及休闲服务类活力点，在保护历史遗存建筑的同时，对历史建筑进行恰当改造，为市民、游客提供更多休闲空间。上海通过“十三五”期间对城市滨水空间开展的建设项目，突出了各区的滨水空间特色，展现了较强的吸引力。

（三）空间功能与区域发展更匹配

“十三五”期间，上海市以及各区对滨水空间开展了规划编制以及项目建设，其总体目标是要打造卓越的全球城市滨水空间。但考虑到各区本底资源以及滨河空间功能的差异性，上海在推进滨水公共空间建设的过程中，以各区的经济发展定位以及发展状况作为重要参考，制定与之相匹配的滨水空间建设方案。以宝山区、浦东新区、静安区为例，宝山区的经济发展目标之一是建设国际邮轮母港，其在建设滨水公共空间时，着重围绕邮轮母港的发展定位开展建设，打造与邮轮母港相匹配的滨水公共空间；浦东新区在推进滨水公共空间建设过程中，则围绕陆家嘴金融城开展，在滨水空间建设过程中，着力打造能够满足周边商务办公、商业洽谈等金融需求的基础设施，使得滨水空间对金融城的服务功能进一步提升；静安区的发展目标是“中心城区新标杆、上海发展新亮点”，苏州河两岸一体化形象基本展现，围绕该目标，静安区在滨水空间建设方面将开发商业楼宇及相关配套设施作为重点任务之一，同时新增亲水岸线、公共绿地及相关配套服务设施，并新增养老设施、医疗卫生设施、整治老旧小区等，通过对滨水公共空间进行改造使之与静安区发展定位及目标更匹配。

（四）滨水空间环境品质进一步提升

“十三五”期间，上海围绕城市滨水空间生态环境改善开展工作，打造

宜居宜业的滨水公共空间，主要开展了三项工作。第一，建设沿江、沿河的绿地空间体系，重点围绕城市生态水系以及滨水空间绿化建设开展工作，连通城市绿地公园与滨水公共空间，建设多样化、高密度的城市绿地公园体系，形成沿江、沿河的生态廊道。第二，加强环境综合整治，重点加强苏州河水环境治理，提升苏州河干流及支流水环境质量，同时加强苏州河干支流生态修复，采用生态浮岛、人工湿地等生态修复方式，进一步改善水质。第三，加强规划管控，将苏州河、黄浦江干支流水系与相关生态红线管控结合，进一步强化其生态系统服务功能。“十三五”期间上海围绕上述目标，实施了一系列相关的建设项目，使得城市滨水空间环境品质进一步提升。

二　上海市滨水空间建设市民满意度分析——以徐汇滨江为例

本节以上海市徐汇滨江公共空间建设为研究对象。徐汇滨江地区北起日晖港，南至关港，西至宛平南路－龙华港－龙吴路，东邻黄浦江，岸线长度11.4公里，是近代上海重要的工业岸线。“十三五”期间，徐汇滨江从空间布局以及空间功能等方面建设滨水公共空间，初步达成了“全球城市的卓越水岸”建设目标。但是，滨江建设的发展应该以民众需求为导向，只有充分考虑居民、游客以及工作人员对滨水空间公共服务以及公共设施的需求，才能提升广大人民群众的参与感、获得感与幸福感，这也反映了习近平总书记“人民城市人民建，人民城市为人民”以人民为核心的城市建设理念。因此，本节在参考以往研究①以及走访调研相关人员的基础上，设计了关于徐汇滨江公共空间建设市民满意度的调研问卷。问卷主要从出行需求、

① 张晶：《城市中心区滨水空间设计探讨——以上海苏州河两岸滨水环境提升为例》，《中外建筑》2020年第7期，第107～110页；金云峰、陈栋菲、王淳淳等：《公园城市思想下的城市公共开放空间内生活力营造途径探究——以上海徐汇滨水空间更新为例》，《中国城市林业》2019年第5期，第52～56页。

休闲需求、景观需求、设施需求、环境需求等角度进行设计。发放问卷 110 份，回收有效问卷 102 份。

（一）出行需求分析

从人群整体的出行交通方式来看，来徐汇滨江的人群以步行（43.14%）和公共交通（28.43%）为主，通过骑车（16.67%）及自驾（11.76%）到达徐汇滨江的人群相对较少。从用时来看，绝大多数人从出发到到达江边用时在 20 分钟以内（50.98%），用时 20～40 分钟（27.45%）的人群次之。分人群来看，数据显示：游览徐汇滨江的人群主要是附近居民（55.88%），从家中出发到达滨江用时基本在 20 分钟以下（75.44%），出行方式以步行为主（64.91%）；非附近居民可能离徐汇滨江距离较远，出行以公共交通交通（57.14%）为主。附近居民游览滨江相对方便，通过步行前往即可，用时也相对较短。而外地游客或者其他区居民游览徐汇滨江则需要借助交通工具，则该类人群面临的一个重要问题是从上一种交通方式结束后步行到达徐汇滨江一般花费多长时间。59.32% 的受访者表示至少需要 15 分钟，花费最多 5 分钟或 5～15 分钟的受访者分别为 22.03%、18.64%，表明对需要借助交通工具前来徐汇滨江的人群而言，徐汇滨江的可达性尚有进一步提升的空间。

（二）休闲需求分析

针对徐汇滨江的休闲需求，重点分析人群来徐汇滨江的频率、时长以及休闲活动类型。从前来滨江活动的时长来看，活动 1 小时及以内、1～2 小时、2 小时及以上人群分别为 39.22%、52.94%、7.84%，多数人来滨江的活动时间在 2 小时以内。从游览徐汇滨江人群的休闲活动类型来看，散步（66.67%）是最主要的休闲活动需求，其余重要的休闲活动主要包括休闲纳凉（29.41%）、跑步（22.55%）、亲子（20.59%）、拍照（20.59%）以及骑行（17.65%）等。从前来徐汇滨江活动的频率来看，每周来 3 次及以上、每周 1 ~ 2 次、每周少于 1 次的人群分别占 17.65%、17.65%、64.71%，大部分人群每周少于1次，经常前来徐汇滨江进行休闲活动的人群占少数。从这个角度看，徐汇滨江的吸引力偏弱。从人群前来滨江活动频率差异的角度看，每周3次及以上人群来滨江以散步（83.33%）和跑步（61.11%）为主，每周 1 ~ 2 次人群来滨江以散步（66.67%）、跑步（33.33%）、亲子（33.33%）为主，每周少于 1 次人群来滨江以散步（62.12%）、休闲纳凉（33.33%）为主。可以发现，经常来滨江的人群除了休闲以外，锻炼需求明显高于其他人群；来滨江次数较少的人群更偏好休闲、娱乐活动。

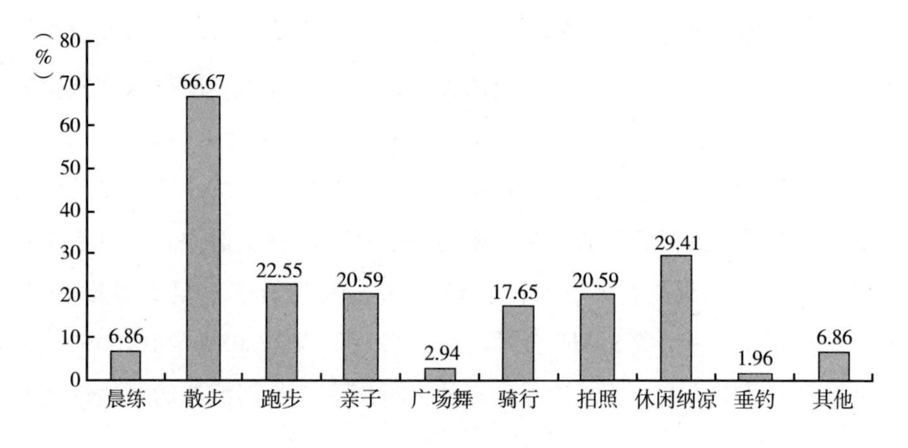

图1　休闲活动需求类型

（三）景观需求分析

在景观需求方面，我们首先对受访者植被景观的整体感受进行调研，表示满意或很满意的受访者占63.73%，32.35%的受访者表示一般；其次对受访者直观感受到的江边植物色彩是否丰富进行分析，近八成受访者认为江边植物色彩丰富或很丰富；再次对江边植物群落丰富情况进行分析，近九成受访者表示江边植物群落较为丰富；最后，对江边荫蔽空间进行分析，31.37%的受访者认为江边荫蔽空间充足或很充足，50.00%的受访者则表示

江边荫蔽空间一般。因此，综合而言，江边植物景观建设情况良好，受访者对江边植物色彩、植物群落满意度较高，但江边荫蔽空间不足。尤其是在夏秋季节的白天，阳光较强，而江边植物景观基本上位于岸边步道以内，且岸边步道基本无遮阳设施或商铺，不能在荫蔽空间范围内近距离欣赏黄浦江景色。

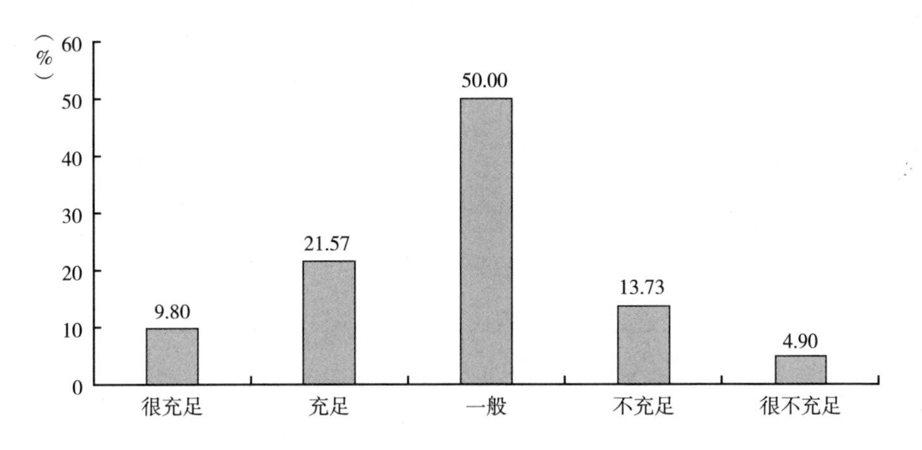

图 2　江边荫蔽空间是否充足

（四）设施需求分析

从受访者对徐汇滨江配套服务设施需求的迫切程度来看，将徐汇滨江的配套服务设施大概分为五类。第一类，休闲游憩设施，超过 65% 的受访者认为徐汇滨江应该增加一些休憩座椅、廊架、凉亭、石桌、亲水平台等休闲游憩设施。第二类，健身运动设施，52. 94% 的受访者认为应该适当增加健身器材，游乐设施，球类、旱冰等运动场地。第三类，公共服务设施，该类设施主要包括自行车道、自行车停车点、停车位、饮水机、厕所等。特别指出徐汇滨江部分自行车道与公路的连接处存在颠簸、不平整问题，提供的厕所、公交站、地铁站指示牌等设施不足。超过 47% 的受访者表示应该增加该类公共服务设施。第四类，商业服务设施，人们在游览徐汇滨江时，会产生各种需求，如餐饮、购物等，而滨江很难提供类似场所，超过

43% 的受访者表示应该在滨江地区增加咖啡厅、饮品店、餐厅、商场等商业服务设施。第五类，文化娱乐设施，该类设施主要满足游览人群的文化娱乐需求，超过 42% 的受访者认为应该增加电影广场、演出宣传栏等能够提供文化娱乐的服务设施。

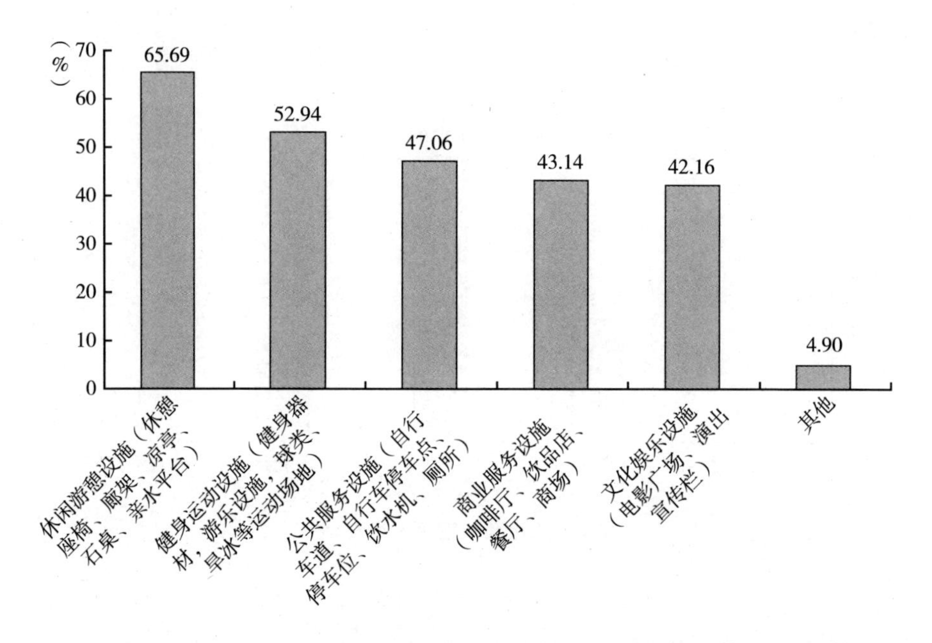

图 3　服务设施需求类型

（五）环境需求分析

从整体环境而言，近八成的受访者表示满意或很满意，认为不满意或很不满意的受访者不足 5%，徐汇滨江段环境建设效果显著，市民满意度较高。更进一步，我们对江水水质、交通便利、行走感受以及配套基础设施使用感受进行了调研。调研发现：受访者对在江边行走感受以及护栏安全舒适方面满意度较高，徐汇滨江在贯通道路以及保护游人安全方面开展了扎实的工作；受访者对江水水质、交通便利、如厕是否方便满意度较低，表明黄浦江水质仍然有待提高（特别是黄浦江两岸漂浮的垃圾以及江水散发的臭味），徐汇滨江在畅达滨江公共空间与滨江腹地之间的联系方面还存在不

足，且应进一步重视游览体验，如对公共厕所等基础设施在空间安排以及路标指引方面的改进。

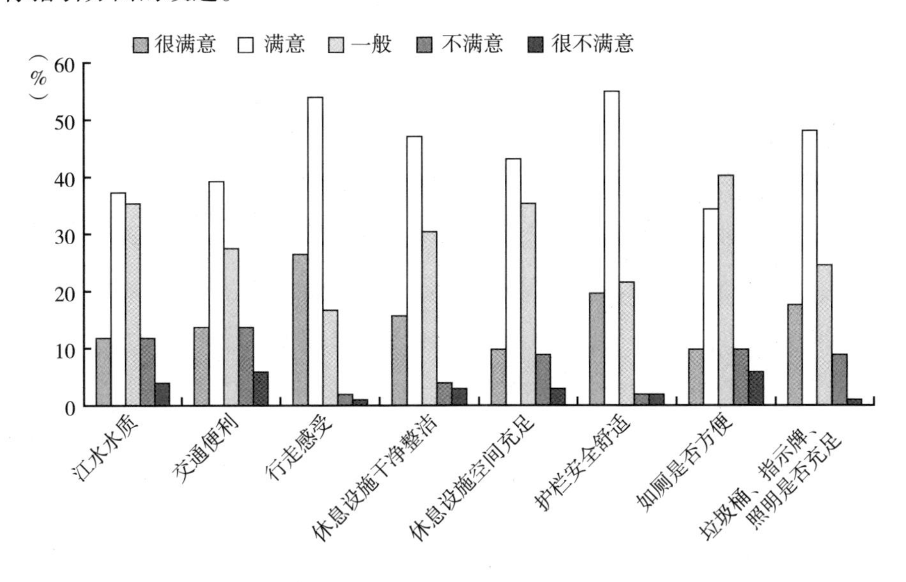

图 4　江边环境满意度情况

三　徐汇滨水空间功能优化的提升路径

本报告在梳理上海滨水空间建设进展的基础上，以徐汇区为例开展了上海市滨水空间建设的市民满意度调研，从出行需求、休闲需求、景观需求、设施需求、环境需求等五个层面分析了徐汇区滨水空间建设的市民满意度情况，研究结果为上海市滨水空间功能优化提供了一定参考。研究认为，上海市徐汇区滨水空间功能优化的提升路径主要包括以下几个方面。

第一，加强滨水区与滨江腹地的联系。滨水空间的可达性较差是影响滨水空间游览体验的重要因素之一。首先，完善公交站点的沿江布局，加强公交站点对滨江公共空间的支撑，在重点滨江公共空间设立公交站点，畅通滨江公共空间与腹地的联系。其次，增设停车场、非机动车停放点，特别是在靠近住宅、商业写字楼的滨水区以及人流量较大的滨水空间，增加共享单车

的停放点以及停放量，解决附近居民或游客游览滨江的“最后一公里”问题。最后，优化滨江道路行车系统，合理优化布局机动车道与非机动车道，让不同车辆在不同道路上独立运行。

第二，完善便民服务设施。首先，坚持需求导向，从居民对滨江公共空间的需求出发，适当增加相应配套设施，如在靠近居民集中居住区的滨水空间，应在条件允许的情况下，增加相关健身运动设施，在商业集中的滨水空间，则应增加非机动车停放点或外卖放置点，有序解决商业区高峰时段外卖拥挤问题。其次，增加滨水空间的基本配套服务设施，如公共厕所、饮水机、母婴室等。最后，完善滨水空间的标志指引系统，包括公交站点、地铁站点、机动车停放点、公共厕所指引等，将滨水空间拥有的各种空间功能以标志指引的方式呈现给游览居民，增强居民对滨水空间的了解。

第三，引入商业配套服务设施。首先，应研究制定滨水空间的商业运行许可方案，在利用滨水空间吸引人气的同时挖掘滨水空间的“吸金”能力。其次，对滨水空间的商业配套设施进行科学定位，如应在何种位置导入、导入何种商业配套设施。通过走访调研，建议滨水空间商业设施以游人需求为导向，结合滨水空间观光的特点，在岸边步道以及岸边水面上增设船只作为商业设施的导入场所，适当导入咖啡厅、餐饮店、文创小店等类型的商业配套设施，在不影响滨江景观的条件下，兼顾滨水空间休闲游憩与商业功能。最后，对滨水空间商业配套服务设施合理布局，特别是要加强人流量较大区域商业配套服务设施供给能力。

第四，加强滨江岸线与景观功能复合。首先，加强滨水公共空间岸边步道绿植建设，在当前滨水岸线荫蔽空间不足、商业配套设施不完善的情况下，建议在岸边步道增加荫蔽功能较强的绿植。其次，完善滨水绿地空间建设，加强滨江公共空间与相近绿地空间的连通性，滨水绿地是市民休闲游憩的重要场所，也是滨江荫蔽功能较好的区域，建议滨江绿地降低硬化路面比例，增强滨江绿地的开放性、层次性、观赏性以及实用性，满足市民野餐、遮阴、休憩等需求。最后，建设亲水岸线，在滨水空间观景以站在护栏旁边欣赏水景为主，靠近岸边的水面缺乏绿色植物，建议在部分岸线旁边打造人工湿地，丰富水面景观。

第五，增加滨水空间文化符号。滨水空间是集产业发展、文化集聚、景观格局于一体的城市发展轴线。全球城市对滨水空间的开发倾注了大量心血，是城市文化展示的极佳平台。首先，建议上海在汲取全球城市建设经验的基础上，设计能够体现本地特色的文化符号，营造上海独特的文化氛围。其次，结合滨水空间附近的文化设施或场馆，就近建设宣传栏及特色雕塑。最后，注重历史文化保护，将历史建筑与现代滨水空间规划相结合，激发历史遗存的新活力，保留历史遗存的同时增设宣传栏，让游人近距离感受历史、了解历史。

参考文献

陈小军、王静、徐鑫：《城市湾区空间资源公共开放策略——香港维多利亚港湾规划研究及威海四季海湾概念规划实践》，《建筑与文化》2017 年第 2 期。

洪菊华：《从巴黎塞纳河看城市滨水空间资源的保护与利用》，《城市住宅》2019 年第 1 期。

金云峰、陈栋菲、王淳淳等：《公园城市思想下的城市公共开放空间内生活力营造途径探究——以上海徐汇滨水空间更新为例》，《中国城市林业》2019 年第 5 期。

刘辰、金妍、杨凯等：《基于河网水系的江南水乡风貌和文化保护途径——以上海朱家角镇为例》，《世界地理研究》2011 年第 2 期。

莫万莉：《层叠的水岸 EMBT 设计的德国汉堡港口新城公共空间》，《时代建筑》2017 年第 4 期。

王敏、叶沁妍、汪洁琼：《城市双修导向下滨水空间更新发展与范式转变：苏州河与埃姆歇河的分析与启示》，《中国园林》2019 年第 11 期。

杨博、郑思俊、李晓策：《城市滨水空间运动景观的系统构建——以美国纽约和上海市黄浦江滨水空间规划建设为例》，《园林》2018 年第 8 期。

张晶：《城市中心区滨水空间设计探讨——以上海苏州河两岸滨水环境提升为例》，《中外建筑》2020 年第 7 期。

章迎庆、孟君君：《全域旅游视角下的城市公共空间更新比较——以上海黄浦江东岸与巴黎塞纳河左岸为例》，《城乡建设》2019 年第 17 期。

朱婷文、丁文越：《城市滨水空间复兴设计研究——以伦敦帕丁顿滨水区为例》，《北京规划建设》2019 年第 4 期。

生态经济篇

Chapter of Ecological Economy Reports

B.6

人民向往的生态经济：进展与提升

陈　宁*

摘　要：　“十三五”期间，上海生态经济增长取得显著成绩，资源环境效率不断提高，自然资源基础稳中有升、环境生活质量显著提高、节能环保产业快速发展、环境经济政策密集发布。与领先的全球城市相比，上海的环境质量和生态系统服务水平存在差距，生态经济治理能力存在一定的短板，难以体现与全球城市定位相一致的环境福祉。进一步发展生态经济，需要全面研究经济增长优先事项与主要资源、环境、生态挑战之间的联系，增进对经济与资源环境目标之间互补性和权衡取舍的理解，将生态经济纳入主流经济决策。在此基础上，完善环境经济政策，为自然资本投资创造良好环境，并激发广泛的社会参与。

* 陈宁，上海社会科学院生态与可持续发展研究所博士，研究方向为循环经济。

关键词： 生态经济 生态之城 自然资源 生态环境

城市是经济活动的中心。人民在城市中的美好生活建立在坚实的物质基础上。人民向往的生态之城需要有繁荣的生态经济作为基础和依托。新冠肺炎疫情的全球大流行使人们更加清晰地认识到了清洁环境和良好生态服务的重要性。在全球经济复苏的过程中，加快发展以重视、维持并重建自然资本为首要原则的生态经济将变得更加紧迫①。

一 “人民向往的生态经济”的内涵阐释

所谓“人民向往的生态经济”是指在增进居民福祉和社会公平的同时，显著减少环境风险和生态稀缺的经济②。简单地说，生态经济是资源高效、环境友好和具有社会包容性的经济。

第一，生态经济的增长要快于传统经济模式，并创造显著就业，为人民生计稳定提供基础条件。生态经济通过投资于减少污染排放、提高能源和资源效率，以及防止生物多样性和生态系统服务丧失的活动来驱动收入和就业增长。也就是说，如果要确保自然资产可持续地提供我们赖以生存的资源和环境服务，就必须促进投资和创新，而投资和创新将支撑经济持续增长并带来新的经济机会③。有大量证据表明，传统经济的“生态化”通常不会拖累经济增速，而是经济的新引擎。根据 UNEP 的研究，通过 GER 建模运算，绿色投资方案在 5～10 年内的年增长率高于常规业务。许多生态经济部门显示出大量投资机会以及财富和就业的增长。

---

① GGGI, *Achieving Green Growth and Climate Action Post - COVID - 19*, Seoul: Global Green Growth Institute, 2020.

② UNEP, *Towards A Green Economy: Pathways to Sustainable Development and Poverty Eradication*, Nairobi: UNEP, 2011.

③ OECD, *Towards Green Growth-Tracking Progress*, Paris: OECD, 2015.

第二，生态经济的发展以低碳、资源高效和环境友好的方式实现，为人民提供最普惠的民生福祉。生态经济增长的特征是与资源消耗和环境影响脱钩，从而促成环境质量改善和生态系统修复。生态环境质量和服务功能是居民健康状况和福祉的重要决定因素。世界卫生组织数据显示，减少空气污染能够帮助世界各国减少因呼吸道感染、心脏病和肺癌造成的疾病负担。将可吸入颗粒污染物浓度从 70μg/m³降低至 20μg/m³，估计可将死亡率减少大约15%①。因而习近平总书记强调良好的生态环境是最普惠的民生福祉。

第三，生态经济的发展结果是促进社会公平和包容，促进经济发展成果人民共享。生态经济重视并投资于自然资本，更好地保护生态系统服务，使农村及生态涵养区的人民直接获得自然资本增值产生的收益，是消除持久贫困的重要战略。生态经济促进了可持续农业产业的发展、生态系统的优化管理，保护了生态友好的耕作方法，提高了农民的收入水平。农村地区淡水资源获取和环境卫生条件的改善以及非化石能源的创新使用，改善了农村面貌，提高了农民的生活质量。农业农村的包容性发展，从根本上有助于保护土壤、改善水环境、保障食品安全，从而增进全民的福祉。

二 “十三五”期间上海发展生态经济的进展回顾

本部分参考 OECD 研究的衡量绿色增长进展的指标，结合 UNEP 绿色经济指标指引，从资源环境效率、自然资源基础、环境生活质量、经济机会和政策举措四个层面，回顾“十三五”期间上海生态经济进展。

（一）资源环境效率

生态经济的核心表现是经济增长的资源和环境效率及其时间趋势和部门

---

① Narayan P K, Narayan S.，“Does Environmental Quality Influence Health Expenditures? Empirical Evidence From a Panel of Selected OECD Countries”, *Ecological Economics*, 2008, 65 (2): 367 - 374.

特征，分析这种趋势和特征是判断生态经济进展的重要步骤。本部分通过“十三五”期间上海经济社会发展过程中使用的自然资源的总量和效率来分析生态经济的进展。

1. 能源效率

能源本身是一个经济部门，也是所有其他经济活动的要素投入，是经济的主要组成部分。地区的能源供应结构、能源使用强度及变化趋势，是决定环境绩效和经济发展可持续性的关键因素。

从总量来看，上海的能源消费总量仍处在上升区间，能源消费总量上升的主要原因是生活用能，工业部门的能源消费总量从 2015 年以来已经出现了逐年缓慢下降的趋势。从效率来看，上海万元 GDP 能耗和电耗一直处在下降的趋势中（见图 1）。2015 ~ 2018 年，上述两个指标均下降了 24% 左右。从结构来看，上海煤炭消费量占能耗总量的比重逐年下降，2018 年比 2015 年下降了 5 个百分点；油品消费量占比保持稳定；天然气、净调入电量及其他能源的占比略有上升，可见上海本地能源利用的清洁化水平在不断提升。

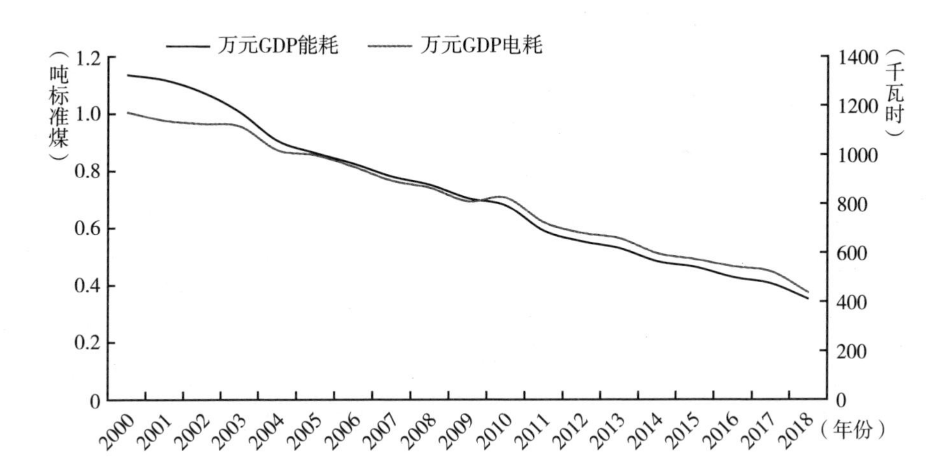

图 1　2000 ~ 2018 年上海能源消费效率

资料来源：《上海统计年鉴》，2001 ~ 2019。

2. 物质资源效率

经济增长通常伴随着对原材料、能源和其他自然资源的需求不断增长。多年来，世界范围内几乎所有重要材料的使用量一直在上升，这引起了人们对自然资源库存短缺、物质资源的安全供应及其使用的环境影响的担忧。同时，经济活动产生的废弃物量一直在增加，这与全球对原材料的需求不断增长相一致。分析一个地区的物质资源效率对研判地区经济发展的资源集约程度和废弃物处置压力是非常重要的。

由于上海未统计物质资源本地使用数据，本部分仅从生活垃圾产生量侧面反映经济发展的物质资源效率。“十三五”期间，上海垃圾产生量先降后升。需要说明的是，尽管2018年全市垃圾产生量同比有所上涨，但自2019年7月1日《上海市生活垃圾管理条例》实施以来，上海市生活垃圾分类工作取得了显著成效。根据上海市绿化和市容管理局2020年5月发布的统计数据，2019年上海市干垃圾处置量平均每天为17731吨，比2018年底减少了17.5%。2019年全年，上海垃圾产生量及单位GDP垃圾产生量有较大幅度下降，表明经济增长的物质资源效率得到明显提升。

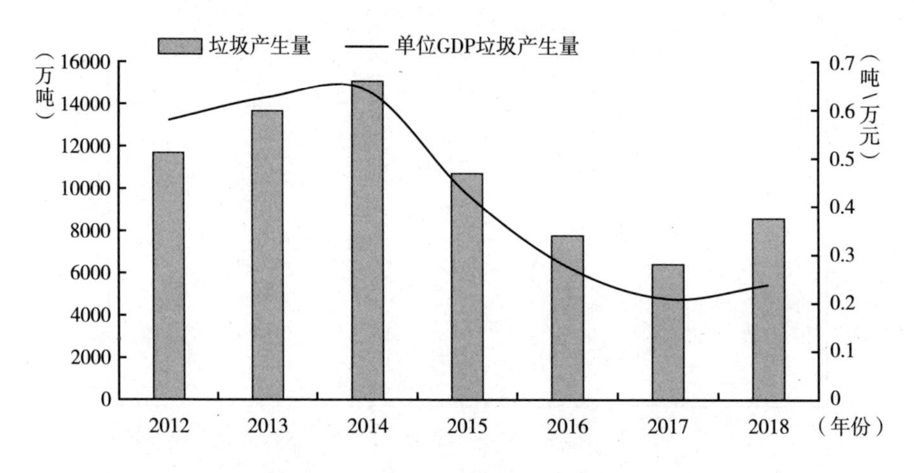

图2　2012～2018年上海市垃圾产生量及产生强度

资料来源：《上海统计年鉴》，2013～2019。

3. 营养物效率

农业系统的可持续性是生态经济需要考虑的重要议题。其中过度使用商业化肥和规模化畜牧业发展引起的营养物污染问题，将产生粮食安全、污染养分（氮、磷）流动、地表水和地下水污染、居民健康受到威胁等严重的后果。已有确切数据表明河流中的硝酸盐污染水平与每公顷耕地的氮施用量相关。

“十三五”期间，上海农业营养物施用效率基本保持平稳，氮、磷、钾肥的实际施用量有所下降，复合肥施用量略有上升。由于《上海市土地资源利用和保护“十三五”规划》中明确规定要完成249万亩永久基本农田的保护任务，农业生产的营养物施用效率需要引起关注。

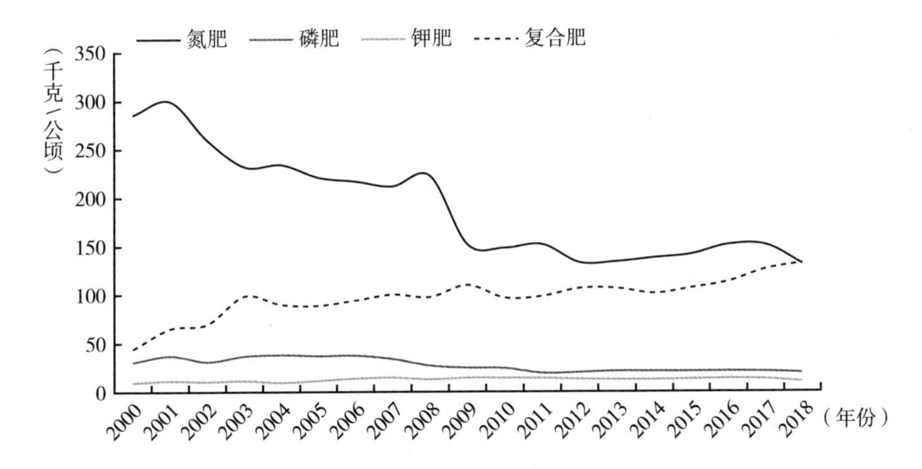

图3　2000～2018年上海单位播种面积施用化肥提纯量

资料来源：《上海统计年鉴》，2001～2019。

（二）自然资源基础

自然资源是经济活动和人类福祉的重要基础。自然资源存量是自然资本的一部分，它们提供原材料、能源载体、水、空气、土地和土壤等，并提供环境和社会服务，这是经济社会发展所必需的基础条件。本部分反映上海的自然资源基础是否保持完整，并在数量、质量或价值方面处于可持续发展的阈值内。

1. 水资源

水资源具有重大的经济和环境意义。过度开发、用水效率低下以及水环境质量下降将对水资源造成压力，随之产生经济发展受限、咸潮、湿地丧失以及人类健康问题等严重的后果。

2019 年上海用水总量为 76 亿立方米，同比下降 0.2%。十三五期间，全市用水总量保持平稳。从水资源占用程度来看，上海本地水资源总量，即本地地表径流和地下水资源共 48.35 亿立方米，全市取用水量接近本地水资源总量的 1.6 倍。但本地水量受气候影响较不稳定，2019 年是近十年本地水资源量相对较少的年份。若考虑过境水量，以多年来（1956～2011 年）水量均值为参照，太湖流域来水量约为 119.5 亿立方米，长江干流来水量约为 9194.15 亿立方米，合计过境水量均值约为 9313.65 亿立方米。2019 年上海取用水总量仅相当于过境水量均值的 0.8%，因此总体来看水资源总量非常丰富，但会受到季节性水量不均、水质型缺水等不利因素的影响。

上海的用水效率不断提高，提升了水资源保障水平。2015～2018 年，上海万元 GDP 用水量下降了，万元工业增加值用水量下降了。随着人民生活水平的提高，居民生活用水量稳中略有上升。

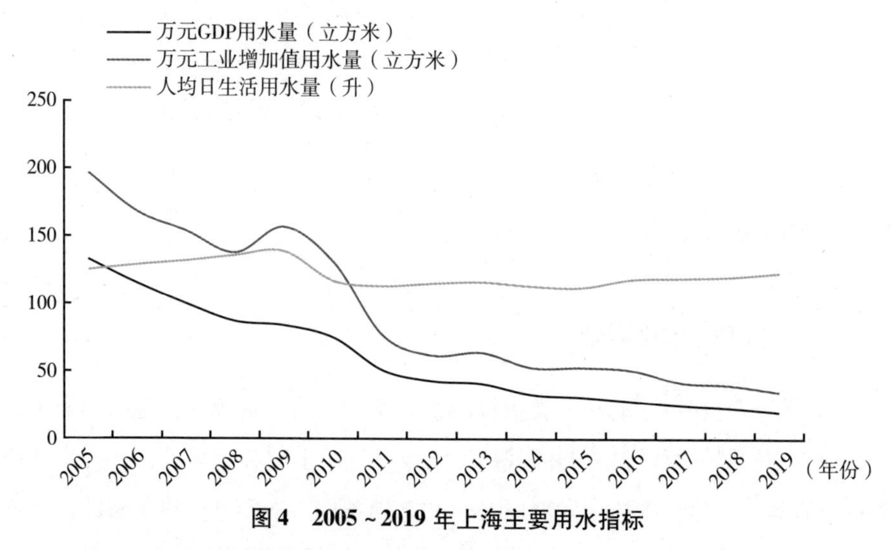

图 4　2005～2019 年上海主要用水指标

资料来源：《上海市水资源公报》，2005～2019。

2. 森林资源

森林是地球上最多样化和最广泛的生态系统之一，具有多种功能。从经济功能来看，森林资源提供木材和其他相关产品，提供休闲娱乐服务；从生态系统服务功能来看，森林资源提供了土壤、空气和水的调节，生物多样性的储存，碳汇等。因而森林资源是生态经济发展的基础资源之一。同时，人类活动对森林多样性及其提供的经济、环境和生态服务产生重大影响。

“十三五”期间，上海的森林覆盖率从2015年的10.74%增长到2018年的17.6%（见图5）。森林蓄积量从2015年的0.02亿立方米增加到2018年的0.04亿立方米，森林资源规模持续扩大。

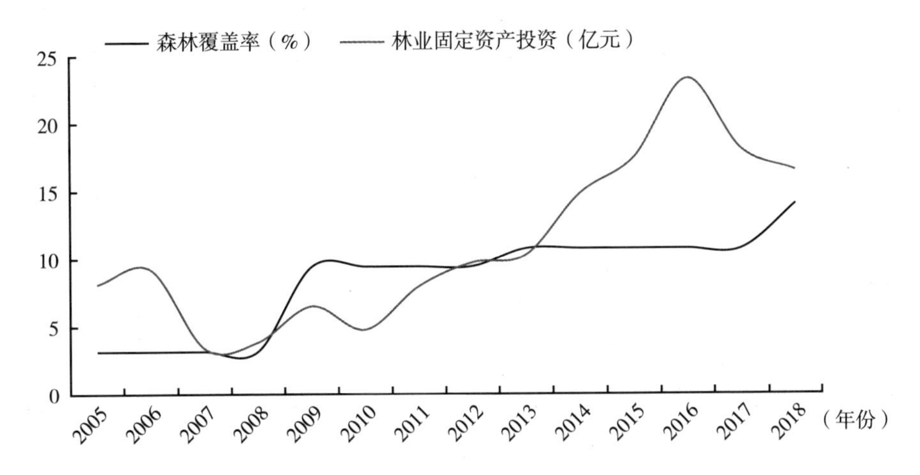

图5　2005～2018年上海森林覆盖率及林业固定资产投资

资料来源：《上海统计年鉴》，2013～2019。

3. 土地资源

土地资源是自然环境和自然资源资产基础的重要组成部分。土地资源既是经济资源也是自然资源，对于经济活动的要素投入、粮食和其他生物量的生产、生物多样性的保护以及生态系统的生产力至关重要。

根据《上海市土地资源利用和保护“十三五”规划》，“十三五”期末，上海要划定基本农田红线、生态保护红线和城市开发边界，确保耕地、园林地、水面、公共绿地等生态用地面积达到3500平方公里，占全市陆域面积比重不低于50%。全市建设用地规模控制在3185平方公里以内，“十三五”期间建设用地增量空间仅为40平方公里。可以说，在各项自然资源中，上海土地资源的约束是最紧张、最明确、最显现的。

（三）环境生活质量

生态环境质量是居民健康和福祉的重要决定因素。也许收入的增长不会导致整体福祉的提高，但是环境质量的下降足以产生重大的经济和社会后果，如污染相关疾病暴发、医疗费用上升、农业产出减少、生态系统功能受损以及生活质量普遍下降。

十三五期间，上海大气环境质量显著改善，以细颗粒物（$PM_{2.5}$）为例，2012年6月上海按照新标准要求启动了国控点$PM_{2.5}$监测发布工作；2013年作为环境空气质量新标准监测实施的第一个完整年度，全年$PM_{2.5}$浓度为62微克/米^3；2020年1~8月，全市$PM_{2.5}$均值已降至33微克/米^3，2020年全年有望刷新“史上最低”的纪录。在主要的大气污染物中，$PM_{2.5}$、PM_{10}、O_3浓度均已达到国家空气质量二级标准，SO_2浓度达到一级标准，仅NO_2浓度未达到二级标准。2015~2019年，SO_2浓度下降幅度最大，达到58.8%；PM_{10}和$PM_{2.5}$浓度下降幅度基本相同，均为34%左右；NO_2浓度下降幅度最小，为8.7%。

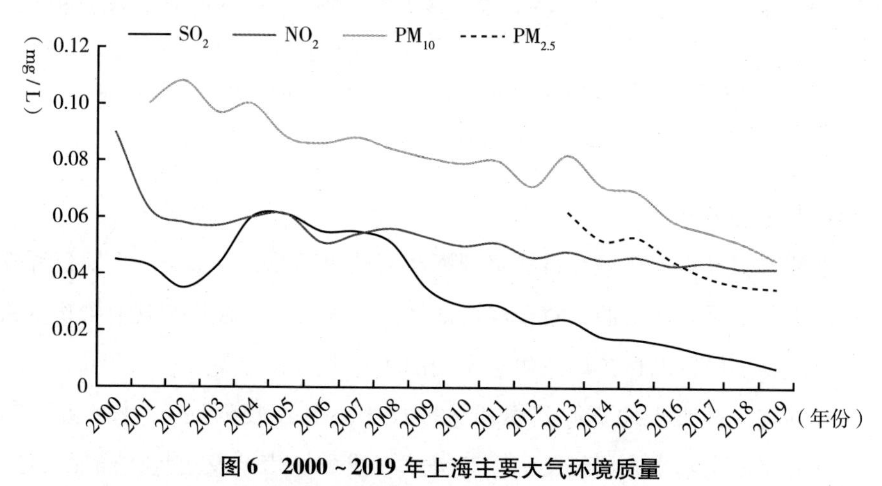

图6　2000~2019年上海主要大气环境质量

资料来源：《上海市环境状况公报》，2000~2019。

“十三五”期间，上海城市河道水质也取得了显著改善。如果按照单因子评价，2019 年，上海主要河流断面高锰酸盐浓度、氨氮浓度、总磷浓度均达到了国家地表水环境质量Ⅲ级标准。2015～2019 年，上述三种水污染物浓度下降幅度分别达到 18%、75%、44%。从综合水环境质量等级来看，上海主要河流断面中，达到或优于Ⅲ类标准的断面占 48.3%，劣于Ⅴ类标准的断面仅占 1.1%，意味着上海即将消灭劣于Ⅴ类水质的河流断面。

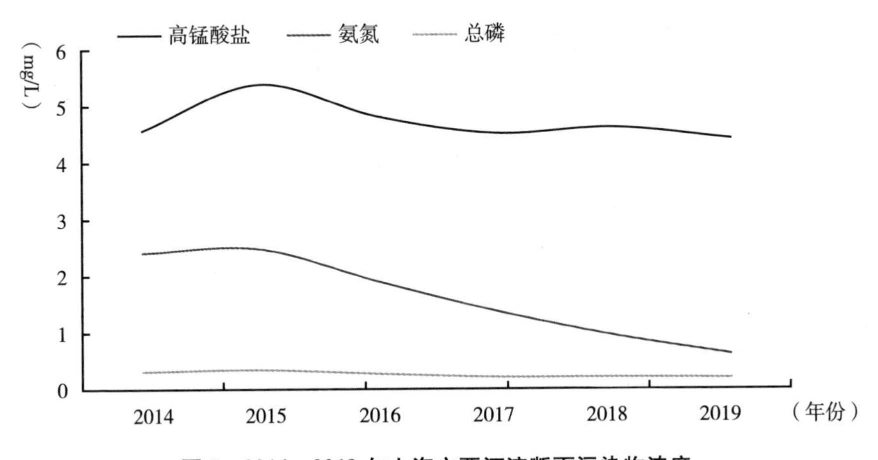

图 7　2014～2019 年上海主要河流断面污染物浓度

资料来源：《上海市环境状况公报》，2014～2019。

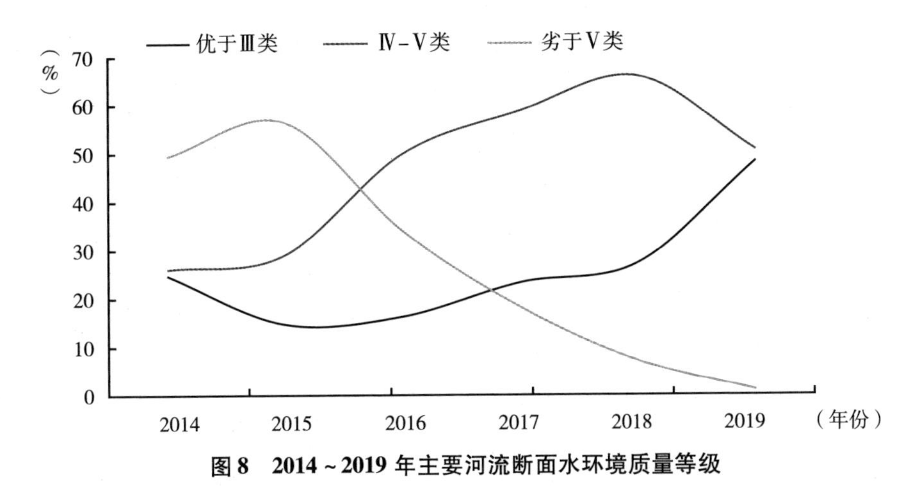

图 8　2014～2019 年主要河流断面水环境质量等级

资料来源：《上海市环境状况公报》，2014～2019。

（四）经济机会和政策举措

政府设定框架条件，通过经济和其他手段激励生态经济发展。如鼓励环境商品和服务的产业化发展，促进新技术的使用和推广，制定环境经济政策并增强两者的一致性，使生态经济成为新的经济增长来源，提高地区经济的竞争力，并提供更多的包容性就业机会。

1. 节能环保产业

节能环保产业具有增长和就业的潜力，同时有助于生态经济发展。节能环保产业首先通过末端治理方案解决最明显的环境问题，然后逐渐转向过程创新和集成清洁技术，从源头防止污染产生、提高资源效率并最大限度地减少资源使用。

2018 年 5 月，上海市印发《上海市“十三五”节能减排和控制温室气体排放综合性工作方案》，提出要大力发展节能环保产业与技术，不断改造企业，推动循环经济发展。2018 年上海节能环保产业实现总营收 1418.7 亿元，首次超过 1400 亿元。2018 年节能环保产业的营收规模已经超过了上海市六个重点发展的工业行业中的生物医药制造业，略低于精品钢材制造业。根据规划，2020 年底上海节能环保产业将达到 1800 亿元，表明节能环保产业在上海产业发展格局中已经具备了一定的规模。

上海市环保企业分布相对集中，主要分布在浦东新区、闵行区、嘉定区、宝山区和徐汇区，其余区分布相对较少。上海分布了一批大型的节能环保企业，全市有 7 家企业节能环保业务收入超过 5 亿元，不乏年收入接近百亿元的大型企业。全市有 35 家节能环保类上市公司。

2. 绿色技术创新

上海的绿色技术创新主要集中在高校和科研院所：上海市有 7 所高校 9 个院系开设了节能环保相关专业，分别是上海大学机电工程与自动化学院、复旦大学环境科学与工程系、上海理工大学能源与动力学院、上海电力学院能源与机械工程学院、同济大学机械与能源工程学院和环境科学与工程学院、华东理工大学资源与环境工程学院、上海交通大学环境科学与工程学院

图9　上海市节能环保产业地图

资料来源：上海市经信委，《上海产业地图》。

和机械与动力工程学院。上海市有5家科研院所提供绿色技术支持，加快了上海市节能环保产业发展进程，分别是复旦大学电光源研究所、上海电器科学研究院、上海市环境科学研究院、上海工业锅炉研究所和上海交通大学能源研究所。

根据国家知识产权局规划发展司发布的《中国绿色专利统计报告（2014～2017年）》数据，2017年上海绿色专利申请量达3169件，2014～2017年累计绿色专利申请量达1.07万件，这两项数据在全国各省区市中均排在第7位。2014～2017年绿色专利申请前20位国内专利权人中，位于上海的同济大学和上海交通大学分别排在第11位和第12位。总体来看，上海的绿色技术创新在全国是非常活跃的，但从绿色专利总量来看，上海仍然落后于北京、广东以及同处长三角的江苏、浙江、安徽。

3. 环境经济政策

上海设立了节能减排专项资金，着力引导和鼓励企业淘汰落后产能、提高能源资源的利用水平，减少环境污染。从类别来看，节能减排专项资金政策主要由15项政策构成①，重点对淘汰落后生产能力、工业节能减排、合同能源管理、建筑节能减排、交通节能减排、可再生能源开发和清洁能源利用、水污染减排、大气污染减排等八个方面给予支持。本文对2016～2020年上海市发改委发布的各批次“节能减排专项资金安排计划”进行了梳理，“十三五”期间，全市各部门发布的节能减排资金政策共22项；“十三五”期间仍沿用执行的“十二五”期间发布的节能减排资金政策有11项（见表1）。节能减排专项资金政策的发布单位涉及多个部门，包括市政府办、发改委、经信委、商务委、生态环境局、绿化市容局、交通委、建委、质量监督局等。

2016～2019年，上海市级财政实际安排使用节能减排专项资金累计约135亿元，有力地支持和保障了全市节能减排和生态经济发展。

表1　“十三五”期间上海执行的节能减排专项资金政策

序号	文件名	文件号
“十三五”期间发布的政策		
1	本市老旧汽车报废更新补贴实施细则	沪商市场〔2020〕115号
2	上海市鼓励400总吨以下内河船舶生活污水环保改造补助资金管理办法	沪交港函〔2020〕443号
3	消费者购买新能源汽车充电补助实施细则	沪发改规范〔2020〕5号
4	上海市天然气分布式供能系统发展专项扶持办法	沪发改规范〔2020〕14号
5	上海市可再生能源和新能源发展专项资金扶持办法(2020版)	沪发改规范〔2020〕7号
6	上海市促进电动汽车充(换)电设施互联互通有序发展暂行办法	沪发改规范〔2020〕4号
7	上海市饮用水水源地二级保护区企业清拆整治市级资金补贴方案	沪发改环资〔2019〕32号
8	上海市国三柴油车提前报废补贴实施办法	沪环规〔2019〕12号
9	关于持续推进农作物秸秆综合利用工作的通知	沪发改规范〔2019〕8号

① 《2019年预算报告解读系列（五）：关于市级财政支持节能减排的有关情况》，http：//czj.sh.gov.cn/zys_8908/zcjd_8969/ysbgjd_8976/2019nysbgjd/20190202/0017－179682.html。

续表

序号	文件名	文件号
10	上海市生活垃圾分类专项补贴政策实施方案	沪绿容〔2019〕500 号
11	上海市交通节能减排专项扶持资金管理办法（2018 年）	沪交科〔2018〕540 号
12	加快推进本市中小锅炉提标改造工作的实施意见的通知	沪府办规〔2018〕33 号
13	上海市支持餐厨废弃油脂制生物柴油推广应用暂行管理办法	沪府办规〔2018〕13 号
14	上海市住宅小区雨污混接改造市级奖励资金办法	沪发改环资〔2018〕135 号
15	上海市产业结构调整专项补助办法	沪经信调〔2017〕23 号
16	上海市工业节能和合同能源管理项目专项扶持办法	沪经信法〔2017〕220 号
17	上海市鼓励企业实施清洁生产专项扶持办法	沪经信法〔2017〕219 号
18	上海市建筑节能和绿色建筑示范项目专项扶持办法	沪建建材联〔2016〕432 号
19	上海市重点用能单位能耗在线监测系统建设项目专项扶持资金管理办法	沪质技监量〔2016〕412 号
20	上海市餐厨废弃油脂制生物柴油收运处置应急扶持办法	沪绿容〔2016〕533 号
21	上海市鼓励购买和使用新能源汽车暂行办法（2016 年修订）	沪府办发〔2016〕7 号
22	上海市国三柴油集装箱运输车辆加装尾气净化装置补贴操作办法	沪交科〔2016〕392 号
“十二五”期间发布，“十三五”期间沿用的政策		
1	上海港靠泊国际航行船舶岸基供电试点工作方案	沪交科〔2015〕785 号
2	上海市循环经济发展和资源综合利用专项扶持办法（2014 年修订）	沪发改环资〔2015〕1 号
3	上海市工业挥发性有机物减排企业污染治理项目专项扶持操作办法	沪环保防〔2015〕325 号
4	关于调整本市老旧车辆提前淘汰补贴政策的通知	沪交科〔2015〕1409 号
5	关于上海市建成区直排污染源截污纳管市级资金补贴政策方案的通知	沪发改环资〔2014〕20 号
6	关于进一步加强黄标车和老旧车辆环保治理的实施方案的通知	沪府办〔2014〕23 号
7	上海市燃煤电厂脱硝设施超量减排补贴政策实施方案	沪发改环资〔2013〕121 号
8	关于加快推进本市国家机关办公建筑和大型公共建筑能耗监测系统建设实施意见的通知	沪府发〔2012〕49 号
9	上海市推进生活垃圾分类促进源头减量支持政策实施方案	沪府办发〔2012〕109 号
10	上海市燃煤（重油）锅炉清洁能源替代工作方案和专项资金扶持办法的通知	沪府办发〔2012〕36 号
11	上海市节能降耗和应对气候变化基础工作及能力建设资金使用管理办法	沪发改环资〔2011〕73 号

税收政策方面，上海主要是落实财政部等部门发布的各项税收优惠政策，确保减税降费措施落到实处。根据《上海市税务局关于全面落实税收优惠政策积极促进减税降费措施落地的通知》，在支持绿色发展税收政策方面，全面落实国家环境保护、资源综合利用、合同能源管理的税收优惠政策，具体内容包括：节能节水、安全生产等专用设备和项目投资抵免企业所得税政策；资源综合利用产品消费税、增值税、企业所得税优惠政策；节能服务产业增值税、营业税和企业所得税优惠政策。

表2 "十三五"期间上海执行的资源价格政策

序号	文件名	文件号
"十三五"期间发布的政策		
1	关于本市污水处理企业用电价格相关事项的通知	沪发改价管〔2020〕12号
2	关于降低本市非居民直供用户天然气价格的通知	沪发改价管〔2020〕26号
3	关于调整民用瓶装液化石油气最高零售价格的通知	沪发改价管〔2020〕20号
4	关于落实国家深化燃煤发电上网电价形成机制改革有关事项的通知	沪发改价管〔2019〕57号
5	关于完善本市天然气发电上网电价机制的通知	沪发改价管〔2018〕11号
6	关于完善上海市农业水价管理的通知	沪发改规范〔2017〕7号
7	关于调整非居民用户供水价格的通知	沪发改价管〔2017〕10号
"十二五"期间发布，"十三五"期间沿用的政策		
1	上海市促进产业结构调整差别电价实施管理办法	沪府办发〔2014〕12号

绿色金融政策方面，上海市自2013年启动碳排放权交易市场以来，碳交易市场机制不断完善。2019年上海市碳排放配额开始有偿竞价发放，同年上海有28家企业纳入全国碳排放权交易市场发电行业重点排放单位名单，标志着上海重点发电企业将参与全国碳排放权交易。

根据上海市发改委发布的《上海市公共资源交易目录（2020年版）》，资源环境领域新增了用能权交易，预计上海市将开展用能权交易。但在《全国公共资源交易目录指引》中新增的"排污权交易"，并未纳入上海的公共资源交易目录，预计上海暂不开展定额出让排污权和公开拍卖排污权等排污权交易活动①。

表 3 “十三五”期间上海执行的绿色金融政策

序号	文件名	文件号
“十三五”期间发布的政策		
1	关于开展本市基础设施领域不动产投资信托基金（REITs）试点项目申报工作的通知	沪发改财金〔2020〕41 号
2	上海市新型基础设施建设项目贴息管理指导意见	沪发改规范〔2020〕12 号
3	上海市公共资源交易目录（2020 年版）	沪发改规范〔2020〕18 号
4	上海市省间清洁购电交易机制实施办法（试行）	沪发改规范〔2019〕7 号
5	关于上海市碳排放配额有偿竞价发放的公告	沪发改公告〔2018〕2 号
6	上海市年度碳排放配额分配方案	
7	上海市碳排放交易纳入配额管理的单位名单（年度）	
“十二五”期间发布，“十三五”期间沿用的政策		
1	上海市碳排放管理试行办法	沪府 10 号令

信息与自愿行动政策方面，上海出台的相应政策种类和数量较少（见表4），主要包括低碳产品技术目录、绿色发展指标等的信息工具，包括能源领跑者制度等的自愿行动工具及环境信用政策，尚不成体系。在《上海市 2018 年节能减排和应对气候变化重点工作安排》中，提出要通过信用手段规范产业结构调整企业诚信行为，择机发布《产业结构调整企业信用信息管理办法》，但截至 2020 年 9 月尚未公开发布该项政策举措。

① 上海市发展和改革委员会：《上海市公共资源交易目录（2020 年版）》政策解读，上海市发展和改革委员会，2020 年 8 月 5 日，http://fgw.sh.gov.cn/zcwjjd/20200806/68aa211f6f814260a80ca1bb8ea5fc1d.html。

表 4 “十三五”期间上海执行的信息与自愿行动政策

序号	文件名	文件号
“十三五”期间发布的政策		
1	上海市节能低碳技术产品推广目录(2018 年本)	沪发改公告〔2018〕4 号
2	长三角地区环保领域企业严重失信行为联合惩戒措施(试行)	沪信用办〔2018〕6 号
3	关于印发《上海市绿色发展指标体系》和《上海市生态文明建设考核目标体系》的通知	沪发改环资〔2018〕141 号
“十二五”期间发布,“十三五”期间沿用的政策		
1	上海市能效对标及能效“领跑者”制度实施方案	沪发改环资〔2015〕94 号

三 上海发展生态经济存在的问题剖析

本部分主要采用对比研究的方法，将上海与 OECD 国家、全球城市的生态经济、绿色增长战略进行对比，识别未来上海建设“人民向往的生态之城”存在的短板问题。

（一）上海生态经济发展的环境福祉有待提升

与领先的全球城市相比，上海的环境质量和生态系统服务水平存在差距，难以体现与全球城市定位相一致的环境福祉。

水环境质量领域，主要的全球城市整体水质良好，在地域范围内不存在明显的水质短板。在纽约市，水质相对较差的地区如上东河－西部长岛、内港，其溶解氧、氨氮浓度指标都优于我国地表水水环境质量标准规定的Ⅱ类水。在东京都，水质相对较差的河流如新河岸川、隅田川、神田川、目黑川，各自最差的水质指标，不劣于我国地表水水环境质量标准规定的Ⅲ类水。东京都即使是水质相对较差的河流，其 COD 指标都优于我国地表水水环境质量标准规定的Ⅰ类水。相比之下，上海中心城区河道水质差距明显，根据上海市生态环境局发布的月度地表水水质状况数据，2018 年中心城区没有一条河道全年水质稳定达到Ⅲ类水标准，苏州河、张家塘港、漕河泾港、龙华港、蒲汇塘主要监测断面有10个月及以上时间水质劣于Ⅴ类，东茭泾、虬江主要监测断面有7~8个月水质劣于Ⅴ类，蕰藻浜约有6个月水质劣于Ⅴ类。

表5　上海河道水质与全球城市对标

单位：mg/L

	溶解氧	化学需氧量	氨氮
纽约内港	6.54	—	0.3
东京隅田川	4.8	5.2	—
伦敦 Yeading Brook	>50%	—	<1.1
中国地表水环境质量标准 III 类水限值	5	20	1

资料来源：NYCDEP, *2017 New York Harbor Water Quality Report*, 2018；《东京都统计年鉴》，东京都统计局，2017；地表水环境质量标准（GB3838－2002）。

生态服务领域，上海森林覆盖率为16.8%，而主要全球城市伦敦、东京、巴黎的森林覆盖率分别是34.8%、37.8%、24%，上海森林覆盖率差距明显。从理论推演和国际经验看，一个地区森林覆盖率达到30%以上时，森林的各项生态系统服务功能如净化空气、固碳制氧、除尘防污等才能有效地发挥作用。上海尽管生态空间的规模不断扩大，但需要看到生态空间的扩大往往基于人工手段，如人工绿地、人工湿地等，人工生态空间难以替代自然生态空间的原始生态功能①。

（二）上海生态经济治理体系和治理能力存在短板

从治理体系和治理能力角度看，上海发展生态经济还存在政策和治理短板。

1. 发展生态经济还未进入主流决策

首先，发展生态经济还未纳入总体发展战略。长期以来，上海经济增长过程中的资源环境代价偏高，中长期发展规划中尚未明确提出比较具有代表

① 程进：《加强生态空间保护，推进上海健康城市建设》，人民网，2020年3月16日。

性的生态环境引领目标，生态环境保护仍从属于经济发展①。在“十三五”规划体系中，尚未针对生态经济发展或相似内涵领域发布细分领域的“十三五”规划。与生态经济相关的内容零散分布在能源、节能和应对气候变化、工业绿色发展、环境保护和生态建设、水资源保护利用、绿化市容等领域的“十三五”规划中。

第二，发展生态经济的措施还停留于末端治理。实际上，发展生态经济是一个全面的闭环的资源循环流程，需要将原材料开采使用、产品设计、工艺流程、物流等经济层面的流程和循环回收利用、末端排放、处置等资源环境层面的流程整合起来，从系统的视角审视发展生态经济的内在要求，并出台一揽子政策举措。

第三，缺乏发展生态经济必要的基础数据和核算方法。比如上海还未研究、统计国际上通用的衡量循环经济效果的物质资源流量账户。在环境经济核算方面，上海也未建立包含经济、资源、污染物排放的国际可比的环境经济账户。尽管2017年崇明区推出了《关于加快推进崇明国家生态文明先行示范区建设的实施意见》，其中包含了自然资源核算的具体时间安排与执行措施，但该政策位阶较低，且仅覆盖崇明区一个区，只能算作一个孤立的政策。环境质量状况数据方面，目前可得性相对较强，尤其是空气质量数据已经做到按小时实时监测和发布，水环境质量数据按月发布，但生物多样性、生态系统健康数据还难以获得。

第四，可能存在已发布政策与生态经济发展要求相悖的风险。生态经济增长取决于强有力的、连贯的政策信号，即环境退化和不可持续资源使用的成本将逐渐增加。在帮助转变生产者和消费者行为以支持生态经济增长方面，上海部分环境经济政策可能与之相悖。如上文所述，2017年以来上海市价格主管部门相继调低了非居民用户的水价和天然气价、农业水价。特别是在新冠肺炎疫情发生之后，面对经济下行压力，出于降低企业成本的考虑，降低了基础资源的价格，这对于自然资源保护将产生潜在的不利影响。

① 胡静：《上海城市绿色发展国际对标研究》，《科学发展》2019年第6期，第82~92页。

2. 对自然资本的投资和管控不足

投资自然资本是与以往投资于污染防治完全不同的生态经济发展思路，其核心思想是利用自然资本的正外部性创造经济增长新动力，是主动的具有经济收益的投资。因而 UNEP 认为经济发展应将自然资本作为重要的经济资产和公共利益的主要来源，维持、增强甚至重建自然资本是发展生态经济的必要路径①。

如上文所述，与全球城市相比，上海生态空间的覆盖率和服务功能均有待提升，但上海现有自然资本投资的力度不能满足生态空间功能持续提升的需要。上海全市的环保投入资金中大部分应用于环境基础设施建设及末端污染防治，2019 年全市环保资金中，仅有 4% 的资金用于生态保护和建设投资。如前文所述，“十三五”期间，上海林业固定资产投资逐年下降，低于“十二五”末期的水平，反映出林业投资增长乏力。如果国内横向比较，2018 年上海林业投资规模仅相当于北京市同期的 6.78%。

3. 环境经济政策还需完善

第一，上海的环境经济政策类型较为单一，主要为财政补贴政策。有学者统计了“十三五”期间上海环境经济政策，也有类似的发现：71.1% 的政策集中在财政奖补领域，10.5% 的政策为价格收费（税），其余领域进展缓慢，且进入“十三五”以来年均发布量仅略有上升②。第二，上海的环境经济政策的导向往往以污染防治为主。虽已尝试统筹运用执法、标准、价格、行政监管等手段推进污染减排和环境质量提高，如 VOCs 治理设施补贴、机动车船安装污染治理设施补贴、末端排放收费等，但政策激励多集中于末端污染防治，在源头预防、绩效管理等方面的探索较少。第三，与发达国家相比，上海环境经济政策较少关注产品领域的生态化政策。经合组织国家的经验表明，使用某些以产品为基础的经济手段比其他一些手段

① UNEP, *Towards A Green Economy: Pathways to Sustainable Development and Poverty Eradication*, Nairobi: UNEP, 2011.

② 戴洁、黄蕾、胡静等：《基于区域一体化背景下的长三角环境经济政策优化研究》，《中国环境管理》2019 年第 3 期，第 77～81 页。

更为成功，并有可能成功地将经济手段应用于 OECD 经验所涵盖的产品之外[①]。

4. 中小企业及全社会参与有待全面激发

上海环境经济政策的激励对象往往是较大的企业，或已经具备一定资源环境效率的企业，如《上海市鼓励企业实施清洁生产专项扶持办法》仅面向列入本市清洁生产审核重点企业名单的企业；《上海市工业节能和合同能源管理项目专项扶持办法》要求扶持对象为年节能量 300 吨标煤（含）以上的节能技术改造项目，单个项目年节能量在 50 吨标准煤（含）以上；《上海市循环经济发展和资源综合利用专项扶持办法》要求扶持企业的项目能源利用效率处于本市同行业领先水平；等等。面向中小企业、专业机构和民众的经济激励政策较少。诚然中小企业个体的资源环境足迹可能较少，但他们数量众多，总体环境影响也是非常可观的。并且中小企业天生具有灵活性、弹性和响应能力，它们最容易实现生态经济和包容性增长的杠杆效应。例如中小企业成长时直接将财富和就业带入当地社区；在废物处置、环境保护和灾难恢复方面，它们往往是第一道防线[②]。此外，与全球城市相比，上海环保非政府组织的数量、规模、资金、影响力都比较有限，同时由于在环境信息公开领域仍存在信息整合度不高、中小企业和公众仍以被动接收信息为主、缺乏专业人士或组织的帮助等问题[③]，响应政策激励措施的能力比较有限。

四　提升上海生态经济发展水平的对策建议

进一步发展生态经济，需要更全面地审视资源环境与经济增长的关系，将生态经济纳入主流经济决策，为自然资本开发创造有利环境，完善多样化的环境经济政策，并广泛地激励全社会参与。

---

① OECD, *Creating Incentives for Greener Products*, Paris：OECD，2014.

② OECD, *Environmental Policy Toolkit for Greening SMEs*, Paris：OECD，2014.

③ 胡静：《上海城市绿色发展国际对标研究》，《科学发展》2019 年第 6 期，第 82 ~92 页。

（一）将生态经济纳入主流决策

要推动生态经济发展，需要建立新的体制安排，以指导生态经济战略的制定，并克服经济和环境政策制定过程中存在的体制惯性。首要重点是在最高级别政府建立治理结构，并确保不同领域和政府级别之间的协调。根据经合组织（OECD）的统计，在经合组织国家中，副职最高行政长官、经济主管部门最高负责人和资源环境部门最高负责人的战略方向在推动该地区的生态经济主流化方面发挥了关键作用。科技部门和统计部门等其他核心行政主管部门在促进生态经济增长中也起到了直接的促进作用①。

建议研究发布“上海生态经济发展‘十四五’规划”或概念相似的绿色经济、绿色发展“十四五”规划或者中长期规划，设定生态经济发展的战略目标，在原料来源、产品设计、工艺效率、基础设施、包装及其他物料、物流、废弃物处置等环节以资源循环的视角制定发展路径（见表6）。

表6　生态经济涉及领域、路径及效果

生态经济涉及领域	路径及效果
原料来源	改变特定过程中的原材料来源，使用再生材料（二次材料）可以节约一次资源
产品设计	重新设计产品，以减少其包含的资源数量，易于维修和部件替换，同时仍保持其提供的服务水平
工艺效率	优化现有流程的性能（或引入更高效的新流程）可最大限度地减少原材料、能源和水的使用以及废物的产生。正确的设备维护可以最大限度地减少因停机和启动而导致的停机时间和资源浪费
基础设施	改变基础设施的效率，可以节省成本：安装节能照明设备，对建筑物进行隔热处理，提高供暖系统的效率
包装及其他物料	减少包装材料或使用环保材料
物　流	通过精细管理减少运输距离，减少物流能耗 建立逆向物流体系，为生产者责任延伸创造条件
废弃物处置	提高过程效率可减少过程产生的废物量。一旦产生了废弃物，首先应考虑从最终处置环节转移出来，通常可以将其重新使用或传递给可以使用它的其他公司，避免处置过程中的资源消耗和污染排放

资料来源：OECD. *Tools for Delivering on Green Growth*, Paris：OECD，2014.

① OECD, *Towards Green Growth-Tracking Progress*, Paris：OECD，2015.

协调生态经济发展要求的环境目标与经济目标，并不意味着创建独立的部门，而是将生态经济要求纳入原有决策流程，并采取更加协调一致的应对措施（见表7）。

表7　协调生态经济目标与经济目标的重点和优先事项

战略重点	优先事项、行动和参与者
评估有利的环境 √总体政策流程 √战略制定过程 √公开对话	√评估有关经济战略和发展计划的现有体制安排 √对环境与经济政策之间的联系有准确的理解 √将生态经济目标连接到关键的政策问题，例如基础设施投资、生产、贸易等
确定主要参与者 √政府 √舆论 √实践者	√金融、经济发展或计划部 √生态环境和自然资源部门 √各部委 √民间社会组织 √私营部门
确定影响组织激励的机会 √激励措施 √跨机构工作 √了解不同的观点	√评估当前政府部门设置中的不足 √使生态环境及自然资源部门参与关键的经济规划与经济政策制定过程，如参与关键工作组 √确保经济发展部门在制定经济规划时考虑到相关的环境问题 √促进关键部门之间的业务合作 √确定地方经济发展规划周期中最佳的切入点 √根据对机会的现实评估确定优先次序，以实现政策流程的改进
识别意识和知识需求 √简报 √培训 √知识产品	√确保环境机构的关键行为者了解经济管理和发展计划的框架和流程 √提高环境和经济政策机构对环境和社会影响之间联系的认识 √提供知识产品，例如基础知识、案例研究、交流访问
确定要采用的分析工具并开展相关培训 √特定国家的证据 √进行经济论证 √政策制定	√关于生态系统服务评估、环境资产和服务经济分析的技术支持/培训 √针对计划过程的经济分析的技术支持/培训，例如环境对特定的长期经济和社会目标的价值 √技术支持/培训，以分析环境政策和投资的成本效益有效性
解决政策影响的选项 √修订政策重点 √实施策略 √措施和投资	√在使用技术分析结果来适应决策过程方面提供支持 √支持“为具体的环境政策措施提供经济依据” √培养生态环境部门和自然资源部门工作人员的沟通和谈判技巧 √使民间社会组织有潜力为政策辩论做出积极贡献

资料来源：OECD, *Tools for Delivering on Green Growth*, Paris: OECD, 2011。

将生态经济纳入主流化决策，需要建立健全统计、监测、评估账户体系，包括国际可比的环境经济账户（包含经济、资源、污染排放账户）、国际可比的物质资源流量账户（包含开采、制造、循环利用、处置等资源闭合流程）、生态系统数据库（包含空气环境质量、水环境质量、生物多样性、生态系统健康等），并努力改进指标统计和核算方法，确保优先领域的数据可用性和质量。这一过程需要在两个方面取得进展——开发方法和解决数据缺口。统计部门的作用至关重要，因为数据可用性仍然是许多 OECD 国家面临的挑战①。

（二）为自然资本开发创造有利环境

生态经济重视投资自然资本，但所需的资金规模巨大，可以通过合理的金融架构、创新的融资机制为自然资本开发创造有利的环境。

1. 开发自然资本监测指标

近年来，OECD 国家纷纷将有关国家和自然资源变化的信息整合到其经济增长目标中，以便为生态经济发展以及可持续的消费和生产政策提供监测和评价依据。例如新西兰开发了生活福祉计分表，将自然资本与居民福祉框架联系起来，并利用自然资本的指示指标为其可持续海洋计划提供信息；法国在 10 个补充性财富指标的仪表板中将碳足迹和土壤密封作为环境指标；荷兰利用自然资本数据创建了一个广泛的福祉监测器；英国（苏格兰）在其国家绩效框架中正式将自然资本增长作为成功的指标；等等②。

2. 优化本地金融架构

生态经济发展需要一种新的本地金融架构，为自然资本投资筹集资金不仅仅涉及新的资金来源，还意味着对金融基础设施进行改革，并采用新的制度和各种金融参与者的激励措施。我们需要发展一个稳定的金融系统，能够应对潜在的环境风险，并且可以将预警转化为对投资者有用的信

① OECD, *Towards Green Growth-Tracking Progress*, Paris: OECD, 2015.

② Green Economy Coalition, *Natural Capital For Governments: What, Why And How*, London: Green Economy Coalition, 2019.

息，以及时停止投资那些可能存在环境风险的项目，转向投资具有生态经济效益的项目①。

3. 探索多样化的投资机制

由于资金需求量巨大，需要多样化的融资机制来维持自然资本投资。根据绿色经济联盟（GEC）的研究，国际上通用的自然资本投资的机制如下：一是开发该地区绿色商品和服务相关的可交易绿色资产类别，以及专用的绿色经济金融产品；二是参与国际投资机制，例如气候基金，“REDD +”和专用援助工具；三是利用私人投资来推动自然资本投资并参与生态经济活动；四是引导银行等金融机构投资符合其绿色标准的自然资本项目；五是开发公私合作伙伴关系，尤其是具有地方参与机制的公司。

（三）完善多样化的环境经济政策

环境经济政策是推动向生态经济转型的强有力工具，针对不同的生态经济需要，通过各类手段引导市场主体实现更可持续的生产和消费。梳理发达国家向生态经济转型的经验可知，环境经济政策包括减少或消除对环境有害或不正当的补贴、解决因外部性或信息不完善而造成的市场失灵、绿色公共采购、刺激投资等经济手段；以信息形式告知公众，促进公众行为自愿改变等非经济手段（见表8）。

针对环境经济政策中缺乏针对产品领域的问题，上海近期可考虑引入塑料等包装产品的销售押金制度（DRS）和生产者责任延伸制度（EPR）。DRS 用于回收产品包装、饮料容器或报废产品，尤其是那些在一般废物流中具有危险或有毒作用的产品。产品销售时收取押金，使用后退还商品或其容器时退还押金，这明显地刺激了回收。EPR 促使生产者单独或集体承担回收报废产品的义务。发达国家大多由行业内的公司共同组建“生产者责任组织”（PRO），由这些组织代表它们来回收产品和进行再利用②。

---

① Green Economy Coalition, *Natural Capital For Governments: What, Why And How*, London: Green Economy Coalition, 2019.

② OECD, *Creating Incentives for Greener Products*, Paris: OECD, 2014.

表 8　针对不同生态经济需求领域的主要政策手段

生态经济需求	主要政策手段
基础设施不足	税收
	关税
	转移
	公私伙伴关系
人力和社会资本不足，机构素质低下	税收
	补贴改革/取消
不完整的产权，补贴	审查及改革
监管不确定性	设定目标
	创建独立的治理系统
信息外部性和激励分散	标签
	自愿行动
	补贴
	技术和性能标准

生态经济需求	主要政策手段
环境外部性	税收
	可交易的许可证
	补贴
研发回报低	研发补贴和税收优惠
	专注于通用技术
网络效应	加强网络行业的竞争
	对新网络项目的补贴或贷款担保
竞争壁垒	改革法规
	减少政府垄断

资料来源：OECD. *Creating Incentives for Greener Products*, Paris：OECD，2014。

（四）多渠道激励社会参与

全社会的参与是实现向生态经济转型的关键，政府需要各利益相关者的直接参与。企业、机构和公众都将环境目标纳入自己的经济活动，开发、管理当地自然资本，从而在提高资源效率、创造就业机会、支持边缘化社区等方面发挥独特作用。

1. 激发中小企业的生态潜力

政府应该通过各种渠道和政策，激发中小企业的潜力，使其积极参与生态经济发展，并为企业家提供解决方案的能力①。发动中小企业参与生态经济过程，应考虑开发一些契合中小企业需求的综合的解决方案，可借鉴发达国家的做法。如法国公共投资银行为采用环保技术（资本成本份额超过60%）或开发新技术的中小企业提供优惠利率且无抵押的5万～300万欧元贷款，期限最长可达7年。在美国弗吉尼亚州，环境部与商业援助部达成合作协议，自2000年

① OECD, *Environmental Policy Toolkit for Greening SMEs*, Paris：OECD，2014.

起，该州的小企业若参与自愿污染控制行动，就能够获得利率低至3%的5万美元贷款，还款期根据借款人的还款能力和所购买设备的使用寿命来确定。

2. 注重利用行业协会的力量

发达国家政府大多利用商业和贸易协会的有利地位向其成员解释新的环境法规，并在设计满足特定行业需求的监管方法时向监管机构提供实际支持。同时，有证据表明，增加企业和行业协会的参与对促进小企业绿色行为具有潜在价值。在最近对欧洲中小型企业的调查中，企业表示，绿色实践的外部支持更有可能来自私人而非公共部门（私人部门占65%）。来自私营公司（43%）和商业协会（36%）的建议和其他非财务援助被认为是最常见的外部支持形式[①]。

3. 与专业商务服务机构合作

大多数中小企业经常与会计师、律师等专业商务服务机构互动，并将其作为可靠的信息来源。可以通过与专业商务服务机构合作，利用其沟通渠道向中小企业传播信息并施加压力。在英国进行的多项研究表明，中小企业“最值得信赖的顾问”是会计师。会计师定期就众多主题向中小企业客户提供建议，包括税收、财务管理、组织问题、营销和战略规划。有可能进一步扩大建议范围，以包括生态经济实践。为了发挥这种潜力，政府应与会计协会等专业机构合作，为其成员提供如下信息咨询服务：一是了解有关生态经济实践的潜在信息来源（包括相关的法规要求）；二是了解企业的特定环境问题，例如资源效率的好处；三是了解适用于中小企业及特定行业的环境管理体系和自愿性环境标准；四是培训特定的环境会计技术（例如环境审核技能）。

参考文献

Green Economy Coalition, *Natural Capital For Governments: What, Why and How*, London: Green Economy Coalition, 2019.

---

① OECD. *Environmental Policy Toolkit for Greening SMEs*, Paris: OECD, 2014.

OECD, *Creating Incentives for Greener Products*, Paris: OECD, 2015.

OECD, *Environmental Policy Toolkit for Greening SMEs*, Paris: OECD, 2015.

OECD, *Towards Green Growth-Tracking Progress*, Paris: OECD, 2015.

UNEP, *A Guidance Manual For Green Economy Indicators*, Nairobi: UNEP, 2014.

UNEP, *Towards A Green Economy: Pathways to Sustainable Development and Poverty Eradication*, Nairobi: UNEP, 2011.

GGGI, *Achieving Green Growth and Climate Action Post – COVID – 19*, Seoul: Global Green Growth Institute, 2020.

B.7

上海提升产业资源环境效率的探索与展望

尚勇敏*

摘　要：资源环境效率是制约上海城市能级提升和核心竞争力提升的重要瓶颈，也是制约上海实现高质量发展和创造高品质生活所面临的重要难题。近年来，上海以“四个论英雄”为工作主线，以亩产论英雄，促进土地高质量利用；以效益论英雄，提升经济规模；以能耗论英雄，促进能源转型；以环境论英雄，推动产业生态绿色发展，产业资源环境效率有了明显提升。但从长远看，上海建设用地可用量减少趋势不会改变，资源约束与环境容量束缚将长期存在，资源环境对上海城市发展产生了刚性约束。面向“十四五”，围绕建成人人向往的生态之城愿景，上海需要进一步提升经济产出水平，推动产业高质量发展。具体来说，要聚焦核心功能，提高城市能级和核心竞争力；提升经济密度，推动土地高质量利用，树立底线思维，创造绿色生产生活方式。

关键词：资源环境效率　土地高质量利用　经济密度　上海

* 尚勇敏，区域经济学博士、产业经济学博士后，上海社会科学院生态与可持续发展研究所副研究员，主要从事区域创新与区域可持续发展等研究。

作为全国改革开放排头兵、创新发展先行者，上海率先实现高质量发展尤为迫切。2018 年 11 月，习近平总书记在考察上海期间，要求上海加快“三个变革”，做到“三个下功夫”①。这些重要论述为上海提升产业资源环境效率指明了前进方向，提供了根本遵循。当前，上海城市发展正迈向建设卓越的全球城市和具有世界影响力的社会主义现代化国际大都市的新征程，然而，与先进国际大都市相比，上海城市产业资源环境效率提升也存在很多薄弱环节和短板，土地利用质量不高、利用强度不充分、资源环境效率不高、动力转换不快等矛盾比较突出。对此，有必要对上海产业资源环境效率进行现状评价和历程总结，提出面向“十四五”的上海产业资源环境效率提升策略。

一　上海提升产业资源环境效率的现实意义

资源与环境是上海产业发展的稀缺要素，而效率提升则是上海发挥资源环境对产业发展支撑作用的重要瓶颈，这成为制约上海城市发展、城市能级进一步提升最重要的因素。面向“十四五”，上海亟待充分适应外部形势变化对资源环境效率提升提出的新要求，走出一条更集约、更高效、更可持续、更高质量的新路，全面提升产业资源环境效率，增强资源环境对城市经济社会发展的保障力。

（一）上海提升城市能级和核心竞争力面临规模增长瓶颈

上海提出要加快建设卓越的全球城市和具有世界影响力的社会主义现代化国际大都市，必须提升城市的核心竞争力，而城市核心竞争力首先要有足够的经济基础与经济体量作支撑，没有足够的规模体量，城市核心竞争力就是无本之木。尽管上海经济规模快速扩大，但与纽约、东京、洛杉

① “三个变革”：质量变革、效率变革、动力变革。“三个下功夫”：在提高城市经济密度、提高投入产出效率上下功夫，在提升配置全球资源能力上下功夫，在增强创新策源能力上下功夫。

矶等领先的全球城市相比，上海经济规模还不够大。2019 年，上海 GDP 为 5453 亿美元，位列全球第八，而纽约、东京等均为 1 万亿美元以上，上海地均产值仅为 0. 873 亿美元/平方公里，仅为纽约、东京、伦敦等城市的 25% 左右，与国内其他城市相比，上海必须提高城市经济密度，继续做大规模，推动经济总量不断提升，不断提升城市能级和核心竞争力。在有限的土地等资源供给、环境承载力的基础上，做大经济规模就需要进一步提升产业资源环境效率，冲破效率的瓶颈，着力提高生产要素的投入产出效率和全要素生产率增长，而提升全要素生产率的重要途径就是提升资源配置效率。

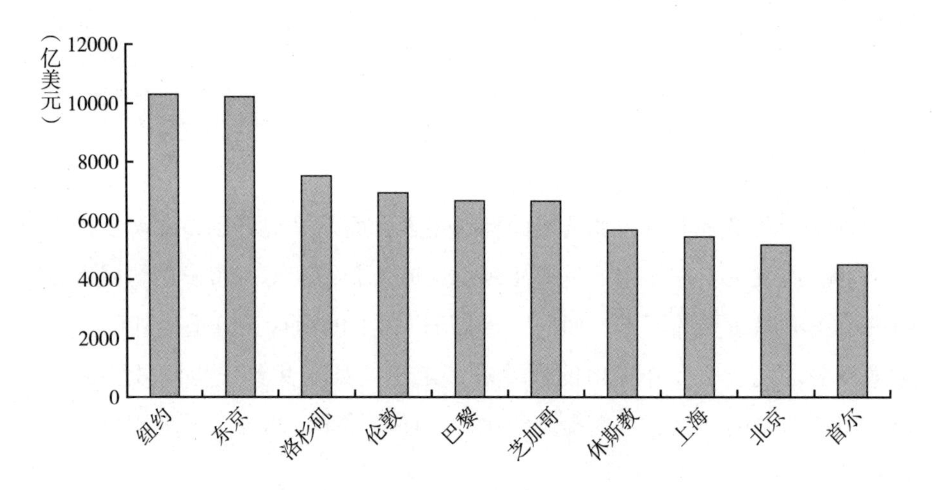

图 1　上海与全球主要城市经济总量对比

说明：上海、北京为 2019 年数据，其余城市为 2018 年数据。

（二）上海追求高质量的 GDP 面临资源环境制约

国际大都市的发展历程表明，在国际大都市规模不断扩张、功能不断更迭的过程中，土地资源的稀缺性、资源环境承载能力的制约性日益突出，科学有效规划利用土地，提升城市资源环境承载力成为国际大都市持续增强竞争力、吸引力、影响力的必然选择。近年来，上海资源环境约束趋紧，如 2019 年上海市人均水资源量为 160 立方米，每万人土地资源为 13 平方公

里；生态环境指标上，2019 年地表水质达标率仅 48.3%、空气质量优良率为 84.7%，不仅与国际大都市有较大差距，在国内城市中表现也相对一般。尤其是随着上海城市建设快速推进，可用建设用地资源越来越短缺，产业发展与土地资源的矛盾越来越严重，成为上海城市竞争力提升的关键制约瓶颈。以底线约束为基准，在有限的资源环境基础上创造更多的经济产出，成为上海追求更高质量 GDP 的迫切需求。

（三）以更优的供给满足人民需求面临资源低效利用难题

推动高质量发展，要求以显著增强产品和服务质量优势为主攻方向，进一步提升发展的质量和效益，把握人民城市的人本价值，提高人民群众的获得感和满意度。然而，上海在提高资源环境利用效率上，与人民日益增长的美好生活需求还有较大差距。从存量资源环境的使用效率看，上海土地资源利用质量与强度仍相对较低，尤其是上海老旧小区居住品质相对较低，土地生产、生活、生态功能缺乏良好统筹，不利于人民享受更高品质的生活。同时，上海存在人文挖掘不足、空间品质有待提升、景观风貌缺乏整体设计，以及重设施建设忽视功能培育等问题。在有限的资源环境承载条件下，如何为人民提供更多、更优质的产品，包括物质产品、公共服务产品、生态环境产品等，是摆在上海面前的一个重要问题。

二　上海产业资源环境效率现状评价

上海作为一个超大城市，也面临人口众多、土地资源短缺、环境容量有限等问题。“十三五”以来，上海积极推动土地高质量利用、资源高效率配置和产业高质量发展，并以“四个论英雄”为主线，推动土地高质量发展，提升经济产出规模，推动能源利用转型，实现产业绿色化转型，取得了明显的成绩。但从长远看，上海建设用地总量有限和可用量不断减少的趋势不会改变，环境压力和环境容量束缚将长期存在，资源环境对上海城市发展产生了刚性约束。

（一）以亩产论英雄，推动土地高质量利用

1. 严守建设用地总量，优化土地利用结构

“十三五”期间，上海注重经济发展模式转变，改变传统土地粗放式开发利用模式，推动节约集约利用。2015年，上海建设用地面积为3071平方公里，建设用地比重为44.94%，其中，城镇居住用地、农村居民点用地、公共设施用地、仓储用地、绿化广场用地、道路交通设施用地、其他建设用地分别占9.66%、7.50%、3.82%、12.27%、3.24%、6.29%和2.16%。2015年出台的《上海市加快推进具有全球影响力科技创新中心建设的规划土地政策实施办法（试行）》，2017年制定的《上海市土地资源利用和保护“十三五”规划》，为上海“十三五”时期土地利用做出了谋划，提出了发展路径。按照规划目标，到2020年，上海建设用地总规模控制在3185平方公里以内，工业用地比重降低到17%左右，耕地保有量保持在282万亩以上。根据《上海市城市总体规划（2017～2035年）》，上海规划建设用地将控制在3200平方公里以内。总体上，历经了前期快速增长阶段之后，上海建设用地总量转向缓慢增长，并逐步进入稳定阶段，土地节约集约利用共识已经形成，土地利用结构不断优化。

2. 推进土地复合利用，向地上地下要空间

土地复合利用是深化土地利用方式改革的积极探索目标。近年来，上海在多块区域、多类用地和多种空间上展开土地复合利用的实践探索。首先，上海推进对外交通枢纽复合利用、轨道交通站点土地复合利用、轨道交通停车场用地复合利用。对外交通方面，推进火车站等交通用地与周边商业用地混合利用，提高了土地利用效率，如上海虹桥综合交通枢纽便是土地混合利用的典范；市内交通方面，上海也积极推进土地混合利用，如在上海地铁1号线、12号线、13号线三线交汇点建设了星茂广场，这是集商业、办公、住宅于一体的商业综合体，还促进了轨道交通、停车场与商业办公等多功能复合。其次，上海积极推进工业属性、研发属性、商办属性等多种工业用地的复合利用，上海自贸试验区外高桥保税片区按照政策探索实施区内一般工

业用地向综合用地转型，将原有物业重建为集商业、办公、研发、展示等功能于一体的综合性楼宇，推进物业资源整合和功能布局优化。同时，上海还在不改变土地属性的情况下，实现用地复合利用，如上海 8 号桥、M50 等，为文化创意产业发展提供了支撑。最后，上海还积极推进广场与商业、商业办公、绿化等功能的复合利用，在这方面开展了大量探索案例，如人民广场的绿地、商铺混合利用，静安屋顶绿化实现公共建设与绿化复合利用等。

围绕土地复合利用，上海出台了一系列政策文件，在指导性文件方面，上海制定了《上海市土地资源利用和保护“十三五”规划》《上海市加快推进具有全球影响力科技创新中心建设的规划土地政策实施办法》《关于进一步提高本市土地节约集约利用水平的若干意见》《关于支持本市休闲农业和乡村旅游产业发展的规划土地政策实施意见（试行）》等文件。在配套文件方面，上海制定了《上海市地下空间规划建设管理条例（草案）》等地方性法规，从法律层面规范引导地下空间开发利用走向规划统一、建设有序、使用合理和监管到位；还制定地下建设用地使用权出让的相关条例，推进地下空间资源配置市场化，并在编制控制性详细规划时严格执行和落实城市重点地区地下空间规划指标体系，保障地下空间开发利用科学布局。在探索性文件方面，上海针对自贸区用地瓶颈对区域新业态融合发展的制约，出台自贸区“综合用地”新政，这是国内首个成体系的关于土地复合利用的规划土地管理政策，创新性地提出了规划弹性管控和土地刚性管控思路。

3. 盘活存量土地资源，提高土地利用效率

随着上海城市发展用地日益精确、土地供应受限，占地面积大、产出效益低、污染排放大的工业用地成为土地再开发的主要对象，在前期工作基础上，“十三五”期间，上海进一步出台了多项政策推动存量土地资源盘活和优化，主要内容表现如下。

一是依靠土地二次开发推进存量用地盘活。上海自 20 世纪 90 年代起就开始推进住宅、工业用地土地二次开发的试点与实践，在住宅用地方面，通过政府土地储备方式并结合融资模式创新推进旧区改造，以及通过社会企业与集体经济组织共同开发等方式推进“城中村”改造等。土地二次开发是盘活

存量用地、提高土地利用效率的有效途径。2016年，上海市出台了一系列促进存量用地转型的政策，包括《关于本市盘活存量工业用地的实施办法》《关于加强本市工业用地出让管理的若干规定》等，并提出了工业用地二次开发的细化要求，还出台了《上海市城市更新规划土地实施细则》（2017年）、《关于本市全面推进土地资源高质量利用的若干意见》（2018年）等政策措施。同时，上海针对中心城区废旧工业用地、园区低效用地、郊区零散工业用地实行差异化的土地二次开发模式，在开发主体、产业、规模、资金来源、空间策略上存在一定的异同，并探索出了多种模式，取得了一定的成效。

二是推进低效用地减量化。2013年，上海确定了“五量调控”策略[①]，在全国率先提出建设用地“减量化”的目标，对城市开发边界外的低效建设用地（违法工业用地和零散宅基地）进行土地整治，恢复为生态用地或农用地，并推动104地块、195地块和198地块调整转变用途或减量复垦。2015~2017年。上海开展了第一轮减量化三年行动，累计完成低效建设用地减量28平方公里。

三是积极推进农村宅基地退出。上海编制农村集中居住专项规划，有序推进村庄撤并，引导农民集中居住。积极稳妥推进农村宅基地减量，对纯农地区10户以下自然村宅基地，按照农民意愿，有序推进农民集中居住。

（二）以效益论英雄，提升经济产出规模

1. 着力提高经济密度，提升经济总量与效益

随着上海土地资源趋紧、商务成本上升、产能过剩的矛盾不断加剧，不能再走这种依靠资本、土地的粗放式发展模式。近年来上海着力提高经济密度，其主要路径包括三方面。

一是强化高端产业引领。2017年5月31日，上海市推出“巩固提升实体经济能级50条”，提出要以高端发展为导向，形成多个千亿元以上的战略性新兴产业集群。2018年进一步制定了“上海扩大开放100条”行动方

① 五量调控：总量锁定、增量递减、存量优化、流量增效、质量提高。

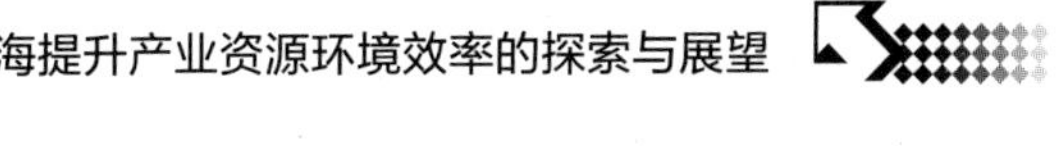

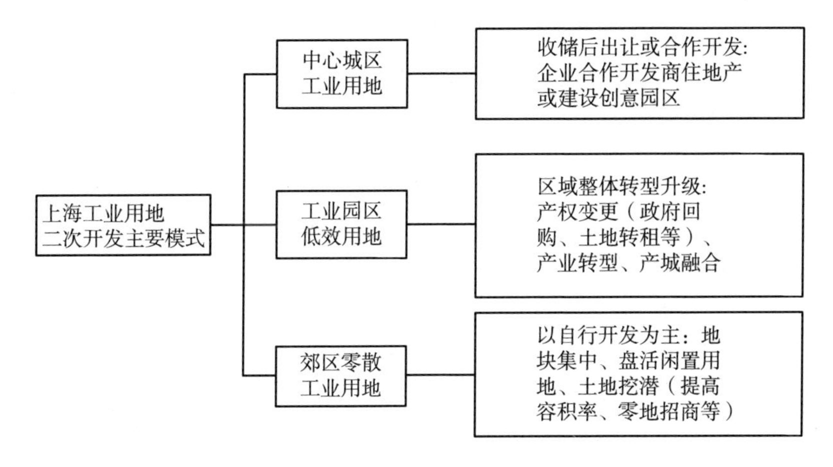

图 2 上海工业用地二次开发主要模式

案，提出形成了具有特色的新兴产业集群体系，如张江建设人工智能岛，2017 年 C919 大型客机首飞标志着大飞机产业集群初现雏形，上海自贸区提出打造中国芯、蓝天梦、创新药、未来车、智能造、数据港六大新兴产业集群，嘉定区打造具有全球影响力的汽车产业集群等。2015～2019 年，上海战略性新兴产业总产值从 8064.12 亿元增长至 11163.86 亿元，占全市规模以上工业总产值的比重从 25.97% 提升至 32.40%。高端产业引领推动了创新链、产业链、资金链和政策链的精准对接，也提升了上海在全球产业创新格局中的竞争位势。

表 1 2015～2019 年上海市战略性新兴产业发展情况

单位：亿元，%

年份	战略性新兴产业总产值	增速	占全市规模以上工业总产值比重
2015	8064.12	-1.1	25.97
2016	8307.99	1.5	25.12
2017	10465.92	5.7	30.80
2018	10659.91	3.8	30.60
2019	11163.86	3.3	32.40

资料来源：2015～2019 年《上海市国民经济和社会发展统计公报》。

二是积极提升产业链现代化水平。上海通过“上海市产业转型升级发展专项资金项目”等资金扶持、“珠链计划”等专项政策扶持，以及出台促进重点优势产业高质量发展若干政策措施，积极推动产业链升级，全力打造自主可控、安全可靠的产业链供应链，与长三角地区开展产业链共建，并涌现一批具有技术市场竞争力、行业影响力的产业链集群。上海正成为跨国公司产业链布局的首选地，2020 年一季度，上海市跨国公司地区总部增加到 730 家，外资研发中心增加到 466 家。

三是积极推进要素结构优化。近年来，上海积极抓住技术革命机遇，吸引国内外高端生产要素集聚，并推动生产要素组合方式、要素资源配置方式改变与效率提升，在产业层面上表现为技术密集型产业比重不断提升，而原料、劳动力和资金密集型产业比重总体降低。如 2012 ~ 2018 年，原料、劳动力密集型产业工业年产值比重从 13.27% 下降至 11.54%，而资金和技术密集型产业年产值比重总体上升，产业发展更多依靠资金投入和技术投入与增值。

表 2　2012 ~ 2018 年上海市不同类型产业工业总产值变化

单位：%

类型	工业总产值			工业总产值增幅		
	2012 年	2015 年	2018 年	2012 ~ 2015 年	2015 ~ 2018 年	2012 ~ 2018 年
原料密集型	6.82	7.76	6.57	0.94	-1.19	-0.25
劳动密集型	6.45	5.59	4.96	-0.86	-0.63	-1.49
资金密集型	57.65	58.08	61.34	0.42	3.26	3.69
技术密集型	29.07	28.57	27.12	-0.50	-1.45	-1.95

资料来源：《上海统计年鉴》，2013、2016、2019。

2. 着力增加创新浓度，经济发展动能持续增强

上海致力于建设具有全球影响力的科创中心，需要提高上海的创新浓度，增强科创中心的集中度和显示度。

一是积极抢占科学发现战略高地。上海依托世界一流科学城，以及光子科学中心等大科学装置，吸引了一大批全球顶级科技资源，瞄准科技前沿，谋划前瞻科技布局，聚焦脑科学与类脑科学、集成电路等战略领域，加大关

键核心技术攻关力度。

二是提高创新成果转化效率。近年来，上海积极推动产学研用深度融合，企业在科技创新领域、技术创新体系中的作用越发重要，技术创新成果不断涌现。2019 年共认定高新技术成果转化项目 784 项，同比增长 19.5%；截至 2020 年 4 月，累计认定项目数量增加至 13146 项。技术合同成交额大幅增长，合同平均金额显著增加，2019 年上海经认定的技术合同金额为 1522.21 亿元，较 2015 年同比增长 115.0%。

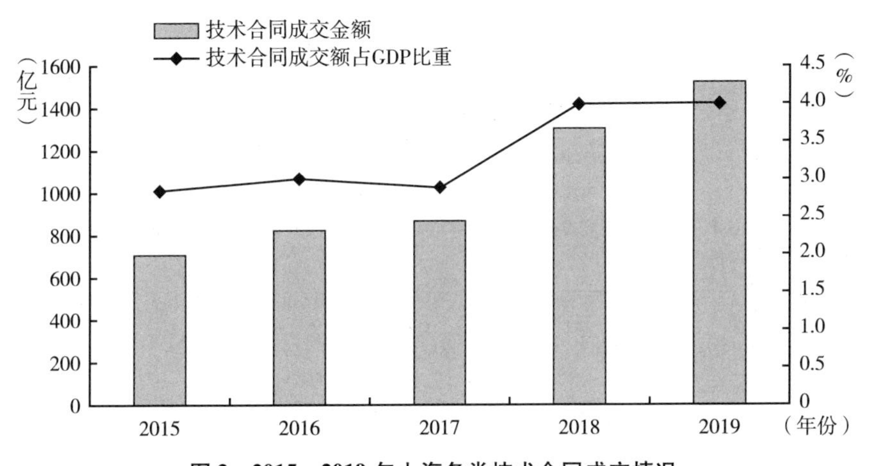

图 3　2015～2019 年上海各类技术合同成交情况

资料来源：《上海科技成果转化白皮书》，2015～2019。

三是营造具有活力的创新生态。上海创新创业整体环境不断优化，上海建设了超过 500 家的众创空间，其中超过 90% 由市场力量创办，吸引创业者超过 40 万人，商汤科技、寒武纪等一批创新创业企业落户上海。上海还积极促进创新创业载体和示范区建设，推进大学科技园示范园培育建设，实施长三角区域科技创新联合攻关与应用示范，建设长三角科技资源共享服务平台、上海科技创新资源数据中心等。

（三）以能耗论英雄，推动能源利用转型

1. 动筋骨，推动高能耗产业转型

上海积极推进高耗能产业转型，降低产业发展的能源消耗。早在 2014

年，上海就率先实施“负面清单”管理模式，2016 年、2018 年进一步对“负面清单”进行了修订。2020 年 5 月 27 日，上海市经信委制定了《上海市产业结构调整指导目录限制和淘汰类（2020 年版）》[①]。经过多年的攻坚，上海不断淘汰钢铁、煤化工等高耗能项目和“三高一低”企业，2012 ~ 2018 年，上海市六大高耗能产业总产值从 8353.9 亿元降低至 7782.2 亿元，占工业总产值比重从 26.19% 下降至 22.34%，高耗能产业转型效果明显。这也推动了上海市产业能耗的明显降低，2018 年，单位工业总产值能耗降低至 0.147 吨标准煤/万元，较 2015 年和 2000 年分别下降 15% 和 219%，产业发展的能源资源消耗大幅降低，在全国率先走上资源节约型的产业高质量发展道路。

表 3　2012 年、2015 年和 2018 年上海市高耗能产业产值及其占工业总产值比重

单位：亿元，%

行　业	2012 年	2015 年	2018 年
石油、煤炭及其他燃料加工业	1605.6	1156.5	1369.4
化学原料和化学制品制造业	2546.6	2467.1	3017.2
非金属矿物制品业	522.8	542.9	600.4
黑色金属冶炼和压延加工业	1585.9	1186.7	1233.4
有色金属冶炼和压延加工业	457.1	387.5	362.6
电力、热力生产和供应业	1636.0	1102.9	1199.2
六大高耗能产业	8353.9	6843.5	7782.2
占工业总产值比重	26.19	21.85	22.34

资料来源：《上海统计年鉴》，2013、2016、2019。

2. 推创新，开展节能技术改造

上海市持续推进节能技改工作，设立节能减排专项资金[②]。2016 ~ 2019

① 本文件涉及电力、化工、钢铁、有色、建材等 15 个行业、771 项内容（限制类 334 项、淘汰类 437 项）。

② 包含可再生能源利用和新能源开发、淘汰落后生产能力、节能减排技术改造、合同能源管理、建筑交通节能减排、清洁生产、水污染减排、大气污染减排、循环经济发展、生活垃圾分类减量、节能减排产品推广及管理能力建设、其他用途等 12 个领域。

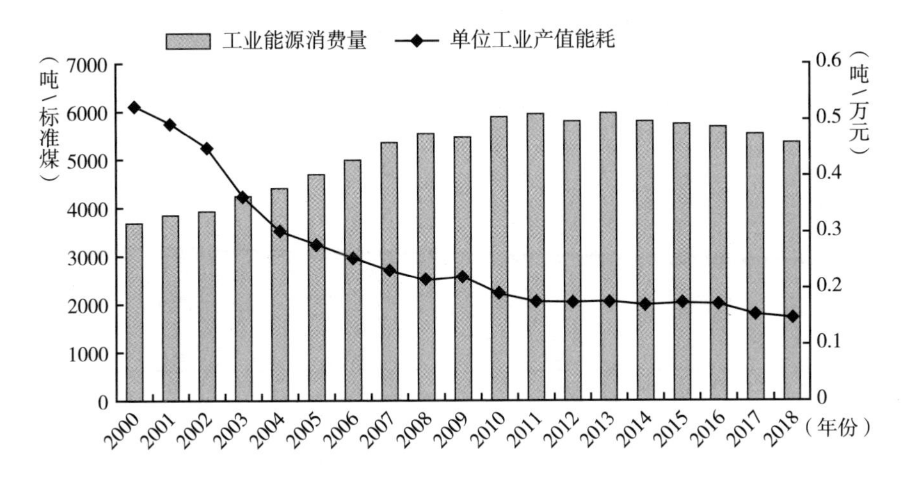

图4　2000～2018年上海市单位产值工业能耗

资料来源：《上海统计年鉴》，2019。

年，上海市共安排了30个批次节能减排专项资金计划，节能减排专项资金超过110.1亿元。其中，上海市2018年便支持了116项重点节能技改项目，实现节能量8.77万吨标准煤，推动322家重点企业开展清洁生产，2018年全年综合利用大宗固体废弃物1000万吨，综合利用率超过97%。同时，上海市积极支持可再生能源和新能源发展，出台了一系列鼓励性政策措施，积极增加资金支持。2018年上海市可再生能源和新能源发展专项资金达到21803万元，支持项目达277个，分别是2015年的36倍和34倍。

3. 改建筑，积极推广绿色建筑

上海市积极推行绿色建筑，提高建筑能效。在市级层面，上海市不断完善绿色生态城区的相关制度细则，截至2019年底，上海市累计创建或储备了绿色生态城区27个；同时发布《崇明区绿色建筑管理办法》，完善扶持政策，持续开展财政资金扶持建筑节能与绿色建筑示范。在区级层面，各区在贯彻落实市级政策基础上，进一步结合本区实际与需求，制定各具特色的区级政策。上海还积极推进建筑工业化应用，近年来上海市政府和相关部门陆续出台建筑产业化政策法规十余项；2016年起，上海市符合条件的新建

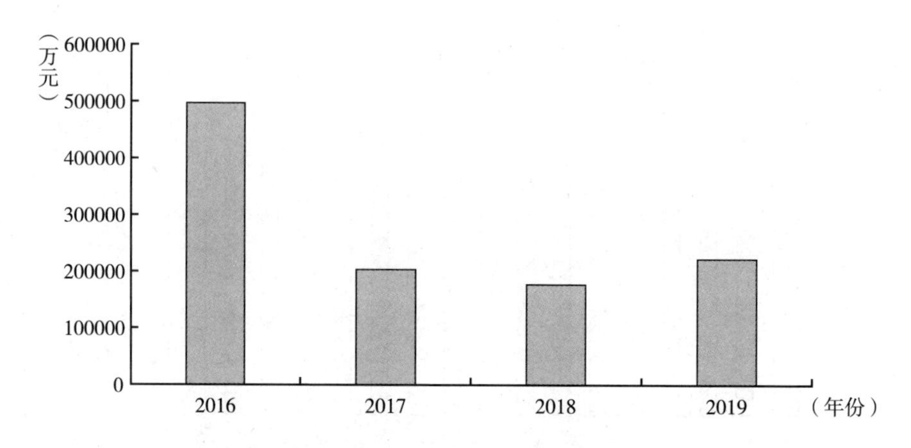

图5　2016～2019年节能减排专项资金安排计划

说明：根据上海市发展和改革委员会公开信息，2016年第四批安排计划、2017年第二和第三批安排计划数据缺失，图中未含缺失数据。

民用、工业建筑全部按装配式建筑要求实施；截至2019年底，装配式工业化建筑预制率超过75%。

4. 变交通，积极推广新能源汽车和绿色出行

为落实环境综合治理要求、促进节能减排、推进新能源汽车产业发展，上海市出台激励性政策措施与资金补贴措施等，积极推进新能源汽车推广应用。2018年，上海市制定了《上海市鼓励购买和使用新能源汽车实施办法》，为新能源汽车消费给予财政补助，营造智能汽车消费环境。近年来，上海市新能源汽车市场保持高速增长，截至2019年底，上海新能源汽车保有量接近30万辆，占全市汽车保有量的7.2%。同时，上海积极实施公交优先战略，积极发展轨道交通、慢行交通等，并在商务区、滨水区、历史风貌区等建设若干低碳交通示范区。截至2019年底，上海中心城区公交出行占机动车出行比例达到65.2%，其中新能源公交车占比达到61.5%，公共交通、步行、自行车的出行比重达到80%。

（四）以环境论英雄，实现产业绿色化转型

良好的生态环境是一座城市最公平的公共产品、最普适的民生福祉，与

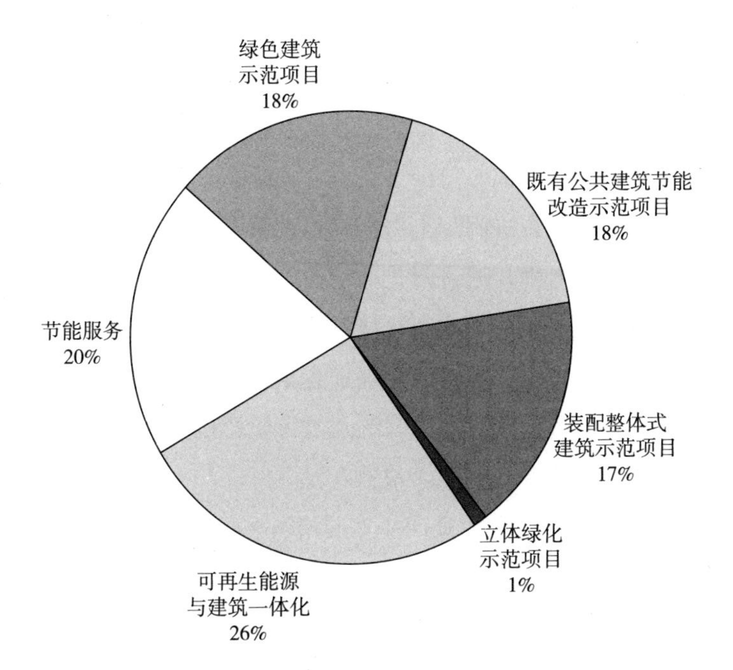

图6　2019 年上海市建筑节能与绿色建筑专项资金补贴类型结构

资料来源：《上海绿色建筑发展报告（2019）》。

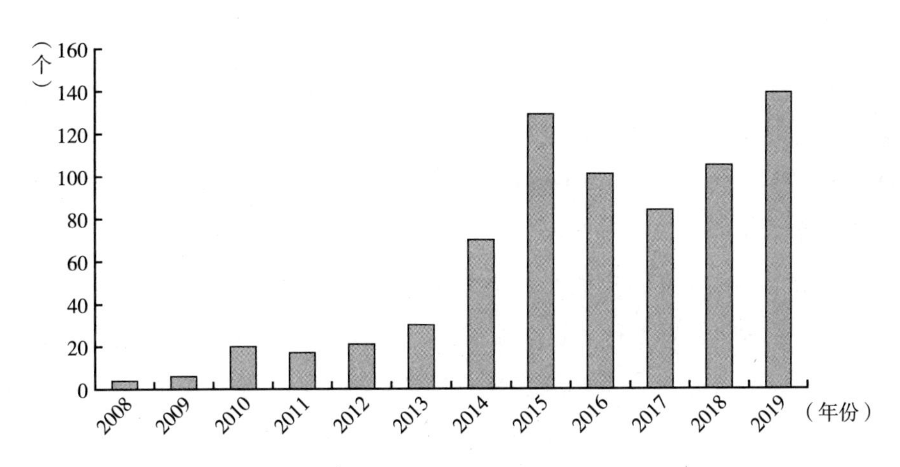

图7　2008～2019 年上海市绿色建筑标识项目数量

资料来源：《上海绿色建筑发展报告（2019）》。

城市中每个人都息息相关。影响城市生态环境质量的最大源头是生产活动，上海在源头上把好环境准入关、在过程中打造绿色生产方式，推动形成更绿色、生态环境更友好的产业发展方式。

1. 严守招商引资环境准入门槛

一是实行环评一票否决制。上海坚持以改善环境质量为核心，从污染预防、污染物总量控制入手，通过强化环境准入、制定工业全行业准入清单、优化环评准入管理，严守招商项目环境准入门槛，变被动式末端治理为主动式前置控制。上海强化绿色招商和环保前置审批，环保部门提前介入，严格执行节能评估和落后产能淘汰制度，并对能源资源消耗高、污染排放大、环境风险大的项目实行“环评一票否决制”。

二是依靠“三线一单”促进产业发展指引。上海严格落实“三线一单”约束，实施生态环境分区管控，并将其作为规划环评重要内容，提出区域或行业污染物排放总量控制要求，区域内产业规模、结构、布局优化建议，以及差别化环境准入门槛；同时，不断优化建设规划环评、建设项目环评，禁止不符合规划环评的项目建设。2020 年，上海市印发《关于本市“三线一单”生态环境分区管控的实施意见》，初步构建覆盖全市的生态环境分区管控体系，为产业绿色、高质量发展做好指引。

2. 着力打造绿色生产方式

一是加强工业污染防治。上海市一直将工业污染防治作为生态环境工作的重点，通过制定环保三年行动计划等，滚动推进工业污染防治。截至 2019 年底，上海市第七轮环保三年行动计划工业专项完成 1081 个项目并启动 8 个重点区域（专项）的产业结构调整，完成“198”区域减量 15.25 平方公里；着力推进钢铁行业超低排放改造和工业炉窑专项治理方案，完成宝钢股份近 50% 的产能超低排放改造，完成工业炉窑治理 37 台；完成结构调整 1081 项、“散乱污”企业整治 204 家、粉尘无组织排放整治 70 家。

二是推进污染总量减排。上海积极推进 6 个重点行业的排污许可管理，包括屠宰及肉类加工、合成材料制造、水处理等，2019 年共核发 2300 多张排污许可证，开展排污许可证核发质量评估，推进许可证精细化管理，严厉

打击钢铁、石化等行业企业无证排污和不按证排污等违法行为，督促持证单位加强证后管理。同时，明确各区、各部门年度污染减排目标和责任，并作为各区主要污染物减排年度绩效评估的依据。“十三五”以来，上海市主要污染物均完成国家下达的“十三五”主要污染物削减目标。

表 4　2015 ~ 2018 年主要工业污染物排放情况

指　　标	2015 年	2016 年	2017 年	2018 年
废气排放量(亿标立方米)	12802	12669	13867	13780
烟粉尘排放量(万吨)	11.140	7.280	3.030	1.620
二氧化硫排放量(万吨)	10.490	6.740	1.270	0.910
废水排放量(亿吨)	4.690	3.660	3.160	2.910
单位工业产值废气排放量(立方米/元)	0.385	0.383	0.384	0.378
单位工业产值烟粉尘排放量(吨/亿元)	3.354	2.201	0.839	0.444
单位工业产值二氧化硫排放量(吨/亿元)	3.159	2.038	0.352	0.250
单位工业产值废水排放量(吨/万元)	1.412	1.106	0.875	0.798

资料来源：《上海统计年鉴》，2016 ~ 2019。

三是以降低环境能耗促进产业转型。上海实行建设项目污染物总量控制，突出“以环境论英雄”的发展导向，促进企业与产业的转型升级。对新的产业项目通过污染物打分来确定项目拿地地价，引导企业加快产业结构转型调整，倒逼推动环保治理设施与技术升级，提高污染物排放与处理效率，减少污染物排放总量，实现城市人居环境保护与绿色发展的同频共振。

3. 积极发展环境友好型产业

随着上海生态环境保护压力增加，环保产业发展空间也加速释放，上海积极出台多项措施大力发展环保产业，尤其是 2020 年 7 月，上海市印发《关于在常态化疫情防控中进一步创新生态环保举措更大力度支持经济高质量发展的若干措施》，从平等对待各类市场主体、加大政策支持力度、加强科技创新支撑、鼓励第三方治理模式、开展第三方环保服务试点示范、大力发展智慧监测技术装备等方面支持环保产业发展。上海市政府还积极支持环保产业服务，2019 年，市生态环境局积极推进产业园区第三方污染治理和

环保服务，编制第三方环保服务规范，参与“绿色丝绸之路”等论坛活动。同时，上海积极培育支持环保产业新增长点，支持环保产业做大做强。截至2018 年底，上海节能环保产业营收超过 1418.7 亿元。

三　上海提升产业资源环境效率的展望

面向“十四五”，围绕建成人人向往的生态之城愿景目标，在坚持“四个论英雄”理念的基础上，上海需要全面提升土地综合承载容量和经济产出水平，促进资源高效率配置，推动产业高质量发展。

（一）聚焦核心功能，提高城市能级和核心竞争力

一是强化全球城市核心功能。中心城区要进一步集聚和提升金融、商务等全球城市核心功能，提升高端要素集聚和辐射能力，着力发展金融服务业、航运服务业，全面优化软件和信息服务业、文化创意产业、现代物流业、检验检测服务业、会展服务业、人力资源服务业等的布局。推动非核心功能进一步疏解，加快淘汰低端落后产业，控制集装箱吞吐量、物流配送中心、普通医疗和教育机构等暂时难以疏解的非核心功能产业，加快推动传统行业升级改造，利用先进技术、信息技术改进传统产业生产组织方式、商业模式，提高产品价值含量。

二是强化产业高端化引导与调控。着力构建现代产业体系，推动高端产业集聚，各区有序发展、错位竞争，依托科技创新中心重要承载区，集聚创新要素，优化智能制造、数字服务、生命健康等前沿领域布局，加快推进重点行业倍增计划，实施工业强基工程。

三是打造创新成果“原产地”，建设科技创新策源地。首先，加快提升科技创新资源的集中度，推动更多国家实验室、科学中心在上海集聚，推动全球顶尖人才加速向上海集聚，打造全球科学大师的“世界会客厅”，争取更多重点科研机构、创新单元落户上海。其次，增强基础研究实力，增加数学、物理、化学、生物等基础学科招生培养人数，吸引全球顶尖研究资源，

强化基础研究，推动上海在基础科学和关键核心技术领域取得更大突破。整合资源攻关“卡脖子”技术，集合一批科技精锐，集成各方资源，梳理“卡脖子”技术的人才与攻关状况，建立“卡脖子”技术攻关机制，完善攻关链条，争取在关键核心技术上取得重大原创性突破，打造若干核心技术突破团队，使上海涌现出更多世界级的科技成果。

（二）提升经济密度，推动土地高质量利用

一是通过土地容积率调整提升产出强度。建议上海适度提高重点地区容积率，对上海城市用地进行更细化、更优化的密度分区，对重点地区给予开发强度支持政策，对公共活动中心区域和市政府明确的重点区域，适当扩大开发规模。逐步放宽产业用地容积率上限，放宽工业园区用地向研发用地转型升级的条件，实行密度分区管理。用好容积率激励杠杆，优化控详规划编制办法，在用地性质兼容、指标控制等方面预留更大弹性，简化容积率调整程序，将规划调整审批权下放至区级部门，简化产业用地调整容积率分类处理审批权限，做实容积率激励制度，激发市场主体参与土地利用效率提升的积极性。

二是构建与全球城市相适应的土地利用结构体系。根据国际化大都市生活、生态和产业用地优先比例顺序，加快形成符合上海打造宜居城市要求的用地结构体系。推进工业用地减量化，保障必要的先进制造业、新兴产业、都市型工业发展空间，推进存量工业用地二次开发和低效用地减量。提高生态用地比例，强化生态基底硬约束，实行生态空间差异化管控机制。适度控制商办用地供应节奏，提升商务设施集聚度，加强办公楼宇更新改造，提升甲级办公楼宇建筑比重。同时，加大公共设施用地供给，在公共设施建设标准和用地供给上做一定的弹性预留，满足实际服务人口对公共服务设施的合理需求。

三是推进土地复合利用。加快形成更加节能环保、节约资源、宜居宜业、提质增效的土地复合利用方式。首先，积极推进重点区域土地复合利用，加大地下综合管廊建设力度，加大地下空间经营性开发力度。其次，促

进工业园区土地混合利用，探索“制造+研发+商业+宿舍”等交叉使用的多层工业楼宇模式，提升园区配套基础设施和服务品质，增强对高层次人才等要素的吸引力，鼓励开展工业用地复合型规划设计。再次，建设高密度、高品质商办楼宇，强化商办楼宇底层空间开放化设计，设立开放平台，连接不同建筑物、不同用地类型和不同公园、娱乐场所、商业设施等，鼓励商办楼宇通过垂直绿化、屋面绿化、屋顶绿化等提升绿化面积。最后，积极推进轨道交通站点周边复合利用，强化轨道交通场站及周边土地立体开发，探索综合用地规划和土地复合利用方式，加强站点周边开发与地区发展联动，强化公共交通导向的土地利用，针对轨道交通站点周围500米范围进行高强度开发，着力强化市政基础设施、商业经营设施等功能复合。

（三）树立底线思维，打造绿色生产生活方式

一是降低生产与建筑能耗及污染物排放。紧扣上海产业结构调整、能源结构调整与效率提升等关键环节，严格控制电力、煤气、非金属矿物制造业、冶金等高排放、高能耗行业的粗放式发展，严格控制新项目上马和新企业成立。加强传统重化工业的低碳化改造，推进通过关、停、并、转的方式，对现有高碳产业落后产能、落后企业进行淘汰，推动产业向高效、绿色、低碳转型。培育环境影响更小的绿色产业体系，实现从源头减少生产活动碳排放。着力提高绿色技术和产品投资回报率，全方位推广碳减排技术在中国各产业的应用，降低企业碳减排成本，加大节约成本的能效投资和可再生能源投资，减缓温室气体排放，提高公众健康水平。

二是积极推进废水和废弃物循环处理。首先，加强企业水处理与利用设施升级，加强污水污泥资源化处置，推进污水和工业废水循环再利用。其次，加快升级废物管理基础设施，加强废弃物中的金属、矿物质的循环利用，逐步淘汰并最终杜绝垃圾填埋场，开发利用以前填埋的垃圾和副产品，在城市垃圾填埋场开发出新的原材料源，实现废弃物的永续循环利用。最后，大幅提高废弃物回收和安全再利用的比例，推进废弃物强制回收和安全利用，用于制造其他产品，开创出新的原材料源，鼓励企业提供一整套寿命

长、虚拟水含量低、低能耗和低材料内涵的新产品和新服务，使循环、闭环式的设计成为产业发展的主流，积极构建废弃物零排放的静脉产业链。

三是加快推进再制造。加强再制造技术等革新，完善再制造产业发展标准体系、环保安全体系、服务体系，形成再制造产业发展支撑体系。鼓励企业开发新的制造模式、产品设计模式和把握回收机会的模式，企业不断更新设计制造工艺，推动回收、再利用原材料，减少中间环节造成的资源消耗，推动商业模式从以商品为基础转向以服务为基础的创新，使原材料供应部门转型为提供高生态效率产品、创造环境服务的部门。通过再制造，培育新的经济增长点，促进上海形成较大规模、成体系的循环经济，使上海成为绿色增长城市。

四是积极倡导绿色生活方式。积极引导绿色交通出行，开发混合动力车、燃料电池汽车、插入式混合动力车等，统一新能源汽车充电标准。鼓励发展非机动车、清洁能源小汽车和慢行交通；倡导汽车共享理念，实现集约、低碳出行，转向更绿色的交通方式；鼓励发展单车共享，用共享模式让单车回归城市，以更便利、更环保的方式让上海城市变得更美好。

参考文献

蔡新华：《上海生态承载力面临挑战》，《中国环境报》2014 年 1 月 17 日，第 3 版。

钱智、史晓琛：《上海科技创新中心建设成效与对策》，《科学发展》2020 年第 1 期。

任新建、虞阳、田煜等：《破解发展空间瓶颈，提高上海经济密度研究》，《科学发展》2019 年第 5 期。

上海市人民政府：《关于印发本市全面推进土地资源高质量利用若干意见的通知》，http：//www. shanghai. gov. cn/nw2/nw2314/nw2319/nw12344/u26aw57551. html。

上海市人民政府发展研究中心：《科技创新策源功能与高质量发展研究》，格致出版社/上海人民出版社，2020。

上海市人民政府发展研究中心：《上海高质量发展战略路径研究》，格致出版社/上海人民出版社，2019。

上海市人民政府发展研究中心：《上海土地高质量利用策略研究》，格致出版社/上海人民出版社，2019。

汤庆园、王宝平：《上海土地开发政策演变研究》，《城乡规划》2017 年第 5 期。

王骅：《利用 PPP 模式推进上海土地二次开发研究》，《科学发展》2017 年第 12 期。

王莉莉、高魏、黎兵：《土地和地质要素融合的上海资源环境承载力评价研究》，《上海国土资源》2019 年第 2 期。

吴超：《提高上海土地利用效率问题研究》，《科学发展》2019 年第 7 期。

张传勇、王丰龙、杜玉虎：《大城市存量工业用地再开发的问题及其对策：以上海为例》，《华东师范大学学报》（哲学社会科学版）2020 年第 2 期。

赵义怀：《提升上海城市能级和核心竞争力的若干思考》，《科学发展》2018 年第 8 期。

周海蓉：《上海强化高端产业引领功能的战略重点》，《科学发展》2020 年第 9 期。

B.8
从生活垃圾分类到全面推进绿色生活方式

王琳琳 *

摘　要： 生活垃圾分类和绿色生活方式不仅是人人参与生态城市建设的具体行动，更是顺应人们对美好生活需要的具体行动。2019年，上海率先实行生活垃圾强制分类。经过一年的全民参与、全程发力，上海已基本建成生活垃圾分类体系，在法律体系建设和垃圾分类实效提升等方面取得了显著的成绩,但还存在需要进一步解决的问题。目前，上海城市生活垃圾分类面临生活垃圾源头减量难、垃圾投放方式适应难、低价值废弃物收集利用难等现实难点，这与参与主体责任不明确、绿色生活方式动力不足、制度激励和约束性不强、生产者主动性不高等因素有关。因此，上海应进一步采取完善法律法规、建立利益关联、健全奖惩机制、强化政府扶持机制力度、注重宣传引导等系列机制。

关键词： 生活垃圾　分类管理　绿色生活方式

垃圾分类是改善人居环境、建设生态城市、落实绿色可持续发展的重要举措，对建设人民向往的城市有着重要意义。上海作为全国第一个进入垃圾

* 王琳琳，上海社会科学院生态与可持续发展研究所助理研究员，研究方向为可持续发展与绩效管理。

分类“强制时代”的城市，在借鉴国内外先进经验的基础上，进行了积极的探索和实践。《上海市生活垃圾管理条例》（以下简称《条例》）实施一年以来，上海因地制宜，在短短一年时间基本建成了以法治为基础的生活垃圾全程分类管理体系，垃圾分类已成为市民常态化的生活习惯和自觉行动。上海的成功经验，为推动垃圾分类在全国的开展提供了示范样板。当前，上海垃圾分类正处在攻坚期，为进一步巩固生活垃圾分类实效，提升人民群众的生活质量，需要对标对表国内外先进城市，以生活垃圾分类为起点和契机积极推广绿色生活方式。换言之，我们需要实现生活方式的绿色化、低碳化、健康化，在从源头上减少生活垃圾产生的同时，提高资源的回收利用率，促进经济社会环境的可持续发展。

因此，在《条例》实施一周年之际，充分认识上海生活垃圾分类管理的现状，总结成效，探析难点，从生活垃圾分类中发现生活方式存在的问题，探索推进居民绿色生活方式的政策及举措，对于下一步推动垃圾减量、资源循环利用，打造环境治理体系及治理能力现代化具有重要意义。

一　上海生活垃圾分类管理的现状和成效

《条例》施行一年来，上海多措并举，以法律为约束，以财政提供资金保障，深入推进生活垃圾分类工作的开展，获得了优异的成绩。

（一）生活垃圾分类相关法律体系日益完善

自上海被列入首批生活垃圾分类试点以来，历届上海市委、市政府一直高度重视垃圾分类工作的开展，切实提高政治站位，不仅将此项目标纳入“十二五”发展规划纲要，在环境保护和生态建设“十三五”规划中，也把提升垃圾分类和资源化利用水平列为五大任务之一。对此，上海先后制定并出台《上海市促进生活垃圾分类减量办法》等多项法规、规章，明确了完善生活垃圾处置体系的要求。2019 年 1 月 31 日，《条例》在上海市十五届人民代表大会二次会议上表决通过，并于当年 7 月 1 日起正式生效实施，标志着上海步入垃圾分类

“硬约束”时代。《条例》共十章六十五条，对垃圾分类标准、收费制度、投放方式、监管机制等做出了规定，为垃圾分类的推进提供了法律保障。根据《条例》规定，生活垃圾分为四类①，作为垃圾分类投放的责任主体，个人和单位应当依法履行垃圾分类投放义务。同时，为推动居民养成良好的自主投放习惯，上海在居住区的垃圾分类工作主要以定时定点分类投放的形式稳步推进。

一年多来，为了把《条例》的各项规定切切实实地落到实处，上海市政府、市人大常委会和市绿化市容局等相关部门持续推动法规的贯彻实施，为垃圾分类提供法律和政策保障（见表1）。截至2020年7月，上海相继发布了《关于贯彻〈上海市生活垃圾管理条例〉推进全程分类体系建设实施意见》等44件《条例》配套文件②，不仅鼓励社区、社会组织等主体的有序参与，也进一步明确了本市旅游住宿业、餐饮服务业、集贸市场、农贸市场、经营快递业务的企业等相关服务行业中参与主体的责任和义务。

表1　“十三五”期间上海市垃圾分类管理政策文本

序号	颁布时间	文件名称	制定机关
1	2016.6.18	《中共上海市委上海市人民政府关于深入贯彻中央城市工作会议精神进一步加强本市城市规划建设管理工作的实施意见》	上海市人民政府
2	2016.8.8	《关于进一步加强本市垃圾综合治理的实施方案》	上海市绿化市容局
3	2018.3.13	《关于建立完善本市生活垃圾全程分类体系的实施方案》	上海市人民政府
4	2018.9.03	《上海市生活垃圾全程分类体系建设行动计划（2018～2020年）》	上海市绿化市容局
5	2019.1.31	《上海市生活垃圾管理条例》	上海市人大
6	2019.2.18	《贯彻〈上海市生活垃圾管理条例〉推进全程分类体系建设实施意见》	上海市人民政府

注：根据上海市人民政府政府公开信息整理。

① 生活垃圾分为可回收物、有害垃圾、湿垃圾、干垃圾。

② 上海市绿化和市容管理局：《上海市绿化和市容管理局（上海市林业局）2020年法治工作情况报告》，2020年12月2日。

（二）财税政策提供落地支持

除了法律方面的努力，相关配套制度也日益健全，确保各项工作有序推进。例如，上海市设立市级财政垃圾分类减量或节能减排专项补助资金，针对生活垃圾分类示范街道的智能化垃圾分类箱房和分类垃圾桶采购、垃圾分类宣传品制作等进行补贴。以黄浦区小东门街道为例，2019 年共投入生活垃圾分类示范街道补贴资金约 232 万元，其中用于采购智能化垃圾分类箱房的补贴约为 65 万元，占总补贴的 28%（见图 1）。智能化垃圾箱房的设置，不仅可以节约人力成本，减少对保洁和垃圾分拣人员的依赖，同时也有助于居民在时间上更自由尽兴地投放垃圾。

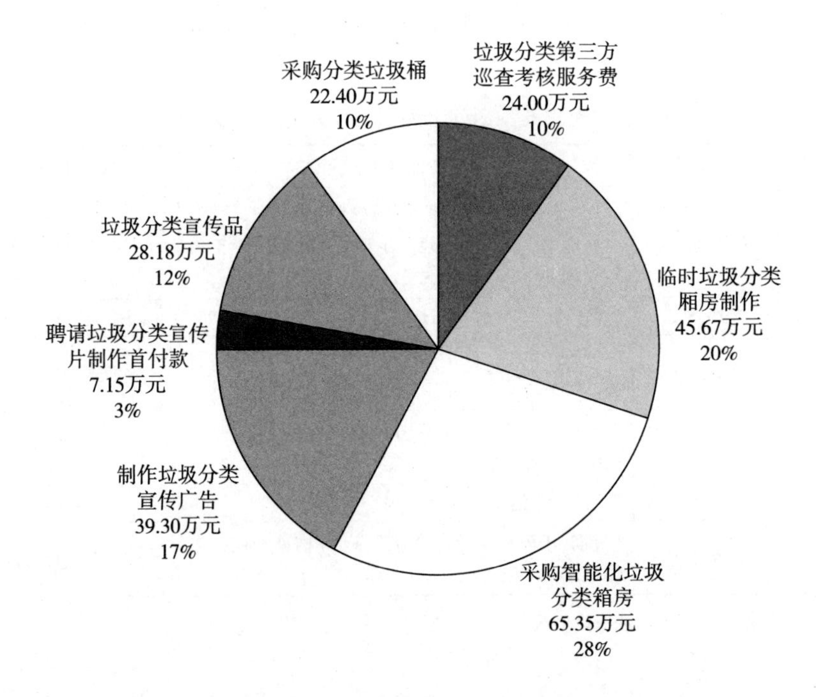

图 1　2019 年黄浦区小东门街道市级财政专项补助资金分配结果

资料来源：上海市黄浦区人民政府网站，https：//www. shhuangpu. gov. cn。

生活垃圾分类需要“入法”和用法律规定的强制力进行约束，从而更有力地推进垃圾分类制度的有力执行①。在立法先行的同时，辅以相应的行政手段和经济手段，符合我国城市生活垃圾治理的趋势，也符合上海城市生活垃圾分类治理的实际。

（三）生活垃圾分类管理成效日益显著

“十三五”期间，上海垃圾分类工作取得了重大进展，上海已基本建成生活垃圾分类体系，分类管理成效明显提升。

一是单位分类实效明显提升。根据 2020 年上半年垃圾分类实效测评结果，本市所有区生活垃圾分类实效综合考评达到“优秀”标准，其中，杨浦区位居第一，总得分是 96.49。其次是嘉定区，总得分为 96.48。虹口区和浦东新区共同位居第三，总得分是 95.80。同时，街道生活垃圾分类实效综合考评结果显示，全市街道均已达到“良好”标准。

二是不同类型生活垃圾分类管理的效果日益显著。截至 2020 年 10 月低，上海市湿垃圾分出量达到 9318 吨/日，较上年同比增长 6.7%。干垃圾处置量为 14173 吨/日，较上年同比下降 4.4%。可回收物回收量为 5948 吨/日，与上年同一时期基本持平（见图 2）。在对有害垃圾的处置方面，2020 年 10 月的日均处置量是 2.6 吨/日，较上年同一时期增长 2.6 倍。

三是公众环保参与度提升。随着垃圾分类的推广，居民的环保意识也有了大幅度的提升，越来越多的市民以实际行动践行着环保理念。美团外卖数据显示，在 2019 年 7 月至 2020 年 7 月期间，上海不仅“无需餐具”订单总数位居全国第一，而且无需餐具订单量占全市总外卖订单量的比重也遥遥领先。

---

① 张劲松：《城市生活垃圾实施强制分类研究》，《理论探索》2017 年第 4 期，第 99 ~ 104 页。

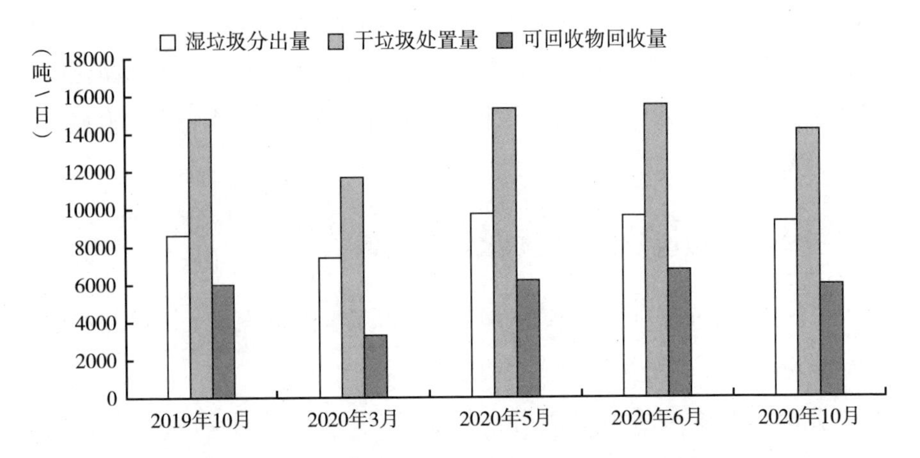

图2 2019 年 10 月 ~2020 年 10 月上海市垃圾日处理情况

资料来源：上海市绿化和市容管理局。

二 上海生活垃圾分类管理的难点及产生的原因分析

垃圾分类与回收和每一位公民的生活方式与环境密不可分，是践行绿色发展理念和建设生态文明城市的有效方式。虽然上海生活垃圾分类建设取得了阶段性成效，但在落实过程中仍面临诸多难题。

（一）上海生活垃圾分类管理存在的主要难点

1. 生活垃圾源头减量难

随着互联网的普及和人们生活方式习惯的改变，快递、电子商务、餐饮外卖等新兴行业蓬勃发展。网络购物、网上订餐已经越来越普遍。根据国家邮政局的数据，2020 年中国快递量预计达到 750 亿件，平均每人每年接收 53 件快递。以上海常住人口约 2500 万人计算，2020 年本市的快递业务量将达 13. 25 亿件。假设每件快递的胶带使用量是 0. 8 米，那么上海仅快递行业就要产生 10. 6 亿米的胶带垃圾。与此同时，快递行业还会产生大量的运单号、编织袋、塑料袋、包装箱等垃圾，成为制约上海生活垃圾减量化的一大难题。即使中通、韵达等多家物流公司联手启动了“菜鸟回箱”等快递包装回收利用活动，但由于宣传力度不够、回收方式不便捷等原因，公众的参与意识不强，回收效果并不理想。

外卖垃圾也在上海生活垃圾中占有很大的比例。近几年，随着上海居民就餐习惯的变化和“饿了么”“美团外卖”“口碑外卖”“百度外卖”“每日优鲜”等外卖市场的发展与完善，外卖逐渐成为上海市民一种新的生活方式。“2019 饿了么年度账单”显示，上海外卖总单量居全国第二位。庞大的餐饮外卖市场体量，在拉动经济增长的同时，也不可避免地产生巨大的外卖餐盒、餐具和包装袋垃圾，成为生活垃圾的主要“贡献者”之一。

上海餐厨垃圾产生量也一直居高不下。数据显示，自 2019 年 8 月以来，上海日均餐厨垃圾分出量总体呈上升趋势，2019 年 11 月分出量为每天 9006 吨，2020 年 6 月分出量为每天 9632. 1 吨。导致餐厨垃圾增长的原因主要有两个，一个是干湿垃圾分类投放有效落实，另一个是我国目前存在严重的餐饮浪费现象。在 2019 年世界粮食浪费排名国家榜单中，我国排名为第 16 位，粮食损失百分比高达 69. 96% 。

2. 垃圾投放方式适应难

垃圾分类投放中的现实问题，给市民的垃圾分类投放带来了诸多不便，降低了市民的积极性，让分类效果大打折扣。

一是餐厨垃圾“破袋”难。按照要求，餐厨垃圾在投放时需要去除垃圾袋。因此，居民在进行餐厨垃圾投放时，需要先破袋将餐厨垃圾倒入餐厨垃圾桶后再将垃圾袋投入干垃圾桶。但破袋过程不仅耗时，还经常遇到垃圾洒溅弄脏衣服和双手的问题，给诸多居民带来了不便。虽然有些小区尝试使用挂钩、锯齿等小工具为居民提供便利，但不仅效果欠佳，也存在较大的安全隐患。不仅如此，破袋后的餐厨垃圾也很容易产生异味。尤其是在夏天，餐厨垃圾易腐败变质会有恶臭，滋生蚊蝇，对周边环境产生污染。破袋的尴尬导致很多小区干湿垃圾并未完全分类，不仅降低了有氧发酵的效率，也会影响末端产品的质量。同时，还会加大湿垃圾处理机器设备维护的难度。

二是"定时定点"投放适应难。目前各小区基本都以定时定点为主、误时投放为辅推进源头投放。该制度的实施一方面有助于加强对居民的垃圾投放行为进行监管和引导，促进分类习惯的养成；另一方面也可以提高垃圾收运效率，改善生活环境。但很多小区在政策制定的过程中缺乏对群众意见的采集，导致投放时间的设定、垃圾箱房的设置难以满足本社区居民的实际需求。例如有些小区规定垃圾投放时间是早上7点到9点、晚上6点到8点；有些小区还单独设立了湿垃圾的指定投放点，开放的时间是上午11点至12点、下午是4点至5点。这些时间安排给部分上班族的垃圾投放带来了困难。

3. 低值垃圾回收利用难

低价值废弃物主要包括废纸张、废塑料、废玻璃制品等，详细目录见表2。目前，大多数消费后的收集计划是针对刚性包装的，而对于柔性包装，现有的大多数物流回收设施都难以实现有效收集和分类。

表2　上海市低值废弃物目录

	种　类	常见实物
上海低值废弃物目录	废纸张	食品外包装盒、购物袋、纸塑铝复合包装、皮鞋盒等
	废塑料	塑料包装盒、泡沫塑料、塑料玩具等
	废玻璃制品	碎玻璃、食品及日用品玻璃瓶罐、玻璃杯、玻璃制品等
	废织物	衣服、裤子、床上用品、鞋、毛绒玩具等
	废木类	小型木制品等

资料来源：《上海市可回收物回收指导目录（2019版）》。

以废旧塑料垃圾为例，塑料具有成本低、多功能性、耐用性和高强度重量比等优点，塑料制品给饮料、食物、家庭和个人护理、化妆品等行业带来了巨大的经济效益。国家统计局数据显示，2019年中国的塑料制品生产量达到8184.2万吨，共产生废塑料6300万吨。其中，仅有1890万吨的废塑料被回收利用，占塑料制品总产量的23%，同比下降7.27%（见表3）。虽然受新冠肺炎疫情的影响，2020年的塑料制品产量有所下降，但已经恢复增长，预计产生的垃圾总量仍然会很庞大。导致废旧塑料回收利用率低的一个主要原因是其回收难度较大，利润空间有限，回收市场小。因此，与其他

旧金属和旧纸箱相比，居民往往将废旧塑料直接丢弃。同时，相关部门对废旧塑料的处理也多像不可回收垃圾一样，通过焚烧或填埋等方式进行处理，不仅大量资源浪费，还会产生环境的二次污染。据估计，我国每年因垃圾处理方式失当而造成的资源损失价值可高达300亿元①。如何有效地提升低值废弃物的再生资源利用率，成为一个既重要又迫切的课题。

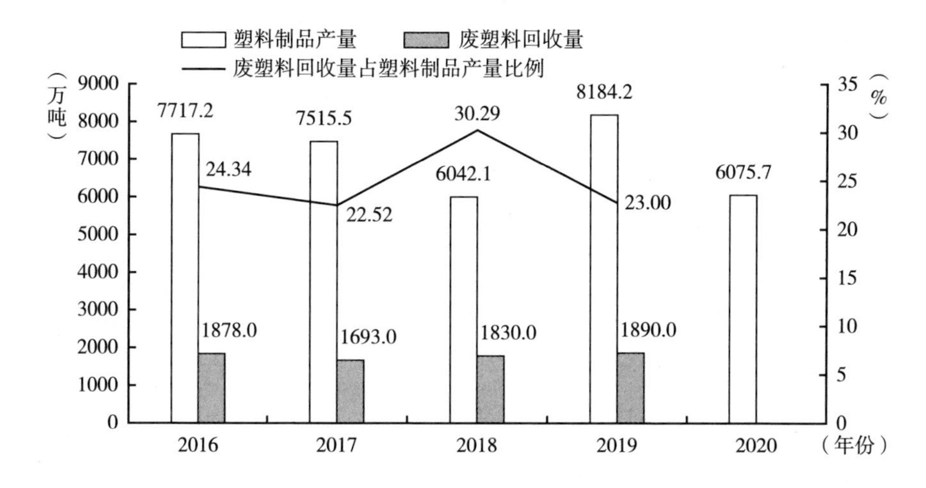

图3　2016～2020年中国塑料制品产量与回收量统计

资料来源：国家统计局，https：//data. stats. gov. cn/，数据截至2020年10月。

（二）上海生活垃圾分类管理难点产生的原因

1. 法律体系待完善，生活垃圾分类义务体系缺失

垃圾分类是一项复杂的系统工程，涉及政府、企业、公众及非政府组织等多个参与主体。它需要人人参与、全社会行动，将居委会、社区等基层组织，政府机关单位、学校、医院、文化机构等事业单位，学会、联合会等社团组织，以及大型商场、车站、机场、公园等公共场所性质机构统一纳入管理②。

---

① 《垃圾处理市场小利润低？两个突破口探索低值废弃物“中国模式”》，http：//www. sohu. com/a/167259836_ 676535。

② 杜欢政：《上海生活垃圾治理现状、难点及对策》，《科学发展》2019年第8期，第77～85页。

垃圾产生主体的多样性特征给垃圾分类参与主体的责任界定带来困难，致使对产生垃圾的各个主体缺乏明确的监管责任和职能设计，对相应主体的考核机制也不健全，这使得部分产生垃圾的主体处于无监管状态。

以废玻璃和废塑料的回收利用为例，德国、挪威等发达国家已经以立法的形式将其纳入城市固废回收系统，并通过押金制度、双轨体系等方式落实生产者责任延伸制度，推动生产者履行其义务。根据挪威的塑料瓶回收制度，政府对所有塑料生产商和进口商征收每瓶约 40 美分的环境税。如果企业能够回收塑料产品，他们的税率就会降低。如果企业设法回收其 95% 以上的塑料产品，则其税收将被免除。该制度也通过抵押瓶制度推动公众的参与。消费者在购买时为每个塑料瓶支付少量押金。他们取回钱的方式是通过位于杂货店和便利店的 3700 台“抵押机”归还瓶子。这些机器通过读取条形码，完成瓶子登记并向客户发放优惠券。得益于这一押金回收制度，挪威的塑料瓶回收率高达 97%。

2. 利益关联薄弱，绿色生活方式动力不足

目前，上海垃圾分类管理的费用在很大程度上依靠政府的财政预算。上海于 2019 年出台《上海市单位生活垃圾处理费征收管理办法》（以下简称《办法》）①。但总体来看，《办法》对垃圾收费的规定相对较为粗略，缺乏详尽的指导，相关部门制定的垃圾处理费用征收标准，往往低于垃圾处置费的成本。并且《办法》的征收对象是国家机关、社会团体等单位集体，而对于社区居民垃圾处理费用的征收，上海至今未出台相关的法律规定。利益机制设计上的不足不仅阻碍了政府垃圾分类管理工作的开展，也不利于公众环保意识的提升和绿色生活方式的培育。

韩国的生活垃圾从量收费制度具有重要借鉴意义。韩国是世界上首个在全国范围内开展生活垃圾从量收费的国家。垃圾从量收费制度将废物收集费替换成以付费垃圾袋的形式进行征收，规定居民生活垃圾必须放在从指定销

---

① 《办法》规定，单位生活垃圾产生量按照干垃圾、湿垃圾、有害垃圾三类分类计量，可按照分类质量，实行差异化收费。引入上浮和下调机制，对应收不收、应收少收等违法违规行为依法查处，基于分类管理逐步建立起一套与垃圾分类品质相挂钩的收费制度。

售商处购买的废物袋中才能在指定位置丢弃。垃圾袋的容量规格根据其用途不同也有所区别。例如家用食物垃圾袋的容量规格是1L至20L，餐饮行业专用的食物垃圾袋规格则是10L至120L。同时，不同用途的垃圾袋所采用的材质也有差异，食物垃圾袋一般采用低密度聚乙烯（LDEP）。垃圾袋的价格由地方议会根据垃圾处理成本、地方政府财务状况和居民生活水平制定（见表3）。

表3　居民负担、垃圾袋价格和销售费用的计算

居民负担率(%)=垃圾袋销售收入/生活垃圾收集、运输和处置费用×100
垃圾袋的价格=每L垃圾处理费用×居民负担率(当地)+垃圾袋的生产成本+销售费用
销售费用={(每L垃圾处理费用×垃圾袋使用数量(L)×居民负担率+垃圾袋的生产成本)×销售费用比例/(1-销售费用比例)}

资料来源：韩国环境部，http://me.go.kr/。

3. 奖惩机制尚不健全，激励和约束性不强

目前，上海主要采用正向激励机制引导、推动公众参与垃圾分类，其中以绿色账户机制最具代表性。该机制的运行模式是以积分积累的形式对居民正确的垃圾分类投放行为给予肯定和激励①。居民所积累的积分可以在线上或线下相关平台兑换成实物、服务或信用等，如牙刷、牙膏等生活用品或抵扣券等。绿色账户在一定程度上调动了部分居民的积极性，但总体来看，用户参与度较低，实施效果有限。截至2019年10月底，有656万居民开通了绿色账户，占当年常住人口的27%。其中，活跃用户仅有78.26万，占当年常住人口的3%。另外，绿色账户机制对政府投入的过度依赖，加重了财政的负担，有待寻求新的方式形成长效机制。

现行垃圾分类激励和约束性不强的另一个主要原因是对垃圾分类违法行为的处罚力度不够，违法成本过低。根据《条例》规定，对于未按规定进

① 常纪文、赵凯、侯允：《在全国依法科学有效推进垃圾分类的建议》，《环境保护》2020年第22期，第47~49页。

行垃圾分类且拒不改正的个人，处五十元以上二百元以下罚款。但与外国相比，此规定的处罚力度较弱，约束性远远不够，对居民行为的改善起不到明显的促进作用。在英国，对垃圾分类违法行为的惩罚力度相当大，根据《环境保护法案》（1990）的规定，处理、保存或处置可能造成环境污染或危害人体健康的受管制废弃物，如果在治安法庭被定罪，对这些罪行的最高惩罚是 12 个月监禁和/或无限期罚款。

4. 低值垃圾处理利润低，生产者主动性不高

低值垃圾的回收利用是整个资源再利用链条的薄弱环节。这些废弃物中往往含有各种各样且通常相互排斥的聚合物、多种原料来源，导致其潜在最终用途具有广泛多样性，价值链非常分散。因此，低值垃圾不仅价格比较低，且对回收设备和处理技术的要求比较高，利润空间较小，进而导致企业参与度不高，普遍存在无人收集的现象。

为调动回收企业的积极性，许多国家和地区进行了有益的尝试，直接性的财政补贴是主要途径之一。2019 年，台湾地区环保主管部门推出“资收关怀计划”，针对废弃物回收的个体户进行补贴，给予每人每月最多3500 元（新台币，下同）的补贴，并以高于市场价格对资源回收个体户的回收物进行收购。如废纸容器（含纸餐具）的补助单价是每公斤 18 元，约是当时市场价格的 13 倍。废玻璃容器的补助单价为每公斤 7 元，是当时场价格的 14 倍。废干电池的补助单价为每公斤 10 元，废电风扇、旧电脑键盘补助为每台 30 元，都比当时的市场回收价格高。2020 年，考虑到受疫情影响，台湾一般回收物价格普遍下滑，台湾地区环保主管部门进一步将补贴提升至每人每月最多 5000 元。

三　上海强化生活垃圾分类及全面推进绿色生活方式的建议

为了建设人民向往的城市，实现生活垃圾分类及绿色生活方式已经刻不容缓。以生活垃圾分类促进绿色生活方式的形成，不仅需要人们从理念上加

深对绿色生活的认识，同时需要从完善法律法规、建立利益关联、健全奖惩机制、加大政府扶持力度、注重宣传引导等方面多管齐下、共同努力。

（一）完善法律法规，明确参与主体责任

生活垃圾分类治理是全社会的共同责任，需要多元主体共同参与。垃圾分类链条上的任何一个主体责任的缺失，都会使垃圾分类的效果大打折扣。为营造良好的垃圾分类共建共治共享的社会治理新格局，需要从法律上明确各参与主体在生活垃圾分类投放、收运、处置、宣传等环节中应当承担的责任和义务，确保垃圾分类工作的有效分解与落实[①]。①政府机关的管理责任。通过制定具体的、具有可操作性的法律条文指导、督促和协调有关部门落实其领导规划、监督管理等责任。以塑料瓶的回收为例，相关部门可成立专门的塑料瓶协会，负责对废弃的塑料瓶进行分类回收，并向公众提供有关再生资源分类、回收和处理等方面的信息。②企业的垃圾减量化与处理责任。制定与生产者责任延伸制度相关的法律，进一步探索适合上海的“押金回收制度”，鼓励企业采用押金方式回收其生产或销售的相应废弃物。同时，为了提高居民返还废弃物的积极性，可尝试在超市或社区垃圾房设立自动回收机等回收装置。③社会组织的宣传倡导责任。从法律上赋予社会组织宣传职能，提高其对垃圾分类的重视，使其立足自身优势，掌握群众诉求，开展形式多样的垃圾分类宣传工作。④公众的垃圾减量与分类投放责任。根据不同的场景对不同公众群体的责任进行阐述，强化责任意识与行为自律。

（二）建立利益关联，提高绿色生活方式的动力

完善垃圾分类收费制度，通过按量计费、差别化计费和分类收费等方式将居民产生的垃圾量与居民的支付成本直接挂钩，增强其责任意识，通过利

① 卢垚：《发达国家和地区生活垃圾分类管理模式、历程与机制》，《科学发展》2019 年第 3 期，第 87 ~97 页。

益关联来倒逼生活垃圾源头减量，引导居民养成绿色的生活方式。在条件成熟的地区，可借鉴韩国的经验，对垃圾袋收费制度进行试点，具体的收费标准可根据当地的财务状况、垃圾处理成本和人民的生活水平进行合理确定。尤其是对于餐厨垃圾的收集，推广可堆肥垃圾袋的使用，不仅可以起到餐厨垃圾减量作用，也可以避免“破袋”的尴尬。

针对剧增的快递包装垃圾，既可通过会员制租赁服务，在下次送货时从消费者家中收集包装，简化消费者参与回收的流程；也可以基于互联运营商的全行业重复使用系统管理一套共享的标准化、可重复使用包装。而在餐饮包装垃圾的减量化和资源化再利用方面，鼓励外卖商家尽量用纸盒代替塑料盒，用环保纸袋代替塑料袋。同时，消费者在进行餐具餐盒分类时，做好足够的清理工作，将餐具餐盒作为可回收垃圾进行分类回收。

（三）健全奖惩机制，强化激励约束作用

一是丰富正向激励的内容和方式。“绿色账户”的推广应因人因物制宜，结合社区特点和居民偏好采取适宜的推进方式。从内容上，结合不同参与主体的诉求丰富积分兑换的渠道，积分兑换的商品可以是实物，也可以是服务；可以是物质的，也可以是精神的；可以是居民个人的，也可以是居民群体的①。如为激励年轻群体使用绿色账户，政府可以加强与文化体育行业的合作，扩展积分在健身项目和健身俱乐部会员办理方面的使用渠道。同时，为减轻财政负担，应逐步减少以实物为主的物质激励，推广以绿色环保指数等为表征的精神激励。在积分方式上，鼓励自助积分取代被动扫描式积分，为用户的使用提供便利。

二是以负向处罚助推垃圾分类。首先，要加大处罚力度，尤其是针对居民乱丢、混丢垃圾的问题，提高垃圾分类违规行为的经济成本。其次，要继续完善各类垃圾分类主体信用管理办法，切实落实《条例》中垃圾分类质量与单位、个人信用体系挂钩的相关规定，及时在公共信用信息平台对行为

① 王贺松、张真：《基于“绿色账户”的垃圾分类激励机制优化》，《环境经济》2018 年第 5 期。

失范的单位和个人进行公示，并依法对其采取惩戒措施。最后，还必须进一步加强监督管理和举报机制，确保政策的严肃性和可实施性。

（四）强化政府扶持机制力度，调动企业积极性

一是强化低值垃圾财政补贴制度。以低价值废弃物为重点，根据上海低价值废弃物目录，核算不同种类低值废弃物的全生命周期成本，确定补贴标准，以调动回收企业的积极性，激发低值废弃物市场活力，加强垃圾分类回收与资源化再利用之间的衔接性，促进资源转化。

二是政府绿色采购制度。上海需要制定绿色企业和绿色产品的政府采购清单，建设面向全社会的公开公正的绿色采购平台，并划拨专项财政资金，支持绿色采购。如在公共项目建设时，采购由废塑料加工生产的建筑材料等。

（五）注重宣传引导，倡导绿色生活理念

绿色生活方式的培育离不开对生活垃圾分类循环再利用的宣传教育①。通过线上线下多种方式，开展系列宣传活动。一方面，借助微信、微博等社交平台和抖音、快手等短视频平台更贴近人民群众的优势，丰富绿色生活理念的宣传途径，增强宣传效果。另一方面，面向机关、企业、社区、学校、家庭开展绿色出行、绿色消费、绿色居住等主题宣传活动，加强与公众的交流互动。例如，通过免费发放布袋子、纸袋子、菜篮子，减少公众在日常生活中对一次性塑料袋的依赖，助推养成绿色购物的生活方式。与此同时，通过组织参观垃圾处理厂等体验活动，向民众科普垃圾处理和资源化再利用的过程和效果，增强其对自身垃圾分类行动影响的切实感受，提高环保意识。

---

① 冯林玉、秦鹏：《生活垃圾分类的实践困境与义务之路》，《中国人口·资源与环境》2019年第5期，第118~126页。

参考文献

上海市绿化和市容管理局：《上海市绿化和市容管理局（上海市林业局）2020 年法治工作情况报告》，2020 年 12 月 2 日。

张劲松：《城市生活垃圾实施强制分类研究》，《理论探索》2017 年第 4 期。

《垃圾处理市场小利润低？两个突破口探索低值废弃物“中国模式”》，http ：// www. sohu. com/a/167259836_ 676535。

杜欢政：《上海生活垃圾治理现状、难点及对策》，《科学发展》2019 年第 8 期。

常纪文、赵凯、侯允：《在全国依法科学有效推进垃圾分类的建议》，《环境保护》2020 年第 22 期。

卢垚：《发达国家和地区生活垃圾分类管理模式、历程与机制》，《科学发展》2019 年第 3 期。

王贺松、张真：《基于“绿色账户”的垃圾分类激励机制优化》，《环境经济》2018 年第 5 期。

冯林玉、秦鹏：《生活垃圾分类的实践困境与义务之路》，《中国人口·资源与环境》2019 年第 5 期。

B.9 完善上海绿色金融体系的政策建议

李海棠*

摘　要： 上海作为国内首屈一指的金融中心，在绿色信贷创新、绿色债券信用管理、绿色基金升级、绿色保险指数分类以及碳交易市场活跃度等方面成果显著，为地方绿色金融体系的建设提供了有益经验。但同时，上海绿色金融发展在各专项领域的完善以及在绿色金融保障机制方面仍有很大潜力亟待激发和释放。为全面促进绿色金融高质量服务于上海绿色经济发展，应从健全绿色信贷信息披露制度、完善绿色债券评估认证制度、丰富绿色基金来源和类型、制定并实施绿色保险法规、全面推进环境权交易市场建设等方面深化绿色金融发展的各个领域，同时通过建立绿色金融标准和绿色项目库、加大绿色财政担保贴息财政支持、强化绿色金融风险监管、加大绿色金融科技支持力度等措施健全绿色金融激励保障机制。

关键词： 绿色金融　绿色信贷　绿色债券　绿色基金　绿色保险

伴随全球可持续发展理念的深入以及《巴黎协定》两度温控目标的实现，绿色金融越来越受到国际社会各界的重视。充分合理地利用金融工具，并认真审查金融的运作方式，以便将资金重新分配给低碳与可持续发展的绿

---

* 李海棠，法学博士，上海社会科学院生态与可持续发展研究所助理研究员，主要研究方向为生态与环境保护法律和政策。

色项目，并快速促进能源转型，成为诸多国家的重要战略行动。从1974年首家“生态银行”开始运行到1992年“金融行动机构”（UNEP FI）成立，从1997年《京都议定书》签订到2003年“赤道原则”设立，信贷、证券、保险、基金等传统金融产品被赋予越来越多的绿色属性，能源使用、生产技术也受创新金融制度引导不断增加绿色维度，绿色金融体系在全球层面得到了广泛推动。

中国一直以积极的姿态应对环境与气候变化，绿色金融实践展现出巨大爆发力。2017年，新疆、贵州、广东、江西、浙江五大绿色金融改革创新试验区分别设立，各试验区在绿色金融体系创新、政策支持、绿色项目库及标准体系建设、绿色智库合作与推广等多方面取得积极成效，并探索出一些可复制、可推广的经验，切实发挥了绿色金融试验区的平台和纽带作用。2020年国务院《政府工作报告》中明确指出“发展绿色金融，是实现我国经济长期可持续发展的重要手段”。

上海虽未进入首批绿色金融试验区名单，但是凭借其优越的金融资源条件，各种绿色金融市场与产品也纷纷开花结果，为地方绿色金融体系的建设提供了可供借鉴的经验与教训。但同时，上海绿色金融发展仍有很大潜力亟待激发和释放。上海应根据时代发展和要求，将绿色金融纳入上海国际金融中心建设行动战略与规划，不断完善绿色金融顶层设计，健全绿色金融法规政策体系，彻底释放绿色金融发展潜力，为全面促进绿色金融高质量服务于上海绿色经济发展和美丽生态之城建设提供有力保障①。

一 上海绿色金融发展现状及其进展

近年来，上海国际金融中心建设加速推进，在全球金融中心指数（GFCI 27）排名中已跻身第四位。从当今全球金融发展趋势看，绿色金融

① 鲁政委、方琦：《上海亟待推进国际绿色金融中心建设》，《中国金融》2020年第5期，第33～35页。

体系的完善，不仅可以巩固和提高上海国际金融中心的地位，还可为环境友好型、资源节约型的绿色环保企业提供资金保障，创造更加美好的生态之城，在大力引进社会资本的同时，也能促进上海绿色金融发展的公众参与，使上海在迈入“卓越的创新之城、人文之城、生态之城”时，真正做到“人民城市人民建，人民城市为人民”。

尽管绿色金融在实践层面已得到广泛推广和应用，但对于其理论层面的概念界定，目前尚未形成统一定论。国内外学者大多从“金融业与可持续发展的关系”“金融业与环保产业的关系”等角度进行界定。例如，将其定义为“能发挥财政资金杠杆作用的工具”[①]“运用多样化金融工具促进环境保护并将环境风险作为决策评价因素之一的金融系统”[②]“将气候和环境因素带来的风险和机遇纳入金融决策的国家战略”[③]。另外，国家政策文件将其界定为“对环保等领域的项目所提供的金融服务”[④]。虽然理论层面未形成统一界定，但绿色金融的类型，基本可以从绿色金融相关产品的发展过程来体现。具体而言，包括绿色信贷、绿色债券、绿色基金、绿色保险、碳排放交易等领域。

（一）绿色信贷创新能力不断强化

绿色信贷，利用信贷手段将生态环境要素纳入金融业的核算和决策之中，帮助和促使企业降低能耗、节约资源。绿色信贷政策通过贷款品种、期限、利率和额度等手段发挥作用，不仅向节能环保等绿色产业提供资金支持，同时也对“两高一剩”项目或企业采取一系列贷款限制措施。上海在绿色信贷方面起步较早。2006 年 6 月，建立企业联合征信系统，将违反环

---

① Hoehne, N., Khosla, S., Fekete, H., & Gilbert, A., “Mapping of Green Finance Delivered by IDFC Members in 2011,” Cologne: Ecofys, 2012.

② 张承慧、谢孟哲：《中国绿色金融：经验、路径与国际借鉴》，中国发展出版社，2017，第 11 页。

③ Imogen Garner, Glenn Hall, Kathryn Emmett, “The Green Finance Strategy, Journal of International Banking and Financial Law”, UK. 9, 2019: 623.

④ 参见 2016 年 8 月 31 日七部委联合印发的《关于构建绿色金融体系的指导意见》。

境保护法律法规的企业纳入其中，限制其申请信贷等优惠政策。近年来，上海作为国内首屈一指的金融中心，在绿色信贷发展中取得了积极进展，基本建立了绿色信贷统计、风险管理、考核评价等机制①。上海银行业金融机构也不断拓展绿色信贷服务范畴，大力推动绿色信贷产品和服务创新工作，并在诸多领域取得突出成绩。一是能效融资创新，主要包括合同能源管理收益权质押融资②、合同能源管理保理融资③、与国际金融机构共担风险、推进节能转贷款④等。二是清洁能源融资创新，即银行业金融机构针对能源供应端清洁能源利用提供信贷资源，例如上海市分布式光伏“阳光贷”就是比较典型的创新绿色信贷产品。三是排放权融资创新，例如浦发银行以借款人有偿取得的排污权为抵押标的，向借款人提供全方位的融资支持。四是碳金融创新，主要指碳排放权抵押产品和碳保理融资两类⑤。五是绿色供应链融资创新，主要针对绿色供应链上的各类企业提供信贷资源⑥。

（二）绿色债券信用管理水平领先

绿色债券，在普通债券功能与特征的基础上纳入绿色效益因素，是为应对全球日益恶化的气候环境变化而产生的创新型金融产品。我国绿色债券市场相比于国际市场起步较晚，但是发展迅速。近年来，上海为推动绿色债券

---

① 央行上海总部：《上海地区绿色信贷余额平稳增长》，http：//finance. sina. com. cn/roll/2019－09－03/doc－iicezzrq3167487. shtml。

② 例如，2016年6月，中国工商银行、中国银行、上海银行等10家商业银行打造了以节能减排收益权作为质押标的的投融资创新模式，大力支持上海工业园区绿色化改造融资计划。

③ 例如，浦发银行针对宝钢节能技术有限公司“750高炉汽轮机冷却塔节能改造项目”的未来收益权提供保理业务，该项目实施后冷却塔风机节电20.1%。

④ 例如，上海银行推出专门针对小企业能效融资的“IFC小企业绿色能效贷”（CHUEE），通过借款人向IFC（国际金融公司）支付一定风险分担费用，由IFC进行50%的风险共担。同时，浦发银行也积极参与世界银行建筑节能转贷款项目，为“世界银行－长宁区建筑节能和低碳城区建设项目”提供资金支持。

⑤ 例如，上海银行针对上海宝碳发放的全国首单中国碳交易市场CCER质押贷款，通过对CCER进行合理定价及帮助解决企业融资问题，拓宽了银行业务范围，是碳资产标准化融资业务的成功探索和创新。

⑥ 例如，浦发银行的首个国内建筑节能融资产品就是利用核心企业江森自控集团的信用，为其下游客户提供融资服务，最终形成亚洲开发银行－浦发银行－江森自控集团三重效应。

的持续发展贡献了巨大力量。截至2020年8月，上海辖区内共有11个发行人发行了24只绿色债券（见表1），累计发行849.457亿元。上海绿色债券的发展也表现出以下特点。一是绿色债券的发行主体更加多元，不限于银行主体，还涉及公众企业、国际机构、中央国有企业、地方国有企业与合资有限责任公司等类型，越来越多的发行主体对发行绿色债券的积极性显著提升。二是加强绿色债券的管理并监督募集资金流向，帮助投资者深入了解项目的绿色等级、信息披露真实性、环境效益以及产业政策符合性，提高绿色债券公信力。三是募集资金投向符合绿色标准。上海绿色债券募集资金主要投向清洁能源、资源节约与循环利用、污染防治、节能等方面的项目，这些项目既有长期而稳定的现金流入和清晰的预期收益，又有可预期的环境效益，能做到环境与经济效益兼顾。

表1　上海绿色债券发行概况

单位：亿元

证券代码	证券简称	发行时间	发行人名称或类型	发行总额
1628001. IB	16浦发绿色金融债01	2016. 01. 27	上海浦东发展银行股份有限公司	200
1628007. IB	16浦发绿色金融债02	2016. 03. 25	上海浦东发展银行股份有限公司	150
1628012. IB	16浦发绿色金融债03	2016. 07. 14	上海浦东发展银行股份有限公司	150
163001. IB	16新开发绿色金融债01	2016. 07. 18	新开发银行	30
1628022. IB	16交行绿色金融债02	2016. 11. 18	交通银行股份有限公司	200
1728019. IB	17交通银行绿色金融债	2017. 10. 26	交通银行股份有限公司	200
131760006. IB	17融和融资GN002	2017. 11. 20	中电投融和融资租赁有限公司	10
081761011. IB	17融和绿色ABN001次级	2017. 11. 22	信托公司	6
131800002. IB	18融和融资GN001	2018. 01. 17	中电投融和融资租赁有限公司	10
143518. SH	G18临港1	2018. 03. 15	上海临港经济发展(集团)有限公司	6. 5

续表

证券代码	证券简称	发行时间	发行人名称或类型	发行总额
143519. SH	G18 临港 2	2018. 03. 15	上海临港经济发展(集团)有限公司	3. 5
150659. SH	G18 安租 1	2018. 08. 29	平安国际融资租赁有限公司	5. 08
1922023. IB	19 农银租赁绿色债	2019. 06. 03	茅台(上海)融资租赁有限公司	30
151901. SH	G19 安租 1	2019. 07. 25	平安国际融资租赁有限公司	8
081900589. IB	19 中远租赁 ABN002 优先 A1	2019. 11. 25	信托公司	3. 5
081900590. IB	19 中远租赁 ABN002 优先 A2	2019. 11. 25	信托公司	3. 2
081900591. IB	19 中远租赁 ABN002 次	2019. 11. 25	信托公司	1. 19
165418. SH	PR 和 1A	2020. 02. 18	茅台(上海)融资租赁有限公司	20. 06
165419. SH	G 融和 1 次	2020. 02. 18	茅台(上海)融资租赁有限公司	1. 74
138674. SZ	生态园 01	2020. 04. 29	交银施罗德基金管理有限公司	0. 98
138675. SZ	生态园 02	2020. 04. 29	交银施罗德基金管理有限公司	1. 16
138676. SZ	生态园 03	2020. 04. 29	交银施罗德基金管理有限公司	5. 07
138677. SZ	生态园次	2020. 04. 29	交银施罗德基金管理有限公司	0. 39
40316. HK	旭辉控股集团 5. 95% N20251020	2020. 07. 20	旭辉集团股份有限公司上海闵行分公司	3. 00

(三)国家级基金助力绿色基金

绿色基金，从社会责任投资的基础上发展而来，是专门针对节能减排、污染防治、新能源、新材料等绿色项目设立的专项投资基金。中国绿色基金起步晚，但市场潜力较大，自 2016 年国家明确支持设立各类绿色发展基金以来，国内多个省份逐渐开始建立省级绿色发展基金或环保基金。2018 年 11

月10日，中国债券投资基金业协会发布《绿色投资指引（试行）》，明确绿色投资内涵，强化风险认知，改善环境绩效，促进绿色、可持续的经济增长。

近年来，上海绿色基金发展迅猛，投资领域广泛，包括废弃物利用、土壤修复、环境监测等环保产业，生物能、太阳能、地热能等清洁能源产业以及节能技术和设备保障等节能产业①。2020年7月15日，国家绿色发展基金在上海设立，首期募资规模885亿元。在上海设立对绿色金融发展意义重大的国家级绿色基金，不仅可以使上海发挥其金融市场成熟的独特优势，进一步健全上海绿色金融体系、推动上海迈向绿色金融发展卓著的全球金融中心，还可借助上海的发展平台，加快健全市场化、多元化的绿色金融发展机制以调动社会资本投入绿色产业的积极性，推动生态文明和美丽中国建设。上海银行作为首批投资参与国家绿色发展基金的金融机构，出资人民币20亿元。以此为契机，该行正式发布《上海银行绿色金融行动方案》，将绿色金融服务范围进一步扩大，构建“绿色金融+”服务体系，将生态环境产业、基础设施绿色升级、绿色消费、绿色贸易、新能源汽车、物流运输等纳入服务范围②。在服务国家重大战略的基础上，持续推进基础性、战略性、全局性生态环保项目的落地实施③。

（四）绿色保险分类指数全球领先

绿色保险，涉及一切与环境风险管理有关的保险计划，即任何积极实践低耗、高效并且带来经济效应和环境效应统一的保险活动，都属于绿色保险。2016年8月七部委发布《关于构建绿色金融体系的指导意见》，明确绿色保险是绿色金融体系中不可或缺的一部分；2018年5月生态环境部出台《环境污染强制责任保险管理办法（草案）》，进一步规范环境污染强

---

① 顾晓敏：《中国（上海）新金融发展报告（2017～2018）》，中国社会科学出版社，2019，第267页。

② 上海银行网站（http：//www.financeun.com/newsDetail/33454.shtml?platForm=jrw）。

③ 程亮、陈鹏、逯元堂：《建立国家绿色发展基金：探索与展望》，《环境保护》2020年第15期，第39～43页。

制责任保险制度；同年6月，国务院公布《关于全面加强生态环境保护坚决打好污染防治攻坚战的意见》，强调在环境高风险领域建立环境污染强制责任保险制度。在一系列强有力政策的推动下，上海在绿色保险方面发展成果显著，曾在2017年“全球金融中心指数”保险业分类指数排名中位列全球第一。上海绿色保险种类较多。一是环境污染责任险，《上海饮用水水源保护条例》（2018年）[①] 以及《上海市环境保护条例》（2018）[②]，对于建立环境污染责任保险制度均做出明确规定，但是有关环境污染责任保险制度的上位法不完善以及投保企业积极性不足，导致上海的环境污染责任险并没有取得显著发展。二是气候保险，上海保险业积极根据市场需求情况，提供多样化气候保险产品，例如“露地种植绿叶蔬菜气象指数保险”[③]“葡萄降水量指数保险”[④]“蜜蜂气象指数保险”等[⑤]。还将保险运用到蔬菜领域的探索，以提高上海市蔬菜种植保险覆盖率、增加农民收入，以及实现农业可持续发展。三是绿色产业保险，上海绿色产业保险在新能源[⑥]、绿色航空[⑦]和新经济[⑧]等方面做了有益尝试和探索，在全国绿色产业保险方面处于引领地位。

---

① 《上海饮用水水源保护条例》（2018年）第二十二条规定：鼓励饮用水水源保护区内的企业，以及运输危险品的船舶投保有关环境污染责任保险。

② 《上海市环境保护条例》（2018）第四十五条规定：本市探索建立环境污染责任保险制度，鼓励石油、化工、钢铁、电力、冶金等相关企业投保环境污染责任险。

③ 例如，2014年7月，上海率先在本市9个区县进行“露地种植绿叶蔬菜气象指数保险”的试点，投保农作物为“夏淡”期间生产的绿色蔬菜。

④ 例如，2016年8月，上海嘉定区马陆镇开始进行“葡萄降水量指数保险”的试点，若降水超过约定值，葡萄种植户将获得赔付。每亩最高保险保障为1万元，由嘉定区、马陆镇两级财政进行补贴。截至2017年3月10日，已为嘉定区961亩的葡萄提供保障。

⑤ 例如，2015年上海推出“蜜蜂气象指数保险”，2016年在浦东新区承包990箱，每项保险金额为400元。

⑥ 新能源绿色保险方面，推出充电桩综合保险业务，包括太阳能辐射指数保险、风力发电指数保险，为企业经营稳定性提供保障。

⑦ 绿色航空方面，上海保险业助力国产大飞机C919成功首飞，为其首飞、系统实验、机载系统集成各阶段提供43.3亿元保障。

⑧ 上海创新推出共享单车保险产品，首批承保车辆超过10万辆，建立全国首个共享单车共保体，保障范围惠及上海22家共享单车企业。

（五）碳交易市场活跃、CCER成交量领先

2013年11月，上海碳排放权交易试点工作正式启动。目前上海碳交易管理已粗具规模，二级市场总成交量在全国名列前茅，国家核证自愿减排量（CCER）成交量稳居全国第一。[①] 金融创新上，上海自2014年起相继推出了碳配额及CCER的借碳、回购、质押、信托等业务，协助企业运用市场工具盘活碳资产。截至目前，借贷碳交易330万吨，质押140万吨，回购50万吨。上海碳交易试点特色突出，主要体现在以下几个方面。一是建立了较为完善的政策制度体系。有以部门政府规章为主的《上海市碳排放管理试行办法》，对碳排放交易市场的主要管理制度和法律责任做出明确规定；也有碳交易主管部门出台的《配额分配方案》《企业碳排放核算方法》等，明确规定具体操作和执行规则。二是控制总量，优化配额分配方法。建立明确的总量控制制度，适时公布配额总量目标，采用基于企业排放效率及当年度实际业务量确定的历史强度法或基准线法开展分配。三是公开透明，强调数据基础有效，在保障基础数据的同时，遵循市场规律，形成公开市场价格。

二　上海绿色金融潜力有待全面释放

在上海加速推进国际金融中心建设的同时，绿色金融建设和发展也应走在前列。上海绿色金融市场发展为促进我国绿色金融体系与绿色经济转型做出了突出贡献，但是对标国际金融中心城市建设以及结合上海本身拥有的金融发展优势而言，上海绿色金融发展潜力仍有待全面释放。

（一）绿色金融各专项领域有待拓展

上海绿色金融发展虽然呈稳步上升状态，在拓展绿色信贷服务与创新、

---

① 韩锦玉、刘湘、杨雯迪等：《中国碳交易市场运行效率研究——基于七个试点的实证》，《全国流通经济》2020年第14期，第132~137页。

提高绿色债券信用管理水平、拓宽绿色基金来源、丰富绿色保险类别、提高碳交易市场活跃度等方面成效显著，但在各专项领域的全面推进中，仍需进一步完善和提升。

1. 绿色信贷信息披露机制仍需明确

目前，我国环境信息绩效及信息披露仍然不足，无论是披露方法、披露内容还是强制程度，都与国外绿色信息披露机制存在较大差距。例如，我国《绿色信贷指引》以及上海绿色信贷相关政策中对绿色信贷业务的披露要求大多只是笼统描述，缺乏定量披露方法及系统化指标设计，且披露自愿性较强、约束力较弱。而绿色信贷的国际通行准则在各方面都有更好的表现，如赤道原则对金融机构的交易数量、交易类型及相关数据信息披露设定了具体披露方法。截至 2020 年 8 月，已有 38 个国家或地区的 110 个金融机构以"赤道原则"作为绿色信贷的业务准则，中国有 5 家采用（见表2），其中并没有上海的金融机构①。

表 2　中国采用"赤道原则"的金融机构及其采用时间

金融机构名称	所在省份	采用时间
Industrial Bank Co.，Ltd.（兴业银行）	福建	2008. 10. 31
Bank of Jiangsu（江苏银行）	江苏	2017. 1. 20
Bank of Huzhou（湖州银行）	浙江	2019. 7. 24
Chongqing Rural Commercial Bank（重庆农村商业银行）	重庆	2020. 2. 27
Mian Yang City Commercial Bank（绵阳商业银行）	四川	2020. 7. 20

另外，在金融机构内部，环境风险分析能力往往不足。由于缺乏用于环境风险识别和量化的工具，一些金融机构低估了污染行业投资可能带来的风险。此外，大多数从业人员缺乏绿色产业的专业知识。目前，中国正在利用金融工具来帮助其社会和经济实现绿色发展。例如上市公司引入《社会责任报告》机制，要求其在披露与环境、社会和治理问题相关的信息时具有

① "赤道原则"官方网站，https：//equator－principles. com/members－reporting/。

更高的透明度，以体现当地企业对环境、社会责任等问题的重视程度。上市公司披露环境信息需要政府实施，包括改善所有资产类别和金融服务的信息统计和数据披露，以及为绿色金融政策评估、相关机构的业务评估、未来政策修订提供数据支持。但是根据 Wind 数据库的资料，2018 年社会责任报告披露比例排名，上海位居第六，前五名分别是福建、河南、云南、青海、北京。这也表明，上海在环境信息披露方面还需加强。

2. 绿色债券筹资用途尚不清晰

市场主体的多元化趋势推动了绿色债券市场的快速发展，也使更多不具有绿色属性的债券通过"洗绿"（或"漂绿"）行为进入绿色债券市场，背离绿色债券市场发展的初衷，导致绿色债券的投资用途不明确，引发了部分投资者对绿色债券的质疑。究其原因，一是绿色债券分类标准不统一，目前，虽然有《绿色债券项目支持目录》[①]《绿色债券指引》等标准，但各标准在鉴定、评估、程序等方面差异较大，影响绿色债券的顺利发行；二是我国绿色债券市场的评价机制不完善，难以真正对绿色债券项目进行独立而专业的评价、跟踪、监督，给予发行主体更多可乘之机。目前上海绿色债券市场虽然大部分主体公开募集资金投向，具有较高的信用管理水平，但绿债分类标准的不统一以及评价机制的不完善，也会对上海绿色债券未来发展带来一定影响。

上海绿色债券发展持续性不足。2016 年，上海绿色债券发行额占全国的 42%，位居全国第一[②]。但是 2017 ~ 2019 年，上海绿色债券发行规模占比大幅下降，排名前五的分别是北京、江苏、广东、浙江、山东[③]。上海发

---

① 绿色债券原则（Green Bonds Principle，GBP）与气候债券标准（Climate Bonds Standard，CBS）是目前国际市场上接受程度较高的绿色债券标准。GBP 由国际资本市场协会（ICMA）与国际金融机构合作推出，CBS 则由气候债券倡议组织（CBI）开发。两项标准交叉援引、互为补充。CBS 对 GBP 在低碳领域的项目标准进行了细化，并补充了第三方认证等具体的实施指导方针。GBP 和 CBS 一起，构成了国际绿色债券市场执行标准的基础。

② 顾晓敏：《中国（上海）新金融发展报告（2017 ~ 2018）》，中国社会科学出版社，2019，第 287 页。

③ 数据来源于中央财经大学绿色金融国际研究院绿债数据库。

展绿色债券的重要驱动力在于政策的支持和引导，但是上海推进绿色债券持续发展的市场动力尚未形成，而参与上海绿色债券发行的上海机构绝对数量较少，也进一步说明上海绿色债券的商业可持续性尚未形成，更多的市场主体还缺乏参与绿色债券市场的自觉性与积极性。

3. 绿色基金类型单一、来源有限

绿色基金可广泛应用于和环保相关的行业产业之中①。根据《中国绿色金融发展研究报告（2019）》，上海绿色基金主要集中在污水处理项目、垃圾焚烧项目等，以上项目投入资金较大，需要有一定市场地位的大型央企、国企的介入，这样有助于这些企业做大做强，形成一定的市场集中度。但是，初创阶段的环保行业很难形成技术优势和优质现金流，也难以得到绿色基金的青睐，这在一定程度上限制了上海绿色企业的爆发性潜力与活力，也制约了上海向世界科技创新高地迈进。同时，上海绿色基金发展的市场化程度不足，资金来源有待拓展。上海绿色基金的发展很大程度上依靠政府的支持，自上而下发展，尚未形成自下而上的市场化、社会化绿色基金发展之路。而且绿色指标的不完善，导致绿色基金在判断某个项目是否具有投资价值时，仍然更加关注财务绩效，对于环境效益、社会效益并不能完全兼顾。另外，根据《土壤污染防治法》和《土壤污染防治基金管理办法》规定，应当设立省级土壤污染防治基金。上海虽在2020年9月出台的《关于加快构建现代环境治理体系的实施意见》中规定“推进土壤污染防治基金设立工作”，但形成明确的政策和方案还需要进一步研究和实践。

4. 绿色保险法律法规制度不健全

与巨大的环境风险相比，当前环境保险的保障能力远远不足。如同全国环境污染责任险的遇冷一样，上海在发展环境污染责任险时，也遇到了诸多困难。根据《中国绿色金融发展研究报告（2019）》的统计，保险公司和企业参与投保仍然热情不足，缺乏驱动力。尽管这与政府的支持力度

---

① 牛淑珍、齐安甜：《绿色金融》，上海远东出版社，2019，第279页。

以及环境污染责任保险的复杂性相关，但主要还是由于环境保险法律法规制度不完善。虽然《环境污染强制责任保险管理办法（草案）》对推动企业和保险公司参与环境污染责任保险具有一定促进作用，但是该规范性文件法律位阶较低，而且具体规定模糊，相关主体在实际操作中缺乏明确指引。例如，该管理办法对环境污染责任保险风险评估以及保费的确定都缺乏明确规定。

另外，《上海饮用水水源保护条例》（2018 年）以及《上海市环境保护条例》（2018）虽然对环境污染责任保险也做出了明确规定，但主要是号召和鼓励性条款，而非强制性条款，缺乏实施细则。相比而言，发达国家在推进环境污染责任险时对投保和承保具有强制性要求，并有完善的激励与惩罚机制。例如，美国的《超级基金法》要求可能导致环境污染的企业具有承担环境责任风险的财务能力，即法律对相关企业环境责任的偿付能力具有强制性要求①。

5. 碳排放权交易有待全面推进

近年来，上海碳排放交易表现良好，其市场活跃度、市场流动性、控排企业覆盖率等方面在全国七大碳排放权交易试点中表现突出，这表明上海在碳排放交易机制、配额分配方案、配额总量以及奖惩机制上都进行了和区域特点相对应的探索与设置，提升了企业参与碳排放权交易的积极性。而且政府在推行、监管以及核查等方面发挥了较大作用。

但是随着疫情结束后经济的快速复苏，以及国际环境面临复杂变化，国内供给侧改革逐渐进入深水区，钢铁、煤炭等过剩产业的“去产能”进程已结束“加速期”并进入“平稳期”，存量产能的减排空间更加有限，碳市场容量增长随之受限，全国碳市场面临配额过剩的风险。为全面防范全国碳市场配额大于预期的风险，上海作为重要的碳排放权交易试点之一，理应提前做好预案，稳步推进，提前应对市场波动风险。就上海碳排

① 〔美〕詹姆斯·萨尔兹曼、巴顿·汤普森：《美国环境法》，徐卓然、胡慕云译，北京大学出版社，2016，第 253 页。

放权交易的现状而言，其应在碳交易风险防范机制、碳交易信息披露、开发风险管理工具以及风险对冲工具等方面继续加强①，以此促进碳市场规模化交易，提升上海碳交易市场碳配额的流动性，提升碳资产的市场接受度，分担全国统一碳排放权交易系统的建设和运维任务，进而促进国内碳市场与国际碳市场（如欧盟碳市场）的连接，增强市场流动性及提高市场效率。

（二）绿色金融保障激励机制仍需完善

发展绿色金融，不仅需要对绿色金融的主要专项领域进行全面提升和拓展，还需通过各种保障和激励机制来督促、鼓励各类市场主体积极参与绿色金融活动，在尊重金融市场主体自由选择的基础上通过调整利益和激发动机来引导金融市场主体的行为，使之符合绿色金融的要求。

1. 绿色金融定义和指标体系有待明确

绿色金融定义不明确，是影响绿色金融发展的重要因素。如果没有明确定义，或每个机构都对绿色金融活动使用不同的定义，其结果是绿色投资者和绿色项目之间缺乏可交流的“共同语言”，从而产生过高的交易成本。而较为清晰的概念界定，对于绿色资产和风险识别以及政策制定和监管都有重要意义。同时，绿色金融的核心是绿色指标的制定。绿色金融指标的确定，有助于明确绿与非绿的边界，可成功引导国内外资金合理进行绿色投资，以扩大绿色资金的投资范围并提升绿色金融项目的落地效率。如果离开了技术标准和指标体系，仅通过产业来定义绿色，则会影响到绿色金融，甚至整个绿色产业的发展。

但是目前，上海同全国绿色金融发展一样，缺乏统一的执行标准，缺乏度量和评估绿色金融的指标体系②。我国《绿色产业指导目录（2019 年

---

① 韩锦玉、刘湘、杨雯迪等：《中国碳交易市场运行效率研究——基于七个试点的实证》，《全国流通经济》2020 年第 14 期，第 132～137 页。

② 顾晓敏：《中国（上海）新金融发展报告（2017～2018）》，中国社会科学出版社，2019，第 285 页。

版)》基本涵盖了绿色产业包括的内容[1],《绿色投资指引(试行)》一定程度上界定了绿色投资的定义[2],但因为并不具有强制性而只对投资者的绿色投资行为进行了一定指引,而且对于ESG框架,该指引也只是关注了E(环境)方面。另外,2018年上海证券交易所也发布了《推进绿色金融愿景与行动计划(2018~2020)》[3],该文件包括制定背景、工作目标与原则以及行动方案三方面内容,提出14项具体举措推进绿色金融发展,在一定程度上可被视为上海推进绿色金融的纲领性文件,但该文件对绿色金融的定义以及标准、指标等实施细则并未明确规定。这样会导致绿色金融投资主体在判断应该如何选择和投资某个绿色项目时,缺乏明确指引。绿色标准的制定和各项指标的确定,一定不能以简单快捷禁用行业来认定,而要花更多精力深入各行业的各类技术标准,只有这样才能真正定义绿色。

2. 绿色金融担保贴息政策仍需提高

目前关于绿色金融发展,无论是起步较早、发展相对完善的欧美国家,还是起步晚但发展快的中国等发展中国家,均面临无法解决的主要矛盾,即如何吸引金融投资者参与更低碳、绿色、环保的项目。因为这些绿色低碳项目与环境高污染项目相比,通常都存在风险高、盈利少且周期长的窘境。如何有效降低政府、公共机构和经济主体投资绿色项目的风险并增加绿色资产回报,以鼓励更多资本流向绿色低碳项目,是目前亟须解决的重要议题。绿色金融发展,需要财政政策精准发力,激励金融机构开展更多绿色金融业务。绿色金融各个领域的担保贴息等各项优惠政策,可以带动更多资金投入绿色环保项目。担保贴息与直接补贴相比,能以更少的财政投入带动和吸引

---

① 根据《绿色产业指导目录(2019年版)》,绿色产业划分为节能环保、清洁生产、清洁能源、生态环境、基础设施绿色升级和绿色服务六大类型。

② 该指引明确了绿色投资是指以提升企业环境绩效、发展绿色产业和减少环境风险为目标,采用系统性绿色投资策略,对能够产生环境效益、降低环境成本与风险的企业或项目进行投资的行为。

③ 上海证券交易所:《上海证券交易所服务绿色发展 推进绿色金融愿景与行动计划(2018~2020年)》,http://www.sse.com.cn/aboutus/mediacenter/hotandd/c/c_20180425_4518291.shtml。

更多的社会资本进入绿色环保项目。许多绿色产业投资周期长，投资金额大，不确定性高，高度依赖国家产业扶持和财政补贴，导致商业银行为其提供金融服务的风险与收益严重不对称，使绿色金融长效发展动力不足。目前除了国家级绿色金融改革试验区外，全国还有近20个地方政府出台了地方绿色金融综合性指导文件，其中多个省区市规定了绿色债券、绿色信贷领域的财政贴息政策（见表3）。上海市政府虽然高度重视绿色金融发展，在顶层规划设计文件中也明确表示鼓励、支持绿色金融发展尤其是绿色信贷发展，但是具体的支持细则、法规保障体系仍有待具体部署和落实。

表3　各省区市发布绿色金融相关的贴息政策

发布地区	发布日期	政策文件	内容
吉林	2019.11.04	关于推进绿色金融发展的若干意见	绿色信贷贴息
江苏	2018.10.31	关于深入推进绿色金融服务生态环境高质量发展的实施意见	绿色信贷贴息、绿色债券贴息（规定贴息比例、时间、额度）
广西	2018.07.25	关于构建绿色金融体系实施意见	绿色信贷支持的项目，可按规定申请财政贴息支持
海南	2018.03.29	海南省绿色金融改革发展实施方案	信贷贴息
四川	2018.01.18	四川省绿色金融发展规划	债券贴息
甘肃	2018.01.03	关于构建绿色金融体系的意见	债券贴息
江西	2017.09.22	关于江西省“十三五”建设绿色金融体系规划	采取财政贴息等方式加大扶持力度
湖南	2017.12.28	关于促进绿色金融发展的实施意见	信贷贴息
重庆	2017.11.03	重庆市绿色金融发展规划（2017～2020年）	绿色信贷财政贴息，绿色债券补贴
北京	2017.09.11	关于构建首都绿色金融体系的实施办法	绿色信贷支持的项目，可以按规定申请财政贴息支持
新疆	2017.06.24	关于自治区构建绿色金融体系的实施意见	信贷贴息
福建	2017.05.19	福建省绿色金融体系建设实施方案	优惠贷款利率，绿色信贷财政贴息
河北	2017.03.17	河北省生态环境保护“十三五”规划	绿色信贷财政贴息，鼓励金融机构加大绿色信贷发放力度
安徽	2016.12.29	安徽省绿色金融体系实施方案	绿色信贷财政贴息
贵州	2016.11.22	关于加快绿色金融发展的实施意见	贴息贷款
青海	2015.08.13	关于推动青海省加快发展普惠金融、绿色金融、移动金融的指导意见	信贷贴息

3. 绿色金融风险监管机制须加强

上海在完善绿色金融体系、鼓励绿色金融创新的同时，更应加强绿色金融的风险识别和防范。一是由于绿色项目标准不统一、绿色技术知识专业性不足以及环境风险评估方法不一致，金融机构、社会投资者以及第三方评估机构等对绿色项目的识别出现偏差，掣肘绿色金融的顺利运行。二是信用风险。尤其是上海，在鼓励小微企业发展绿色金融的同时，更应防范该类企业由于绿色项目运作周期较长，可能会对小规模企业经营带来较大冲击，使其资金运转困难，难以履约，从而引发风险。三是绿色金融监管不足。在绿色金融市场中，不仅在绿色项目申请前期容易出现通过伪造绿色项目数据、隐瞒环境污染责任、虚构财务报表而产生的“伪绿”企业和项目，而且即使通过真实数据和材料得到绿色金融支持，也容易在项目运行中将绿色金融支持投入非绿色项目中。这种信息不对称，也加大了银行业等金融机构的信贷风险。虽然，上海目前的绿色债券市场大部分主体公开募集资金投向，具有较高的信用管理水平，但在缺乏完善监管机制的背景下，投资者的质疑和观望也会对上海绿色金融的未来发展产生一定影响。

4. 绿色金融科技支持力度须加大

绿色金融发展过程中信息不对称以及交易成本过高，是阻碍上海乃至全国绿色金融发展的关键因素。而以人工智能和区块链为主的金融科技可有效解决以上两个问题，使传统上无法内生化的外部因素实现可计量、可定价，为促进绿色金融发展提供了科技动力。例如，利用区块链技术将所有绿色金融的交易记录全部上链，区块链技术记录节点的“不可篡改性”和“去中心化”，可有效解决绿色金融“信息不对等”“识别难”“风险高”的问题。同时，利用人工智能的信息自动分析以及区块链技术的“智能合约”可省去监管等中间环节，完成自动交易，从而降低绿色金融交易成本、提高运行效率。

上海在城市科技创新和信息化建设方面一直走在全国前列。目前，虽然在城市信息化建设和智慧城市建设方面取得骄人成绩，但就科技发展与绿色金融融合领域来说，仍然面临诸多挑战。一是大数据在绿色金融领域的应用广度和深度还不够，实现真正的智能辅助绿色金融仍有较大空间。例如，在绿色基金领域，数据体量的不够广泛影响了实际收益。二是区块链虽然在我国热度很高，但是被证券公司等金融机构直接应用的成熟场景并不多。这可能也与我国证券业务主要在场内交易和结算有关，而真正与区块链技术相关的场外交易，在我国并未完全发展起来。

三　推进上海绿色金融体系进一步发展的政策建议

上海在国内外金融市场发展及体系建设方面都有成果显著、不可替代的优势条件，绿色金融的成功开展，无论是对推动长三角生态绿色一体化建设，还是对丰富国内外绿色金融业态都有着重要意义。具体而言，主要可以从完善绿色金融各专项领域规则和机制，以及健全绿色金融保障机制着手。

（一）完善绿色金融发展的各个领域

由于绿色金融目前缺乏统一的标准，而且涉及范围较广，各个领域运行规则和机制也各不相同，上海绿色金融发展的潜力未完全释放。针对发展的现状，可在绿色金融各个领域逐一击破。此外，根据绿色金融各领域的共性，从制定绿色金融标准、加大财政贴息力度、健全风险监管和加强科技支持等方面健全绿色金融激励保障机制。

1. 健全绿色信贷信息披露制度

针对我国及上海绿色信贷披露制度约束性弱、披露方法不明确等问题，建立强制性的、高质量的绿色信息披露制度势在必行。一是明确绿色信息披露的责任主体，可以借鉴美国《超级基金法案》，明确贷款人的环境法律责任，督促银行等贷款机构对借款人的环境法律责任以及可能的环境风险进行全面审核，规范环境污染潜在责任人制度。二是根据不同主体确定具体的绿色信息披露标准、披露内容与披露方法，制定详细的指标体系，拓展绿色信息统计的深度与广度，提高绿色信息核心内容的强制性披露要求，为绿色信贷风险评估、信用评级等提供可靠依据。三是强化 ESG（Environment、

Social、Governance）信息披露。即，通过加强 ESG 数据库建设、明确 ESG 体系、强制实施信息披露的方式建立完善的关注企业环境、社会、治理绩效而非财务绩效的投资理念和企业评价标准。银行业金融机构是信息披露做得最为完善的机构之一，ESG 信息披露可以率先从银行业金融机构做起，银行业可以尽量完善地披露贷款客户的环境信息，以此倒逼企业进行环境风险管理和建立完善 ESG 绿色信息披露制度。四是构建绿色信息披露主体间的协调机制，充分应用现代互联网技术建立综合性的绿色金融信息披露平台，加强绿色信贷相关参与方的信息沟通。五是加强绿色信息披露方面的国际合作，强化信息披露制度建设的技术支撑，推进绿色环保信息披露和共享，加快建立相关信息共享和预警机制，有效防范绿色金融部门可能存在的风险。

2. 完善绿色债券评估认证制度

“绿色属性”是绿色债券区别于普通债券的最大特征。规范绿色项目评估机制，进一步完善第三方绿色认证，有助于挖掘绿色债券发展新动力，加强绿色债券的商业可持续性。一是借助上海金融中心优势，培育专业能力高、国际影响力大的第三方绿色认证机构，出具独立的“绿色认证报告”，有效评价项目绿色效益，吸引更多投资者进入市场。二是在有效认证基础上，拓展并引导绿色项目投向，比如绿色建筑产业，风、电、光伏等新能源产业，水环境治理等污染防治产业，新能源汽车等清洁交通产业，透视绿色债券发行后续动力。三是进一步创新绿色债券的产品设计，通过金融创新降低投资绿色项目的风险，提高收益率，确保商业目标的实现，进而达到经济效益和环境效益的统一。四是进行绿色金融评估标准创新[①]。采用定性和定量评估相结合的方法，并引入国际通行的绿色金融评价标准。上海可以在绿色项目库建设、绿色债券甚至绿色金融评估标准构建等方面，打造具有上海特色的“绿色金融＋区块链”金融综合服务平台，通过区块链对绿色资金使用全过程进行监督和审计，提高资金使用透明度，以确保绿色债券等绿色

① 马中、周月秋、王文：《中国绿色金融发展研究报告（2019）》，中国金融出版社，2019，第 104 页。

金融项目的资金确实流向绿色产业，杜绝“漂绿”现象。

3. 丰富绿色基金来源和类型

我国各级政府发起绿色发展基金成为新常态，上海作为国内最大的金融中心，理应成为领跑者。首先，应改善绿色项目的投资环境，鼓励设立地方绿色担保基金。其次，完善绿色基金的收益与成本分担机制，保障社会投资者的收益，以吸引更多社会资本投入绿色基金。例如，可以鼓励民间组织、非政府机构设立绿色投资基金，在森林、湿地、海洋碳汇、流域水资源等领域重点推进，并开发能效贷款、排污权抵质押贷款等绿色金融产品，支持绿色消费，促进绿色金融的公众参与。再次，在绿色基金 PPP 方面，应完善绿色基金监管制度、明确诉讼的适格主体以及法律责任承担方式，对环境社会风险提前研判并提供应对机制。因为绿色基金运行宗旨应是实现具体的绿色发展目标，基金的资金来源若为社会资本，应考虑商业利益与公共利益的平衡，从环境目标与持续经营能力出发，加速推动绿色基金的机制创新。最后，探索建立土壤污染防治基金制度，为土壤污染防治提供资金保证。上海建立土壤污染防治基金可以借鉴欧美国家有关土壤保护与防治基金的成功经验。例如，美国的《超级基金法案》[①]、德国的《联邦土壤保护法》[②] 等均对基金的资金来源以及支出情况，有非常详尽的规定。上海在设立土壤污染防治基金时，首先也应明确基金的资金来源（包括污染者付费、财政支持、环境保护税、社会资本等）、使用情形及范围（包括土壤污染监测、调查和评估、治理与修复以及宣传教育等），另外对于基金的运营、监督和权利救济机制也应明确规定。

4. 制定并实施绿色保险法规

2018 年生态环境部出台的《管理办法》在投保范围、保险责任、赔偿和罚则等方面都做了明确规定，虽然作为规范性文件，其法律位阶较低，但对于环境强制责任保险的推进，甚至绿色保险的发展而言，都不失为一次有

① 李静云：《土壤污染防治立法——国际经验与中国探索》，中国环境出版社，2013，第 76 页。

② 贾峰：《美国超级基金法研究：历史遗留污染问题的美国解决之道》，中国环境科学出版社，2015，第 145 页。

益探索。作为一直在保险领域处于领先地位的上海，更应以此为契机，出台相关配套政策和实施细则，完善环境污染责任险法规和政策体系，并推动明确环境污染责任险的合法性和强制性。在环境污染责任强制保险尚未完全建立之际，上海可以在推行环责强制险的过程中，更加积极主动。

具体而言，上海应在以下方面有所加强。一是出台明确的指引和监督措施，通过采用税收减免和绿色信贷的方式，推动环境污染责任保险从自愿转向强制。二是建立市场化的环境责任保险制度，通过完善保险设计和条款、信息公开和技术支持提升保险公司服务水平，推动环境污染责任强制保险良性发展。三是建立环境污染责任保险的第三方参与机制，例如引进专业的第三方机构，对一些污染事件进行专业的检查、核算，从而保障保险公司和高风险企业的利益①。四是在地方性法规的修改完善中，对于饮用水水源保护、固体废弃物污染、危险化学品处置等重要领域的环境高风险企业，可以尝试推行环境污染责任强制保险制度。

5. 全面推进环境权交易市场

鼓励金融机构通过资产证券化盘活有效资产，探索开展排污权、水权、用能权以及环保设备融资租赁等交易市场，完善定价机制和交易机制，营造公开公平的交易市场环境，支持减排项目，降低减排成本，提高减排效率。一是推动碳资产抵押贷款业务。政府完善碳资产抵押运行机制、建立碳排放权抵押评估信息系统、评估机构和评估专家库，制定评估争端解决机制。银行在合理控制风险的基础上，加大对碳资产信贷的扶持力度。企业应在保持良好信用的基础上，定期向投资人提供企业财务信息，确保财务状况公开透明。二是开发林业碳汇、海岸带湿地碳汇，并将其纳入 CCER 体系，加强绿色减排项目碳储量评估、碳排查及相关数据体系建设。三是完善排污权交易制度。健全配套法规体系、完善分配机制、与排污许可制度充分整合、健全交易规则、确定合适的交易方式以保证交易的灵活和高效。四是促进用能权

① 吴琼、邵稚权：《我国环境污染强制责任保险的法律制度困境及完善路径》，《南方金融》2020 年第 2 期，第 74～80 页。

交易的发展。用能权交易制度旨在从供给侧实现能源消费总量和强度的“双控”目标，与碳排放权交易侧重从末端排放侧约束温室气体排放虽有不同，但都是重要的控制温室气体排放的重要市场机制，需要完善碳排放权交易和用能权交易的有效衔接①。

（二）健全绿色金融激励保障机制

绿色金融保障和激励制度主要表现为完善运行机制、赋予权利、减免义务和责任、增加收益和减少成本等②。上海健全绿色金融激励保障机制，可从绿色金融指标体系、担保贴息的财政支持政策、监督与评价机制、风险管理以及科技支持力度等方面着手。

1. 制定绿色金融标准，建立绿色项目库

绿色金融标准的确定有助于规范推动绿色金融的顺利发展。首先，制定标准，打造绿色项目库“上海样本”。积极探索绿色项目标准和建立地方性绿色金融企业（项目）认定评价方法体系，破解绿色项目定义和标准不统一的瓶颈，从制度、体制、机制上保障绿色项目库的科学性和严谨性，建立可量化、易操作的绿色项目库认定评价标准体系。其次，完善机制，加强对绿色项目库的管理。设立上海绿色金融统一协调机构，使政府、银行、企业等各类主体申报绿色项目的渠道保持畅通，及时梳理并更新绿色项目库名单，补充完善绿色项目库信息。对实施绿色项目的主体进行持续跟踪、动态调整，将已申报的绿色项目提交第三方机构进行评审，评审后公开入库，保证信息上下沟通顺畅。最后，加强对接，推动长三角绿色金融标准一体化建设。在建设长三角生态绿色一体化的进程中，联合长三角区域内第三方机构、科研机构以及智库等研究制定长三角内互认互通的绿色金融产品服务标准体系、绿色企业及绿色项目认定评价办法、绿色信用评估标准、企业环境信息披露指引等。

---

① 刘明明：《论构建中国用能权交易体系的制度衔接之维》，《中国人口 · 资源与环境》2017年第10期，第217～224页。

② 胡元聪：《我国法律激励的类型化分析》，《法商研究》2013年第4期，第36～45页。

2. 加强绿色金融担保贴息财政支持

根据 UNEP《绿色经济发展报告》，绿色经济财政政策包括环境税、免税和减税，广泛而稳健的污染收费，绿色补贴、赠款和补贴贷款及奖励环境绩效，取消对环境有害的补贴，直接将公共支出用于基础设施等五类。这些激励政策可以用来解决高昂的前期投资成本①。从政府角度而言，政府在发展绿色信贷、绿色基金、绿色保险等推动循环经济和绿色金融双赢的过程中，应当起到重要推动作用。一是制定一系列标准、条例和优惠政策，完善绿色财政奖励机制。例如，通过提供研发经费、示范补贴以及贷款等各种激励方式，促进绿色经济的发展。二是鼓励政府资本和金融机构合作建立绿色担保基金、绿色信贷风险补偿基金等，为金融机构向国内符合条件的绿色中小企业提供贷款担保和风险补偿，撬动更多的金融资源投资绿色项目。例如，英国政府推出的“贷款担保计划”，主要是向那些资信评级等条件不足、无法通过金融机构的标准程序获得贷款的节能环保、生产治污设备以及绿色建筑服务业等绿色低碳行业提供一定比例的政府担保贷款②。三是采用由政府资金和民间资本共同运营的 PPP 模式，发挥民间资本的关键作用，设立专项研发与产业化支持项目，获得股息、免征所得税的福利，将绿色金融理念融入生态文明和经济转型战略③。

3. 强化绿色金融风险监管体系

上海绿色金融的发展应当在构建企业环境信息披露平台和绿色信用评价体系、健全责任追究和风险补偿机制等方面开展探索。一是通过绿色金融政策、法律与制度设计，使绿色金融活动外部内生化，从而从根本上避免“漂绿”风险。通过健全责任追究机制，加强对“骗补”和“滥发”的处罚和约束，通过绿色项目投融资风险分担与补偿机制，针对社会资本发出绿

① Clements-Hunt, P, “Finance. Supporting the Transition to a Global Green Economy. in Towards a Green Economy”, United Nations Environment Program (2011): 46.

② 李美洲、胥爱欢、邓伟平：《美国州政府支持绿色金融发展的主要做法及对我国的启示》，《西南金融》2017 年第 3 期，第 10 ~ 13 页。

③ 王波、岳思佳：《我国绿色金融激励约束保障机制研究》，《西南金融》2020 年第 10 期，第 1 ~ 9 页。

色积极信号。例如，国际金融公司（IFC）通过为商业银行提供风险分担，减少银行信贷风险。二是企业信息披露平台和绿色信用评价体系有利于明确绿色金融扶持对象，有助于绿色项目识别，有效规避企业"漂绿"风险。同时，金融机构加强绿色金融能力建设，提升全面风险管理能力，排除或化解潜在风险项目，降低业务违约率。三是构建绿色信贷业绩评估体系、突出机制建设和财务表现，建立绿色信贷业绩评估指标体系及评估质量保障体系，精准检索单个机构和整个系统的薄弱环节，有效防范环境因素可能引起的风险，也为相关激励约束机制的落地提供客观依据。

4. 加强绿色金融科技支持力度

金融科技推动绿色金融全面发展，亟须解决两方面问题。一是科技本身存在的问题。例如，就目前区块链技术而言，如果将其应用到绿色金融中，则每一笔交易要对各个阶段的所有节点进行验证，而在目前的技术水平下验证一次交易需要的时间较长，运行效率不高。二是新技术漏洞和法律监管框架的滞后，使得金融行业人工智能面临数据泄露、合法性不确定等风险。因此，上海在推动金融科技与绿色金融高效融合的过程中，首先应当完善相关法规，提升政府治理能力和监管能力。规范权利义务体系和风险责任承担机制，为金融科技更好地服务于绿色金融提供法治保障。其次，大力支持人工智能和数字技术的发展，合理布局新一代信息技术产业链，发挥区域融合联动优势，推动长三角绿色金融一体化发展。最后，推进人工智能、区块链等数字技术在绿色金融领域的融合与应用。例如，对于绿色债券而言，可以考虑在场外建立面向长三角乃至全国统一的区块链交易市场，以打破地域限制，提高融资效率。

参考文献

刘春彦、邵律：《法律视角下绿色金融体系构建》，《上海经济》2017 年第 2 期。

刘金石：《我国区域绿色金融发展政策的省际分析》，《改革与战略》2017 年第 2 期。

陈诗一：《绿色金融助力长三角一体化发展》，《环境经济研究》2019 年第 1 期。
王遥、马庆华：《地方绿色金融发展指数与评估报告（2019）》，中国金融出版社，2019。
张承慧、谢孟哲：《中国绿色金融（经验、路径与国际借鉴）》，中国发展出版社，2017。
牛淑珍、齐安甜：《绿色金融》，上海远东出版社，2019。
顾晓敏：《中国（上海）新金融发展报告（2017～2018）》，中国社会科学出版社，2019。
马中、周月秋、王文：《中国绿色金融发展研究报告（2019）》，中国金融出版社，2019。
马骏：《国际绿色金融发展与案例研究》，中国金融出版社，2017。

B.10
推进循环经济的政策体系构建

王　瑶*

摘　要： 创新绿色循环发展新模式和循环经济政策体系，是上海推进韧性生态之城建设的重要途径。“十三五”期间，上海市探索并实践了“末端废弃物资源利用和产业绿色发展并重”的循环经济发展模式，重点突破了垃圾全程分类收运、多层级工业固废循环再生利用、资源化产品利用经济杠杆等循环经济政策体系瓶颈，推动本市工业再制造体系迈向高端，主要废弃物资源循环利用水平继续领跑国内。当前，国内国际循环经济发展模式正发生持续变革，国际循环经济模式已从废弃物资源利用小循环转向社会体系物质大循环，中国特色生态文明建设框架下的循环经济发展也面临新挑战。“十四五”期间，上海应把绿色循环发展理念作为基本遵循，将循环经济发展目标与碳中和目标、无废城市建设目标、卓越全球城市创建目标有机协同，把循环经济政策优化视角更多地转向全生命周期生态化设计与源头预防。

关键词： 上海　循环经济　资源循环利用　固体废弃物

---

* 王瑶，上海大学环境与化学工程学院博士生，上海市地质调查研究院工程师，主要从事环境与生态管理研究。

一　上海市循环经济与资源循环利用的政策体系

“十三五”期间，上海市循环经济与资源循环利用的政策体系进一步完善，循环经济发展新动能持续增强。引领生活垃圾分类新时尚，国内首对生活垃圾全流程管理立法，着力推动形成垃圾全程分类收运体系。临港自贸区发展推动再制造领域固废高值再循环，全市建立多层级工业固废循环再生利用的政策驱动体系，逐步推行绿色循环低碳产业发展模式。创新资源化产品利用制度和经济政策杠杆，打通低值废弃物资源化利用堵点，探索深化城镇化循环发展模式。

（一）践行生活垃圾分类新时尚，国内首对生活垃圾全流程管理立法，小分类大分流推动资源循环利用，“两网融合”与再生企业扶持培育，促进再生资源回收利用提质升级

2016～2018年，上海已探索建立了生活垃圾分类投放、分类收集、分类运输、分类处理的全链条管理制度。《关于进一步加强本市垃圾综合治理的实施方案》（沪府办〔2016〕69号）提出，应加快推进居民源再生资源回收与生活垃圾分类收运体系的“两网融合”，并鼓励农业有机肥厂协同处理湿垃圾，制定湿垃圾资源化产品标准，实施相关支持政策，打通湿垃圾资源化利用产品出路。《关于建立完善本市生活垃圾全程分类体系的实施方案》（沪府办规〔2018〕8号）提出，“基本实现单位生活垃圾强制分类全覆盖，居民区普遍推行生活垃圾分类制度，生活垃圾分类质量明显提升”、“建立和完善分类后的各类生活垃圾转运系统”的全程分类目标。

2019～2020年，上海率先对生活垃圾全流程管理立法，通过法律的强制性推动垃圾分类，完善生活垃圾可回收物体系，践行垃圾分类新时尚。2019年7月1日，《上海市生活垃圾管理条例》（上海市人民代表大会公告第11号）作为我国首部生活垃圾地方立法正式实施。该条例突出了生活垃圾源头分类和源头减量的强制性，并明确了垃圾全程分类收运闭环管理的监

督机制。2020 年 4 月，为进一步完善本市可回收物体系，切实发挥可回收物体系对生活类再生资源的回收利用作用，出台《关于进一步完善生活垃圾可回收物体系促进资源利用的实施意见》（沪分减联办〔2020〕3 号），提出“完善可回收物‘点站场’体系建设”、“扶持和培育一批可回收物精细化分选及资源化利用企业”、“加快生活垃圾分类专项补贴政策细则实施”三大目标和八项主要任务。

（二）绿色生产与智能再制造双管齐下，循环型生产方式得到全面推行，推动工业固废源头减量与高值再利用，绿色循环低碳产业体系初步形成

国家利好政策推动了本市智能再制造的产业瓶颈破解与战略定位提升。2019 年 4 月国务院公布《报废机动车回收管理办法》（国务院令第 715 号），取消报废机动车“五大总成”强制回炉销毁的规定，拆解的“五大总成”具备再制造条件的，可以按照国家有关规定出售给具有再制造能力的企业，汽车发动机及零部件再制造在政策层面得以破解。临港国家级再制造产业园区正式划入中国（上海）自由贸易试验区临港新片区内，将本市再制造产业提高到国家战略层面。

本市已形成“园区 - 固废产生企业 - 资源利用企业”多层级的工业固废循环再生利用的政策驱动体系。园区层面，“十三五”规划纲要明确提出：“按照物质流和关联度统筹产业布局，推进园区循环化改造，建设工农符合型循环经济示范区，促进企业间、园区内、产业间耦合共生。”2017 年 6 月，《关于进一步加快推进本市园区循环化改造工作的通知》（沪经信节〔2017〕355 号）要求，本市推进 13 个国家级园区和 22 个市级园区的循环化改造。2020 年发布《关于持续推进本市园区循环化改造的通知》（沪经信节〔2020〕403 号），推动 50% 市级工业园区开展绿色循环化改造。固废产生企业层面，《关于加强本市一般工业固体废弃物处理处置环境管理的通知》（沪环保防〔2015〕419 号）发布一般工业固废负面填埋清单（第一版），有力保障“十三五”期间一般工业固废的近零填埋目标实现。资源综

合利用企业层面，《关于全面落实税收优惠政策积极促进减税降费措施落地的通知》（沪税函〔2019〕33号），明确了近期拟落实的资源综合利用企业相关税收优惠政策；《关于开展工业固体废物资源综合利用评价管理工作的通知》（沪经信节〔2019〕271号），要求企业开展工业固体废物资源综合利用评价工作，推动工业固体废物资源高值综合利用。

（三）以资源化产品利用制度和专项资金扶持，打通建筑垃圾和农林废弃物等低值废弃物资源化利用的堵点，城镇循环发展体系基本建立

《上海市建筑废弃混凝土回收利用管理办法》（沪住建规范〔2018〕7号）提出，实施废弃混凝土再生产品的强制性使用制度。“强制性使用可再生产品，上海市C25及以下强度混凝土生产企业在保证质量的基础上，按照有关标准合理使用再生骨料，再生骨料对类似材料的替代率不得低于15%。再生骨（粉）应用于本市交通基础设施及大、中修工程可再生骨（粉）的结构部位。用再生骨料（粉）代替同种材料的取代率不应低于30%”。《上海市2020年节能减排和应对气候变化重点工作安排》（沪发改环资〔2020〕41号）明确，将深入推进建筑垃圾资源化利用，研究建筑废弃混凝土和再生建材推广。

《上海市都市现代绿色农业发展三年行动计划（2018～2020年）》（沪府办发〔2018〕21号）指出，应大力推进农业废弃物资源化利用。《上海市都市现代农业发展专项项目和资金管理办法》（沪农委规〔2018〕2号）、《2018～2019年上海市都市现代农业发展专项项目和资金申报指南》，明确将“农业废弃物资源化利用设施装备等能力建设”纳入上海市都市现代农业发展专项项目，可申请市、区两级财政资金补助。《关于持续推进农作物秸秆综合利用工作的通知》（沪发改规范〔2019〕8号）进一步发文，将农作物秸秆综合利用作为转变农业经济发展方式的重要手段之一，力争到2022年，粮油秸秆综合利用率达到98%，由市、区两级政府及市级单位对推进农作物秸秆综合利用给予资金补贴。

二　循环经济框架下上海市固体废弃物资源循环利用成效

“十三五”期间，本市生活垃圾管理引领新时尚，推动再生能资源产业化提升，工业再制造体系迈向高端，主要废弃物资源循环利用水平继续领跑国内，大宗工业固废综合利用率创历史新高，废旧电子电器物、建筑垃圾、淤泥污泥处置利用探索出能资源循环新路径。2019 年，据上海市循环经济协会统计，本市享受资源综合利用税收优惠政策的企业有 91 家，就业人员为 4929 人，完成资源综合利用产品（劳务）产值 78.33 亿元，实现资源综合利用产品（劳务）税后利润 3.80 亿元，享受资源综合利用税收优惠政策减免税总额 2.81 亿元①。

（一）生活垃圾

2019 年 7 月 1 日，《上海市生活垃圾管理条例》（上海市人民代表大会公告第 11 号）正式实施。全市生活垃圾全程分类体系已初步建立，分类实效显著增强。居民区分类达标率从 15% 提高到 90%，单位分类达标率达到 87%。全市平均每天分出的可回收物增长 431.8%、湿垃圾增长 88.8%、干垃圾减少 17.5%、有害垃圾增长 504.1%，垃圾填埋比例从 41.4% 下降到 20%②。

生活垃圾立法实施后，本市分出的湿垃圾纯度与干垃圾热值得到显著提升，推动干垃圾焚烧和湿垃圾沼气发电的高效能源转化效率再提升。2019 年下半年全市湿垃圾纯度从约 50% 提升至 98%③，干垃圾低位发热值达到 12998

① 阮力：《上海市循环经济和资源综合利用产业发展报告（2020）》，上海市循环经济协会，2020，第 20 页。

② 《2020 年上海市政府工作报告》，http：//www.shanghai.gov.cn/nw12336/20200813/0001－12336_1423630.html。

③ 贾悦、李晓勇、杨小云：《上海生活垃圾 34 年理化特性变化规律研究》，《固废科技》2020 年第 1 期，第 7 页。

(±3190) kJ/kg，较垃圾分类前混合垃圾的低位发热值上升约103.60%[①]。据《上海市循环经济和资源综合利用产业发展报告（2020）》统计，至2019年底，本市共有生活垃圾发电企业10家，期末发电设备容量41万千瓦，同比增长57.69%，累计发电量24万千瓦时，同比增长26.31%。

生活垃圾立法实施后，可回收物分出量持续大幅增加，可回收物回收体系与再生资源回收“两网融合”加速。随着社区生活垃圾分类投放日趋规范，废塑料、废玻璃等回收物持续大幅度增加。依据《上海市生活垃圾全程分类体系建设行动计划（2018~2020年）》（沪分减联办（2018）5号），2020年上海将最终建成8000个“两网融合”可回收物回收服务点、若干个布局合理的中转站、10个区域性和若干个托底保障的“两网融合”集散场，满足全市生活垃圾可回收物交投、转运、集散需求。

表1　城市生活垃圾产生以及处理处置情况

指标		2015年	2016年	2017年	2018年	2019年
生活垃圾	产生量(万吨)	789.9	879.9	899.5	984.3	1076.8
	无害化处置率(%)	100.0	100.0	100.0	100.0	100.0
	干垃圾(万吨)	—	760.0	739.0	827.0	646.7
	湿垃圾(万吨)	—	120.0	161.0	158.0	283.5
餐厨垃圾	收运量(万吨)	31.5	36.7	42.4	53.8	103.9
	餐厨废弃油脂(万吨)	3.2	3.7	7.0	8.1	6.9

资料来源：根据2015~2019年《上海市固体废物污染环境防治信息公告》整理。

（二）工业再制造体系

“十三五”期间，本市工业再制造产业向高端再制造领域迈进，形成了民用航空发动机及零部件、工程机械、汽车零部件、金属表面修复、打印机耗材等五大优势领域，并向盾构机、燃气轮机等大型成套设备、医疗器械、

① 周洪权、刘泽庆、贾悦：《垃圾分类后焚烧工况变化及应对措施探讨》，《固废科技》2020年第1期，第16页。

精密仪器、新能源汽车动力电池等领域拓展。

据《上海市循环经济和资源综合利用产业发展报告（2020）》，2019 年全市再制造产业实现产值超47 亿元，较2018 年增长4.40%。全市再制造民用航空飞机发动机 144 台，再制造汽车发动机 5000 台、变速箱 4.2 万台，再制造其他汽车零部件（包括车门、保险杠、后盖箱壳体、轮毂、大灯等）5.18 万个，再制造各类大型工程机械零部件（含表面修复的炉辊、结晶器）6000 余个，再制造各类中小型工程机械零部件（油泵、连杆等）9 万余个，再制造硒鼓、墨盒等打印耗材（不完全统计）约 750 万只。

（三）工业固体废物

一般工业固废。“十三五”期间，本市一般工业固体废物综合利用量稳步提升，2019 年达到 1670.69 万吨，综合利用率为 91.21%。分品种来看，大宗工业固废（冶炼废渣、粉煤灰、脱硫石膏）综合利用率稳定在较高水平，2019 年达到 99.67%，创历史新高；炉渣、污泥和其他废物尚处于高值综合利用关键技术瓶颈期，当前炉渣主要用于墙体材料生产，2019 年综合利用率仅为 80.65%。

危险废物。“十三五”期间，本市危险废物产生量总体呈递增趋势，2019 年为 144.17 万吨，其中 83.86 吨为委外利用处置，填埋率低至 10.63%。本市主要类别危险废物的综合利用水平稳步提升，2019 年享受资源综合利用税收优惠政策的企业已利用 9574 吨废矿物油（HW08）生产润滑油基础油。

（四）其他低值可回收物

废旧电子电器物。2016～2019 年，上海市电子废弃物的累积接收量以及累积拆解处理量均呈现下降趋势。2019 年，电子废物的累积接收数量为 151.66 万台，相较于 2016 年，累积接收数量下降 49.99 万台（折合为 0.9 万吨）。本市拥有国家级资质的规模电子废弃物处置利用企业 5 家，可保障本市电子废弃物 100% 无害化处置。据上海市循环经济协会统计，2019 年，

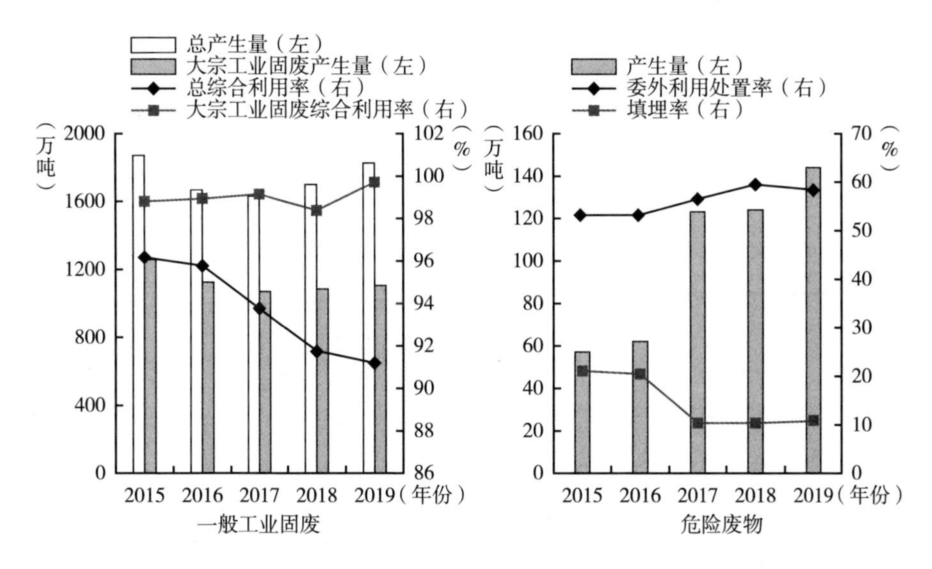

图1　上海市一般工业固废（左）和危险废物（右）的产生及利用处置情况

资料来源：根据2015～2019年《上海市固体废物污染环境防治信息公告》整理。

5家企业累计接收并拆解废弃电器电子产品59822吨，共回收金属19782.92吨、废塑料8965.84吨、废玻璃15249.24吨。

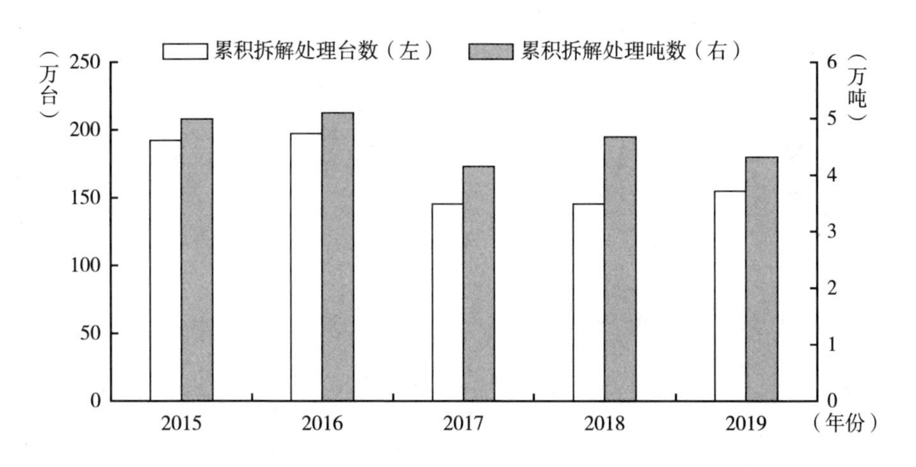

图2　电子废弃物累计拆解处理情况

资料来源：根据2015～2019年《上海市固体废物污染环境防治信息公告》整理。

废塑料与废玻璃。废塑料与废玻璃是本市“两网融合”再生资源回收物的重要品类，其回收利用也是循环经济和资源综合利用的重要领域，已初步形成了集回收、高附加值加工及销售于一体的完整产业链条。2019 年全市共回收废塑料 25 万吨、废玻璃 85 万吨。本市已培育享受资源综合利用税收优惠政策的废塑料再生企业 5 家、废玻璃再生企业 3 家，当年度利用处置本市废塑料 4.56 万吨（占全市回收量的 18%）、废玻璃 64.60 万吨（占全市回收量的 76%）。其中，废玻璃再生利用企业——上海燕龙基再生资源利用有限公司已获评国家级循环经济基地，承担了本市 61.53 吨废玻璃的再生利用任务。

建筑垃圾。2019 年，全市建筑垃圾（工程渣土、工程泥浆、工程垃圾、拆房垃圾、装修垃圾）产生量为 9613 万吨。其中，装潢垃圾、拆房垃圾、工程垃圾分拣后砖瓦砂浆等惰性物质占比为 70% ~80%，可以加工生产不同用途的建筑材料。本市建筑垃圾分选及资源化设施体系初步建成，目前已建临时资源化设施 18 处，每年可处理处置建筑垃圾 865 万吨。

表 2　建筑垃圾产生以及处理处置情况

单位：万吨

年份	工程渣土	工程泥浆	工程垃圾	装潢和拆房垃圾	总量
2018	7630	759	666	1179	10234
2019	8285	39	29	1260	9613

资料来源：根据《2020 上海市循环经济和资源综合利用产业发展报告》以及 2015 ~2019 年《上海市固体废物污染环境防治信息公告》整理。

（五）城镇污水污泥

“十三五”期间，上海市城镇污水厂污水处理量总体平稳。2019 年，本市日均处理城镇污水 834.3 万吨，年产生脱水污泥 133 万吨（平均含水率 68%）。本市污泥处置去向主要为填埋、焚烧、建材和土地利用，少部分应用于掺烧发电。

为提升污泥的资源利用价值，本市推动多项污泥干化焚烧和掺烧工艺技术突破的重大工程，有效实现了污泥减量化与高效能源转化。据上海市循环经济协会统计，白龙港污水处理厂成功打造世界上一次性建成的最大规模污泥单独干化焚烧项目，采用“设施利旧 + 脱水贮运 + 干化焚烧”工艺方案，配置 6 条干化焚烧生产线，焚烧灰渣用于制作建材或运至填埋场填埋。外高桥第三电厂和漕泾电厂分别建成 15 万吨/年、10 万吨/年的污泥掺烧生产线，打造燃煤与污泥耦合掺烧发电这一高效的可再生能源利用方式。

表 3　城镇污水厂污泥的产生以及处理处置情况

指　　标	2015 年	2016 年	2017 年	2018 年	2019 年
污水处理能力(万吨/天)	769. 7	790. 2	820. 7	813. 0	834. 3
湿污泥(万吨/年)	109. 5	109. 3	110. 3	112. 9	133. 0
干基污泥(万吨/年)	30. 0	31. 7	33. 6	34. 4	43. 9

资料来源：根据 2015 ~ 2019 年《上海市固体废物污染环境防治信息公告》整理。

（六）农林废弃物

农林废弃物指农作物秸秆、三剩物和绿化小薪材等。据市农业废弃物利用行业协会统计，至 2019 年底，本市农业废弃物利用企业达 60 家，分布于嘉定、浦东、奉贤、宝山、金山和崇明等六区，其利用范围包括生物质燃料、食用菌种植、饲料加工、有机肥等。国家税务总局上海市税务局官网数据显示，本市 2019 年享受资源综合利用税收优惠政策企业利用农作物秸秆、三剩物量为 13. 74 万吨。

三　循环经济体系构建与资源循环利用效率提升的国际经验

（一）日本

2000 年，日本国会通过《建立循环型社会基本法》，该法将循环经济的概念上升到“循环型社会”的层面，从整体的角度强调整体社会的循环能力，通过循环资源的充分利用和合理处置实现环境负荷的最低化。自2003年起，日本连续发布四版循环型社会形成推进基本计划，制定未来五年建立健全物质循环社会的推行方向、规划目标和战略性实施措施。2018年6月，日本发布《第四次循环型社会形成推进基本计划》（以下简称《第四次基本计划》），该计划更新了物质循环社会构建的评估指标体系，描绘了循环型社会建设的愿景和战略性行动措施。

1. 评估指标与规划目标

《第四次基本计划》将前三版计划提出的循环利用率指标进一步分解为入口循环利用率和出口循环利用率，并使用资源生产率、入口循环利用率、出口循环利用率和最终处置量这四项物质流指标，综合反映健全物质循环社会构建的总体目标与实施绩效。到2025年，日本资源生产率应达到49万日元/吨，入口循环利用率达18%，出口循环利用率达47%，最终处置量降至1300万吨。与第三次计划提出的2020年目标相比，日本需要在未来五年内实现资源生产率提升6.5%，入口循环利用率提升5.9%，出口循环利用率提升4.4%，最终处置量削减400万吨。

表4 日本健全物质循环社会的整体图景：物质流视角的规划目标

<table>
<tr><th>指　　标</th><th>第一次计划
2010年目标</th><th>第二次计划
2015年目标</th><th>第三次计划
2020年目标</th><th>第四次计划
2025年目标</th></tr>
<tr><td>资源生产率</td><td>39万日元/吨</td><td>42万日元/吨</td><td>46万日元/吨</td><td>49万日元/吨</td></tr>
<tr><td>入口循环利用率</td><td rowspan="2">10%</td><td rowspan="2">14%～15%</td><td rowspan="2">17%</td><td>18%</td></tr>
<tr><td>出口循环利用率</td><td>47%</td></tr>
<tr><td>最终处置量</td><td>2800万吨</td><td>2300万吨</td><td>1700万吨</td><td>1300万吨</td></tr>
</table>

注：前三版《循环型社会形成推进基本计划》仅提出整体循环利用率概念。

资料来源：根据日本四版循环型社会形成推进基本计划文本整理。

2. 战略性行动措施

（1）将创造一个健全的物质循环社会的努力与可持续社会的努力相结合。创建一个独立的、分布式的社会，因地制宜地利用本区域的循环资源、可再生资源、库存资源以及人力资源和资金，同时发展区域循环生态圈，与周边地区实现互补；探索帮助废物处理企业提高生产力的支持措施；探索支持环境产业回收业务健全管理和发展的措施；促进以服务化、共享、再利用、再制造为特点的商业模式建立与传播，并尽可能定量评估其对建立物质循环社会的正向影响等。

（2）通过形成多样的区域循环和生态圈实现区域振兴。当局应意识并继续对城市垃圾处理计划负责，并确保其对城市垃圾的妥善处理负责；强化废物产生企业经营者和其他责任方对其在其经营活动过程中产生的废物的处置责任；通过建立区域循环和生态圈，支持创建良好的资源流通业务；与各地区有关方面合作，促进各地区生物质的利用等。

（3）在商品和服务的整个生命周期中彻底循环资源。探索建立环境设计标准，了解所有产品在环保设计方面的现状，以促进环境设计的推广；鼓励企业经营者采用环境管理制度，编制和披露环境报告；通过促进资源的高效、长期和周期性使用，限制新开采自然资源的消耗，以保护资源开采过程中的生物多样性和自然环境，并促进资源的流通等。

（4）继续推广妥善处理废物及恢复环境。政府应继续负责城市垃圾处理计划制定，同时确保城市垃圾的妥善处理；更新废物产生企业经营者和其他责任方对其在其经营活动中产生的废物的处置责任的认识；发展稳定和高效的可持续、妥善处理系统，落实废物处理系统中的气候变化缓解和抗灾措施，建设或改善废物处理设施；等等。

（5）发展适当的国际资源循环框架，并在海外扩展废物管理和回收产业。为资源流通制定适当的国际框架，将日本循环经济理念传播到海外，增强全球谨慎使用材料的意识，并为国际社会关于废物减少的努力提供支持。贯彻落实 G20 资源效率对话和 G20 海洋垃圾行动计划，积极履行巴塞尔公约，参加有关废物收集和固体废物衍生燃料等国际标准讨论等。

（6）发展循环利用领域的基础设施。发展循环利用领域的信息基础设施，开发和应用回收利用领域的最新技术。建立恰当的评估方法和指标，使每个参与者能够清楚地衡量和改进工作，以创造一个健全的物质循环社会。

（二）欧盟

2015 年 12 月，欧盟提出了循环经济一揽子计划，包括四项废物管理立法修正建议、循环行动计划及后续行动清单，构建了欧盟发展循环经济的战略构想。首次发布的循环经济行动计划，将循环经济由末端废弃物治理转向通过分享、修复、再利用、循环等方式使资源和物质变为循环流动。该循环经济行动计划已取得非常显著的效果，截至 2019 年 3 月，循环经济行动计划已促使欧盟经济转型，同时促进商业发展及就业机会增加。仅 2016 年欧盟循环经济相关产业就拥有从业人员 400 多万名，循环经济行业产生近 1470 亿欧元的增加值，而同期投资额约为 175 亿欧元。

2019 年 12 月，新一届欧盟委员会发布《欧洲绿色协议》，提出了 2050 年实现以碳中和为核心的战略目标，构建了经济增长与资源消耗脱钩、富有竞争力的现代经济体系。2020 年 3 月欧盟发布的新版循环经济行动计划（以下简称“新版计划”），是支撑欧盟绿色新政的重要支柱之一。与旧版“刺激欧洲向循环经济过渡、促进节能和减少温室气体排放”等框架性行动目标和循环经济局部示范不同，新版计划将循环经济理念贯穿产品设计、生产、消费、维修、回收处理、二次资源利用的全生命周期，将循环经济覆盖面由领军国家拓展到欧盟内主要经济体，加快改变线性经济发展方式，减少资源消耗和“碳足迹”，提高可循环材料使用率，引领全球循环经济发展。

新版计划拟在未来 3 年推出 35 项立法建议，并提出了具体行动目标：在未来 10 年内减少欧盟的“碳足迹”，使可循环材料使用率增加一倍；在 2030 年前大幅减少废物产生总量，并将剩余（非循环）城市废物减少一半；推动欧洲经济适应绿色未来；激励环境保护与竞争力齐头并进；赋予消费者更多权益。

1. 推动欧盟循环经济发展的具体行动

制定可持续产品政策框架。在产品设计层面，将提出一项可持续产品政策立法倡议，扩大《生态设计指令》的覆盖面至电子、信息和通信技术、纺织品、家具和高环境影响的中间产品（如钢铁、水泥和化学品）等，从

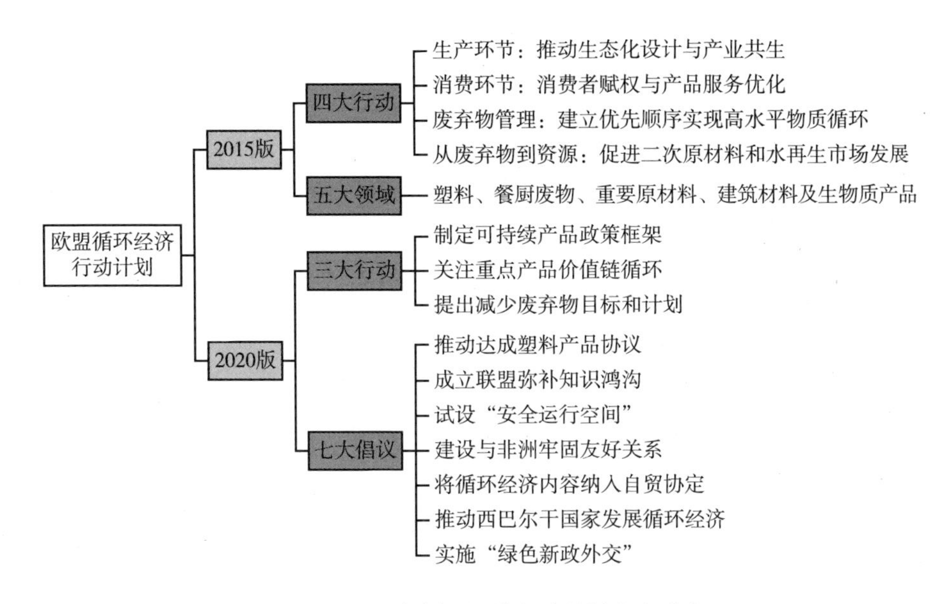

图3　欧盟两版循环经济行动计划内容对比

资料来源：根据欧盟两版循环经济行动计划文本整理。

源头提高产品的可持续性。在生产层面，建立产业废弃污染物报告和认证制度，促进上下游产业共生，使用数字技术跟踪资源流向，采用绿色技术应用等促进生产制造环节的循环发展，并提出通过新的中小企业战略促进中小企业之间的循环产业合作①。在消费层面，通过修订欧盟消费者法，协助消费者获取产品可修复性和耐用性等信息，并加强绿色采购，建立最低强制性绿色政府采购标准和目标。

关注重点产品价值链循环。欧盟确定了电子设备，包装，电池和车辆，塑料，纺织品，建设及建筑，食物、水和养分等七个关键产品领域，重点落实可持续产品理念和政策框架。拟出台的针对性措施包括欧盟循环电子计划、新电池监管框架、包装和塑料新强制性要求、支持纺织品再利用市场发展、可持续建筑环境综合战略以及减少一次性包装和餐具等。

① 廖虹云、康艳兵、赵盟：《欧盟新版循环经济行动计划政策要点及对我国的启示》，《中国发展观察》2020年第11期，第55页。

提出减少废弃物目标和计划。2030 年欧盟应实现废弃物总产生量大幅减少，不可回收利用的剩余城市废弃物减少一半。其具体措施包括四方面：一是控制废弃物总量，支持废弃物的预防和循环，加强成员国废弃物收集体系标准协调；二是减少和管控有害废弃物，发布可持续化学战略，制定减少再生原料中有害物质的方法；三是支持二次资源市场发展；四是强化欧盟废弃物出口管理措施，确保不向第三国非法出口废弃物，设立出口废弃物的“欧盟可循环”标准。

2. 循环经济与碳中和协同的若干建议

新版计划作为支撑欧盟绿色新政的一个重要支柱，对标《欧洲绿色协议》提出的 2050 年碳中和目标，明确提出应加强循环经济和温室气体减排之间的协同。应系统地衡量开展循环经济对减缓和适应气候变化的影响，并促进今后修订的国家能源和气候计划及其他气候政策中对加强循环的强调。同时计划提出可通过提高循环性的方式将大气中的碳清除，并将探讨制定一个碳清除的认证监管框架，以监测和核实碳清除的真实性①。

（三）丹麦

丹麦作为全球能效最高的国家之一，其经济总量与能耗、水耗和碳排放已实现脱钩。2018 年 9 月，丹麦发布《循环经济发展新国家战略》，希望通过丹麦企业、消费者和公共机构的共同努力，充分发挥材料和产品再循环利用的潜力，最大限度地减少浪费，向更好的循环经济模式转变。

丹麦的《循环经济发展新国家战略》提出了六大战略性行动措施：①加强企业循环转型的驱动力，在全国范围内开展提升中小企业循环经营模式的行动；②通过数据和数字化支持循环经济；③通过设计推广循环经济，将循环经济纳入产品政策，推动产品生态设计和生态标签推广；④通过循环消费创造新的解决方案，促进循环采购，确保丹麦在绿色和循环公共采购方面继续

① 廖虹云、康艳兵、赵盟：《欧盟新版循环经济行动计划政策要点及对我国的启示》，《中国发展观察》2020 年第 11 期，第 56 页。

处于领先地位；⑤为废物和再生原料创造一个正常运转的市场，促进更和谐的生活垃圾收集，为生活垃圾分类标准和收集计划制定共同准则，为废物和再生原料创造公平的市场竞争环境；⑥从建筑和生物质中获得更多价值产品，推动建立建筑行业可持续发展评级体系，倡导选择性拆迁，促进建筑垃圾在新建筑中再利用。

四　上海未来循环经济政策体系优化的对策建议

（一）上海循环经济政策体系优化的压力与挑战

“十三五”期间，上海探索并实践了末端废弃物资源利用和产业绿色发展并重的循环经济发展模式，构建了“以绿色转型为方向，以制度建设为关键，以源头减量和全过程监管为抓手”的循环经济政策体系，循环经济发展取得了丰硕成果。“十四五”期间，对标上海2035年创建卓越全球城市目标，综合考虑国内外发展趋势和我国发展条件，上海的循环经济政策体系正面临着新的压力与挑战。

1. 国际循环经济已从废弃物资源利用小循环转向社会体系物质大循环

日本的循环经济更强调社会整体的循环能力，关注循环经济发展与社会可持续发展目标的紧密结合，关注在商品和服务的整个生命周期中彻底循环资源，同时继续推广妥善处理废物及恢复环境。欧盟将循环经济理念贯穿产品设计、生产、消费、维修、回收处理、二次资源利用的全生命周期，聚焦关注重点产品价值链循环，加快改变线性经济发展方式，减少资源消耗和“碳足迹”。丹麦的循环经济更强调了全社会协作，希望通过丹麦企业、消费者和公共机构的共同努力，充分发挥材料和产品再循环利用的潜力，最大限度地减少浪费，向更好的循环经济模式转变。

2. 中国特色生态文明建设框架下的循环经济发展面临新挑战

全国“无废城市”建设，对循环经济发展提出“废弃物即是资源，应持续推进源头减量与资源利用，并将环境影响降至最低”的新要求。习近平总书记在联合国大会上庄严承诺新达峰目标与碳中和愿景，将“坚持绿色低碳发展，全面推进应对气候变化工作”注入循环经济发展新内涵。《中共中央关于制定国民经济和社会发展第十四个五年规划和二〇三五年远景目标的建议》明确提出了“十四五”期间应“加快推动绿色低碳发展，全面提高资源利用效率”的发展目标，进一步明确了“十四五”期间循环经济发展的新目标。

（二）上海循环经济政策体系优化的具体路径建议

在国内和国际循环经济形势和要求持续变革的大背景下，上海应在资源环境紧约束下探索更加可持续的经济发展模式，把绿色循环发展理念作为基本遵循，充分吸收日本、欧盟等发达国家和地区的循环经济发展经验，建立环境可接受、经济可接受、社会可接受的循环经济发展新模式。

（1）顶层设计与国家重大发展战略相衔接，落实本市“十四五”规划的具体要求。将循环经济发展目标与碳中和目标、无废城市建设目标、卓越全球城市创建目标有机协同，提出新形势下本市循环经济发展的新内涵和新目标。

（2）编制循环经济发展专项规划，探索本市“十四五”经济循环发展的新路径。创新循环经济发展思路，从“源头减量、末端资源化”转向“全生命周期生态化设计与源头预防”，关注重点产品价值链循环，促进低值废弃物再循环技术瓶颈突破与再生资源市场构建，在商品和服务的整个生命周期中彻底循环资源，着力构建产业绿色循环生态链和生态网，推动经济从线性发展转向循环发展。

（3）体现上海卓越全球城市担当，加强长三角区域协同，深度参与国际循环经济发展战略。上海应深挖与长三角相邻省份的循环经济合作潜力，为长三角区域资源流通制定适当的特别框架，推动长三角全产业链绿色循环发展，助力长三角一体化示范区打造绿色创新发展新高地。同时，应深度参与国际社会循环经济发展的重大战略，并与日本、欧盟等国家和地区在产业合作、技术引进、标准互认、经验交流等方面开展广泛合作，由国际循环经济参与者向引领者转变。

参考文献

阮力：《上海市循环经济和资源综合利用产业发展报告（2020）》，上海市循环经济协会，2020。

Japan Environment Agency, *Basic Act on Establishing a Sound Material-Cycle Society* (*Act No, 110 of 2000*), 2000.

Japan Environment Agency, *The* 1st *Fundamental Plan for Establishing aSound Material-Cycle Society*, 2003.

Japan Environment Agency, *The* 2nd *Fundamental Plan for Establishing aSound Material-Cycle Society*, 2008.

Japan Environment Agency, *The* 3rd *Fundamental Plan for Establishing aSound Material-Cycle Society*, 2013.

Japan Environment Agency, *The* 4th *Fundamental Plan for Establishing aSound Material-Cycle Society*, 2018.

European Commission, *Closing the Loop-An EU Action Plan for the Circular Economy*, 2015.

European Commission, *On the Implementation of the Circular Economy Action Plan*, 2019.

European Commission, *European Green Deal*, 2019.

European Commission, *A New Circular Economy Action Plan*, 2020.

Ministry of Environment and Food and Ministry of Industry, "Business and Financial Affairs of Denmark", *Strategy for Circular Economy*, 2018.

环境质量篇

Chapter of Environmental Quality Reports

B.11

上海“生态之城”建设的国际对标分析及对策建议

胡 静 汤庆合 周冯琦 李月寒*

摘 要: 上海正处于全面推进“五个中心”、“三大任务、一个平台”建设，强化“四大功能”的关键阶段，国际可比城市“生态之城”建设普遍体现出生态环境高品质、经济发展高质量、社会公众高素养的“三高”特征，上海在生态环境质量、功能结构、发展效率和治理体系推进上仍存在短板。对照2035年“生态之城”建设目标定位，围绕“人民城市人民建，人民城市为人民”总要求，综合国内外实践，上海“生态之城”建设应在“抓环保、促发展、惠民生”三个维度共同发力，进一步夯实“生态之城”的绿色基底，突出市民可达性

* 胡静，上海市环境科学研究院低碳经济研究中心主任，高级工程师，研究方向为环境管理与公共政策；汤庆合，上海市生态环境局综合规划处副处长；周冯琦，上海社会科学院生态与可持续发展研究所所长；李月寒，上海市环境科学研究院低碳经济研究中心工程师。

和获得性；进一步提升城市发展效率，突出传统产业绿色赋能；进一步提升“生态之城”的治理能力，创造繁荣多元的生态文化，加快探索出一条符合超大城市特征的“生态之城”建设新路子。

关键词： 生态之城 国际对标 长板 短板

2011年，《上海市国民经济和社会发展第十二个五年规划纲要》提出要“建设资源节约型和环境友好型城市，努力使我们的家园更加生态宜居，实现城市可持续发展”。在资源环境底线约束更加趋紧、生态环境质量与市民期盼仍有较大差距的背景下，以建设美丽中国为目标导向，2016年，《上海市国民经济和社会发展第十三个五年规划纲要》进一步提出要顺应市民对美好生活的追求，推进绿色发展，共建生态宜居家园，建设美丽上海。2018年，《上海市城市总体规划（2017～2035年）》[①] 明确要把上海建设成为创新之城、人文之城、生态之城，卓越的全球城市和社会主义现代化国际大都市。从“两型城市”到“美丽上海”再到“生态之城”，逐步回答了建设怎样的上海式生态文明、上海在生态文明建设中怎样做好“排头兵”的重大理论和实践问题。

当前，上海正处于全面推进“五个中心”、“三大任务、一个平台”建设，强化“四大功能”的关键阶段，如何在新的发展战略机遇期，将“生态之城”建设目标与新的使命担当紧密结合，与贯彻“人民城市人民建，人民城市为人民”重要理念紧密结合，切实推动以生态环境高水平保护促进社会经济高质量发展，成为本市“生态之城”建设推进工作的重中之重。

① 《上海市城市总体规划（2017～2035年）》，上海市人民政府网站，2018年1月4日。

一　生态之城的特征内涵

早在20世纪70年代，“生态之城”由联合国教科文组织发起的“人与生物圈”计划提出，并逐步受到全球广泛关注。国内外专家学者对生态城市的定义不尽相同，但都将城市作为一个生命体、有机体，强调了城市发展过程中要协调好“人—社会—经济—自然”四者之间的关系，实现资源的高效利用，保护好生态环境，达到经济高度发达、社会繁荣昌盛、人民安居乐业、生态良性循环的高度和谐统一，使城市成为老百姓的幸福乐园①。

基于对国际同类城市的调研分析，“生态之城”建设普遍体现出“三高”特征。一是生态环境的高品质。顶级全球城市二氧化硫（SO_2）年均浓度普遍低于10微克/米^3，细颗粒物（$PM_{2.5}$）普遍低于15微克/米^3；地表水环境质量普遍达到我国III类或II类水及以上标准；绿化覆盖率普遍达到50%以上②。除了实现让居民“呼吸上新鲜的空气，喝上干净的水，吃上放心的食物”外，近年来这些城市在提升生态空间和资源的可达性方面也做了诸多有益尝试，如纽约提出开放90%水域用于市民开展娱乐活动，伦敦将公园绿地服务半径与公园绿地面积对应，形成较为精细的半径覆盖体系。二是经济发展的高质量。把生态绿色理念融入城市规划、建设和管理全过程各环节，普遍形成了城市功能协调、结构布局合理、产业集约高效的城市发展格局，呈现出优质高端第三产业占据主导地位、环境基础设施完善、能源资源循环利用率高、要素生产率高等特征。高效率的经济增长同时也有效支撑了城市能源基底的清洁化，进一步保障了城市生态环境的高品质。三是社会公众的高素养。欧美日等地区的发达城市在生态环境治理方面普

① 盛典、丁会、邱文英：《基于绿色经济发展的生态城市建设模式分析——以中法武汉生态城为例》，《全国流通经济》2020年第14期，第123~125页；苏红巧、苏杨、林翰哲：《国家公园与区域发展关系研究——以上海生态之城建设为例》，《环境保护》，2020年第15期，第49~54页。

② 资料来源：The Official Website of the City of New York、London datastore、东京都统计年鉴、AIRPARIF等。

遍经历了从政府自身改良，到政府与社会关系改良，再到加强社会自治的过程。社会有机体更加健全，社会公众普遍具有较高的生态环境保护素养和行为意识。

二 上海建设生态之城的长短板对标分析

（一）长板分析

回顾上海城市发展历程，上海“生态之城”建设的长板主要体现在四个方面。

一是生态文明理念始终贯穿城市总体发展战略。从“资源节约型、环境友好型”两型城市到美丽上海和生态之城，从“绿水青山就是金山银山”到“人民城市人民建，人民城市为人民”，上海始终坚持把生态文明放在城市发展的突出位置，率先担当起新时代城市建设发展的新使命，坚持生态优先、绿色发展，努力做到生态惠民、生态利民、生态为民。全市2019年$PM_{2.5}$年均浓度为35微克/米^3（达到国家二级标准），较基准年2015年下降30%；AQI优良率为84.7%，较2015年上升9个百分点。地表水主要水体水质稳定改善，主要河流断面水环境功能区达标率为87.3%，其中，Ⅱ~Ⅲ类断面占48.3%，劣Ⅴ类断面占1.1%，均提前完成“十三五”规划目标①。2020年上半年，全市空气质量指数（AQI）优良率为85.7%，较上年同期提高4.5个百分点。主要河流断面水环境功能区达标率为96.1%，较上年同期上升12.2个百分点。Ⅱ~Ⅲ类水质断面占79.3%，较上年同期上升30.9个百分点。Ⅳ~Ⅴ类断面占20.7%，较上年同期下降26.6个百分点，无劣Ⅴ类断面。

二是规范有序的环境治理体系初步形成。海纳百川的国际视野、规范有序的契约精神、相对较高的公民环境素养和强有力的社会组织动员能力，为

---

① 上海市生态环境局：《上海市生态环境状况公报（2019）》，2020；上海市环境保护局：《上海市环境状况公报（2015）》，2016。

持续推动上海城市绿色低碳发展转型奠定了良好基础。以垃圾分类的推进为例，自 2019 年 7 月 1 日起施行的《上海市生活垃圾管理条例》，全社会支持、参与度广泛，全市 1.2 万余个居住区达标率已由 2018 年底的 15% 提升到目前的 90%，取得了良好成效，绿色时尚观念日渐流行，彰显海派特色的生态文化和生态治理模式初步形成。

三是支撑未来可持续发展的绿色经济初具规模。轨道交通运营里程位居世界第一（2020 年底将达到 830 公里），继续保持为全球最大的新能源汽车推广应用城市（累计保有量约 35 万辆）[①]，绿色建筑和装配式建筑规模全国领先，先进制造业占比不断提升，第三产业占比已达 70% 以上[②]，体现绿色转型发展的生态经济初具规模。

四是全民共享的滨水绿廊空间初具雏形。黄浦江、苏州河两岸总计 87 公里的公共空间陆续实现贯通，为市民提供了方便可达的滨水公共空间。同时依托绿带、林带、水道河网、景观道路等廊道，打造具有生态保护、健康休闲和资源利用等功能的绿色线性空间（2019 年底已建成 881 公里绿道），既为市民的高品质生活筑起绿色走廊，又激发了城市建设的绿色新动能，初显人与自然和谐的宜居之城风貌。

（二）短板分析

对比国内外同类城市，上海生态之城建设的短板主要包括四个方面。

一是生态环境有待持续改善。生态环境质量与国际同类城市现状、上海城市目标定位和人民需求相比还有较大差距。空气质量改善成效不够稳固，复合型、区域性污染特征明显，$PM_{2.5}$、NO_2 等主要污染因子还处于临界超标水平，臭氧污染风险日益凸显；部分河道在雨季还存在局部性、间歇性水质反复，河湖水生态系统比较脆弱，“消黑除劣”后富营养化问题逐渐成为水环境新矛盾；各类固体废弃物数量持续增长、种类繁多，处理处置能力相对

---

① 上海市城乡建设和交通发展研究院：《2019 年上海市综合交通运行年报》，2020。

② 上海市统计局：《上海统计年鉴》，2020。

不足的短板问题不容忽视；林地、绿地、湿地等生态资源总量相对不足，生态系统服务功能亟须提升。

二是功能结构有待优化提升。总体上，上海仍处于城市能级和核心竞争力全面提升的关键爬坡期。功能定位上，上海全球城市架构已经基本形成，但城市能级和核心竞争力还不够，亟待大力推动科技创新，提升高端制造业竞争力，以强化“四大功能”为主要引领和突破口，大力推进“五个中心”建设。空间布局上，建设用地占比已达49.8%[①]，显著高于可比全球城市20%～30%的水平。产业结构上，重工业在全市工业中占比接近80%，如石化、钢铁两大行业产值占本市工业总产值的13%左右，但总能耗占规上企业能耗的70%左右，SO_2、NO_x的排放量分别占全市工业领域总排放量的55%和72%[②]。能源结构上，煤炭在全市一次能源中占比达30%[③]，天然气和可再生能源占比与顶级全球城市相比有较大差距。交通结构上，交通能耗保持刚性增长，道路交通“三高”（机动车数量高速增长、高强度使用、高密度聚集）问题较为突出，特别是重型货车保有量显著高于其他城市。

三是发展效率有待进一步提高。上海经济社会发展水平较高，但经济增长的资源环境代价仍较大，属于“高投入高产出”城市，投入产出效率不高一定程度加剧了城市资源环境的紧约束。能源资源效率方面，虽然本市火力发电、精品钢等部分工业产品单位能耗指标达到或保持国内外行业先进水平，但受发展阶段、产业结构、工艺技术水平等影响，本市万元生产总值综合能耗仍为新加坡和纽约的4倍、香港的6倍、伦敦的6.5倍；单位生产总值水耗是纽约的10倍、新加坡的19倍、北京的2.5倍、深圳的3.8倍；单位土地产出仅为纽约的1/12、东京的1/5，单位建设用地产出仅为东京的1/5、香港的1/8、新加坡的2/7。全要素生产率方面，据上海市发展改革研究院分析，1992～2017年，全要素生产率（TFP）对上海地区生产总值增长

① 中华人民共和国住房和城乡建设部：《中国城市建设统计年鉴2018》，2019。

② 资料来源于上海市环境科学研究院内部研究成果。

③ 上海市统计局：《上海统计年鉴》，2020。

的平均贡献率约为30%[①]，与发达国家60%以上的水平相比，在效率提升和创新驱动方面仍存在显著差距。

四是生态环境治理体系有待健全。上海生态环境治理仍处于从被动应对向主动作为转变的过渡期。环境治理方面，长期以行政管制为主，主要以"规划标准+财政奖补+监督执法"的方式推进，多方合作、社会共治的体系尚未形成，生态环境治理对推进城市绿色发展转型所发挥的战略性、全局性、主动性引领作用相对薄弱。社会转型方面，全社会绿色生活消费方式转变仍处于探索期。长期以来，从国家到地方将推进生态绿色发展的重点都放在经济领域并侧重生产环节。实践证明，作为短板的消费领域问题不解决，绿色发展就难以落到实处。需要长期关注、持之以恒地从宣传教育、供给侧改革、管理体系完善、示范推广等多层次引导形成勤俭节约、绿色低碳、文明健康的生活方式和消费模式。

三　推进上海"生态之城"建设的对策建议

对照2035年"生态之城"建设目标定位，围绕"人民城市人民建，人民城市为人民"总要求，综合国内外实践，在上海自身长短板分析的基础上，笔者认为上海"生态之城"建设应在"抓环保、促发展、惠民生"三个维度共同发力，努力实现"三个提升"，即进一步提升生态环境品质，进一步提升绿色发展能级，进一步提升人民群众获得感，加快探索，走出一条符合超大城市特征的"生态之城"建设新路子，为人民城市建设和打造国内大循环的中心节点、国内国际双循环的战略链接中心做出更大贡献。

（一）坚持以人民为中心，进一步夯实"生态之城"的绿色基底，更加突出市民可达性和获得感

从单纯追求生态环境资源的规模提升，转向量质齐升，更加突出功能性

① 杨波：《上海高质量发展走在全国前列研究》，《科学发展》2019年第1期，第5~17页。

和感受度，即加强各类生态环境资源的“可达性”（accessibility）。除逐步实现清洁的空气和饮用水人人可达共享外（目前本市 $PM_{2.5}$年均浓度为 35 微克/米^3，已达到国家二级标准，2035 年目标 25 微克/米^3 将达到世卫组织第二阶段标准，集中式饮用水源地水质达标率已达 100%），需要进一步改善地表水环境质量，达到水域开放比例（供市民休憩），可划船、可游玩水体占比等亲民指标。生态建设方面，除森林覆盖率、人均公共绿地面积等指标外，增加公共开放空间 5 分钟步行可达覆盖率等指标，增加复合生态空间，优化生态格局，加强自然生态系统保护修复，强化生物多样性保护。农产品方面，进一步提供更加安全、更高品质的本地产农产品，让广大市民吃得放心。对此，需要进一步加快完善城市环境基础设施，重点是污水、污泥及固废综合利用和处置等基础设施和管理体系建设，完善城市绿色生态基础设施功能，因地制宜推进海绵城市、韧性城市建设。加强对绿色生产、生活方式的积极引导，尤其应将“无废城市”纳入上海“生态之城”建设目标，努力构建以强化循环经济产业链为支撑，以促进源头减量和过程协同为特色的“无废城市”管理体系，倡导简约适度、绿色低碳的生活方式，进一步充实并提升上海“生态之城”的内涵和外延。

（二）坚持新发展理念，进一步提升城市发展效率，更加突出传统产业绿色赋能

一是以资源环境的适度紧约束助推效率提升和高质量发展。更加重视对衡量经济质量指标的跟踪评估（如单位生产总值的直接物质投入量、全要素生产率等），服务提升四大功能，倒逼提升城市发展能级和核心竞争力。特别是针对临港自贸区新片区、一体化发展示范区等重点区域，严格对标国际最高标准、最好水平，坚持高质量发展、高水平保护和高标准治理，积极打造国家绿色高质量发展标杆。

二是加快推进能源清洁化和高效利用。严格限制各类煤化工项目，严格控制全市煤炭消费总量，大力提升天然气利用比例，积极开发本地可再生能源，努力提升外来电中清洁能源比例。进一步加强余热利用、高效电

机、变频调速、高效保温等技术应用，在全市范围内大力推进能源资源节约和梯级利用。

三是加快提升重点产业绿色发展水平。积极推进钢铁、化工、石化等传统产业的“绿色化”技术改造和升级换代；加强各工业园区的循环化补链改造，引导创建一批“绿色示范工厂”，引导上海化工区等重点园区创建国家级绿色示范园区；以清洁生产一级水平为标杆，引导和激励企业采用先进适用的技术、工艺和装备实施清洁生产技术改造；系统谋划战略性新兴产业带来的废旧蓄电池、重金属、持久性有机物等污染防治。

四是加快构建绿色交通网络。积极推动货运向公转铁、公转水方式发展，进一步提升铁路、水路货运比重；适当控制外高桥港区货运体量，优化外高桥港区周边集装箱货运场站布局，减轻对市区道路交通和移动源污染排放的影响；进一步加强本市交通组织优化、新能源车辆推广（特别是城市营运车辆的新能源替代）、交通出行方式优化等。

五是加快推进绿色农业发展。进一步推广无农药、无化肥绿色农业，深化农业面源污染防治，创建一批生态循环农业示范区、示范镇、示范基地。

（三）坚持全社会共治，进一步提升“生态之城”的治理能力，创造繁荣多元的生态文化

坚持海纳百川的国际视野，秉承良好的营商环境、契约意识、法治意识等既有优势，以及相对较高的公民环境素养和强大的社会组织动员能力，在坚持政府承担环境治理主导责任和义务的前提下，进一步构建政府、企业和社会公众共同参与的现代环境治理体系。

一是促进治理主体的多元化。为企业、社会组织和公众更广泛、更直接、更有效地参与环境治理提供制度保障和推进平台，充分激发释放各类市场主体活力，为各类环保产业、环保机构和民间组织的成长创造良好的外部环境。

二是促进治理方式的多元化。加强市场机制的作用发挥，引导绿色生产，构建绿色供应链，推行“领跑者”等模式，推动企业由被动治污向主

动治污转变。将与社会各界广泛沟通、协商作为推进环境治理的重要方式，鼓励村民委员会、城市居民委员会、业主委员会等社区组织在政府的引导和支持下充分发挥基层自治的重要作用。

三是促进治理渠道的多元化。依法推进环境信息公开、环境保护公众参与，畅通民意表达渠道，完善社会公众和新闻媒体监督参与机制。针对固废资源回收利用、绿色消费等工作，建议通过直接拨款、间接补贴、税收优惠、授予合作伙伴资质等方式，提升企业、机构、个人参与环境治理实践的社会认同感，促进他们的自我价值实现，大力倡导绿色生活消费新风尚，加快形成彰显海派特色的生态文化体系。

附表　全球城市生态环境建设及绿色发展主要指标比较

类型		指标	单位	上海	纽约	伦敦	东京	巴黎
环境质量类	大气	SO_2 年均浓度	微克/立方米	7（2019年）	3（2019年）	2（2019年）	3（2017年）	0.4（2019年）
		$PM_{2.5}$ 年均浓度	微克/立方米	35（2019年）	11（2019年）	12（2019年）	11.7（2019年）	12.4（2019年）
	水	溶解氧浓度	毫克/升	5.90（Ⅲ）（2019年）	7.07（Ⅱ）（2016年）	—	7.40（Ⅱ）（2018年）	—
		高锰酸盐指数	毫克/升	4.45（Ⅲ）（2019年）	—	—	4.75（Ⅲ）（2015年）	—
		五日生化需氧量	毫克/升	3.14（Ⅲ）（2019年）	—	—	1.7（Ⅰ）（2018年）	—
	生态	森林覆盖率	%	17.56（2019年）	24（2017年）	34.8（2017年）	37.8（2017年）	27（2017年）
		人均公园绿地面积	平方米	8.4（2019年）	13.6（2018年）	25.5（2017年）	9（2017年）	16（2017年）
发展基础类	产业	产业结构	—	0.27∶26.99∶72.74（2019年，产值比例）	0.20∶12.25∶87.30（2010年，就业人口比例）	1.38∶1.83∶93.58（2008年，产值比例）	0.0∶16.30∶83.70（2017年，产值比例）	—
	能源	煤品占能源消费量比重	%	28.62（2018年）	0.27（2015年）	0（2006年）	0（2010年）	14（2013年）
	基础设施	城市排水管网密度	公里/平方公里	4.33（2018年）	13.43（2018年）	14.48（2018年）	7.46（2017年）	22.27（2018年）
		城市道路密度	公里/平方公里	2.905（2018年）	—	9.4（2010年）	11.18（2013年）	—

续表

类　型	指标	单位	上海	纽约	伦敦	东京	巴黎
发展效率类	地均产值	亿元/平方公里	6.02（2019年）	75.8（2017年）	—	30.6（2018年）	—
	单位产值能耗	吨标煤/万元	0.31（2019年）	0.079（2014年）	0.048（2015年）	—	—
	人均碳排放	吨二氧化碳	8.72（2019年）	5.82（2016年）	3.87（2015年）	4.97（2013年）	2.42（2014年）
	全员劳动生产率	万美元/人	3.18（2016年）	—	—	12.64（2016年）	—
	全要素生产率（TFP）经济增长贡献率	%	≈30（1992~2017年）	>60			

注：“—”表示该国际城市相关指标暂未获得（数据发布口径不一致）。

资料来源：《上海统计年鉴》、The Official Website of the City of New York、London datastore、东京都统计年鉴、AIRPARIF等。

参考文献

《上海市城市总体规划（2017~2035年）》，上海市人民政府网站，2018年1月4日。

《上海市国民经济和社会发展第十二个五年规划纲要》，上海市人民政府网站，2011年1月21日。

《上海市国民经济和社会发展第十三个五年规划纲要》，上海市人民政府网站，2016年2月1日。

上海市城乡建设和交通发展研究院：《2019年上海市综合交通运行年报》，2020。

上海市环境保护局：《上海市环境状况公报（2015）》，2016。

上海市生态环境局：《上海市生态环境状况公报（2019）》，2020。

上海市统计局：《上海统计年鉴》，2020。

盛典、丁会、邱文英：《基于绿色经济发展的生态城市建设模式分析——以中法武汉生态城为例》，《全国流通经济》2020年第14期。

苏红巧、苏杨、林翰哲：《国家公园与区域发展关系研究——以上海生态之城建设为例》，《环境保护》2020年第15期。

杨波：《上海高质量发展走在全国前列研究》，《科学发展》2019年第122期。

张婷麟、孙斌栋：《全球城市的制造业企业部门布局及其启示——纽约、伦敦、东京和上海》，《城市发展研究》2014年第4期。

B.12

上海大气环境健康风险及治理对策

周伟铎 *

摘　要：　清洁空气对人民的健康福祉至关重要，上海市政府在控制大气环境健康风险方面已经取得了一些效果。造成上海市大气环境健康风险的根本原因是上海市大气污染物的超标排放。尽快降低上海市大气污染物的排放，也是降低大气环境健康风险的必然选择。"十三五"以来，上海市主要通过实施多种政策组合来推动大气污染治理工作，落实大气环境风险防控。当前，上海市的首要污染物已经由细颗粒物逐渐转化为细颗粒物和臭氧。上海市2019年大气环境质量主要指标总体上要好于长三角平均水平，但与一些国内城市和全球城市之间的空气质量差距明显。上海市可以从环境健康风险监测与预警、环境健康风险管理标准、大气污染风险预防及损害救济、区域协同机制等方面完善相关机制，持续不断地改善大气环境质量，降低大气环境健康风险。为构建以健康为导向的大气环境风险管理机制，本报告建议上海市完善大气环境风险的信息公开机制，推动实现上海市与长三角区域其他省空气质量的联保共治，实现大气污染损害救济社会化，完善大气环境风险标准体系。

关键词：　大气环境　健康风险　上海

---

* 周伟铎，上海社会科学院生态与可持续发展研究所博士，研究方向为可持续发展经济学。

清洁空气对人民的福祉至关重要。城市的经济活动，特别是与道路运输、电力和热力生产、工业和农业有关的经济活动所排放的空气污染物，直接影响城市的空气质量，对人类健康有直接和间接的影响，对生态系统和文化遗产也产生不利影响。世界卫生组织（WHO）的国际癌症研究机构（IARC）在2013年进行的一项评估得出的结论是，室外空气污染对人类具有致癌性，空气污染中的颗粒物成分与增加的癌症发病率（尤其是肺癌）密切相关。已有研究也观察到室外空气污染与尿道/膀胱癌增加之间的关系。根据WHO2016年发布的研究成果，世界范围内大气污染中有29%的死亡和疾病是由肺癌引起的，17%的死亡和疾病是由急性下呼吸道感染引起的，24%的死亡是由哮喘引起的，25%的死亡和疾病是由缺血性心脏病引起的，43%的死亡和疾病是由慢性阻塞性肺病引起的[①]。因此，降低大气环境健康风险事关人民群众的健康福祉，必须加以重视。

上海市作为长三角龙头城市，发挥“人民城市人民建，人民城市为人民”的精神，多年来在大气污染治理领域狠抓政策落实，大气环境取得了明显的改善，人民群众的健康福祉得到了显著的增加。本报告主要分析上海市“十三五”时期大气污染的现状，并结合发达国家城市大气健康风险管理的经验及启示，为上海市构建以健康为导向的大气环境风险管理机制提供政策支撑。

一　“十三五”上海市大气环境风险管控现状分析

（一）上海市大气环境健康风险

上海市大气污染对居民健康的影响已经得到了多项学术研究的确认。其

---

① 世界卫生组织：《全球疾病负担研究》，2016 。

中，许安阳等[①]研究上海市2013年1月至2014年12月的主要大气污染物与心血管疾病门急诊人数之间的关系，发现在控制温度等混杂因素之后，上海市居民心血管内科门急诊人数与大气污染物浓度呈正相关。石晶金等[②]对上海市空气污染治理政策健康效应的研究发现，2007年上海市城区大气颗粒物污染健康危害造成的经济损失为7.47亿~31.83亿美元，占上海市当年GDP的1.1%~2.0%。其中，死亡造成的损失最大，占总损失的93.04%，而慢性支气管炎对经济造成的损失也比较明显。江波等[③]研究发现，上海市2013年1月至2014年12月的主要大气污染物可以引起暴露人群出血性脑卒中住院就诊量的增加，且PM_{10}的影响较$PM_{2.5}$强，女性以及65~85岁人群对颗粒物的污染效应更加敏感。田俊杰等[④]对上海市2017年8~9月和2018年1~2月徐汇区和金山区多个采样点的研究分析发现，上海市的大气PM_{10}中各重金属浓度呈现一定的空间分布特征，其中室外Pb和Cd的平均浓度高于室内，As则是室内平均浓度高于室外，反映了室外交通、室内人类活动对大气污染的影响。As、Cd和Cr 3种元素的成人致癌风险高于儿童，室内风险高于室外。As的致癌风险最高，是上海市典型地区的大气PM_{10}的主要致癌因子。

如图1所示，上海市2014~2018年前三大疾病死亡原因分别为循环系统疾病、肿瘤和呼吸系统疾病，而这三种疾病均与大气环境健康风险有关。其中循环系统疾病是上海市2014~2018年最大的健康风险，约占死亡总人口的40%，而且呈现逐年上升态势。肿瘤作为第二大健康风险，约占死亡总人口的30%。呼吸系统疾病2014~2018年呈现下降态势，约占死亡总人

---

① 许安阳：《上海市温度和大气污染对居民心血管疾病门急诊人数的影响》，《同济大学学报》（医学版）2017年第1期，第114~123页。

② 石晶金、陈仁杰等：《基于不同政策场景下上海市空气污染治理政策健康效益分析》，《中国公共卫生》2017年第6期，第883~888页。

③ 江波、牟喆等：《上海市大气颗粒污染物对居民出血性脑卒中住院人数的影响》，《同济大学学报》（医学版）2017年第3期，第115~119页。

④ 田俊杰等：《上海市典型地区环境空气可吸入颗粒物中重金属污染水平及健康风险评价》，《环境科学学报》2019年第11期，第3924~3931页。

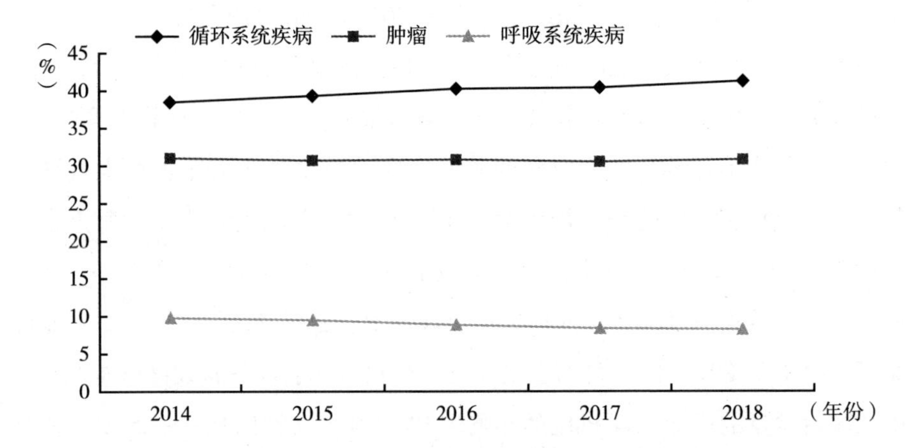

图1　上海市2014～2018年前三位疾病死亡原因及占死亡总数的比重

资料来源：《上海统计年鉴，2015～2019》。

口的8.5%。造成上海市大气环境健康风险的根本原因是上海市大气污染物的超标排放。尽快降低上海市大气污染物的排放，也是降低大气环境健康风险的必然选择。

（二）"十三五"时期大气环境健康风险管理的成就

"十三五"时期前四年，上海市的空气质量指标总体呈现逐步改善态势。其中，二氧化硫浓度降幅最为明显，2019年比2015年下降了58.82%；颗粒物浓度降幅也很可观，2019年$PM_{2.5}$浓度和PM_{10}浓度分别比2015年下降了33.96%和34.78%。CO浓度2019年比2015年下降了23.26%。臭氧和二氧化氮浓度降幅最不明显，臭氧浓度2019年比2015年下降了6.21%；二氧化氮浓度2019年比2015年下降了8.7%。

根据《上海市2018～2020年环境保护和建设三年行动计划》（简称《三年行动计划》），到2020年，上海环境空气质量指数（AQI）优良率力争达到80%左右，基本消除重污染天气，细颗粒物（$PM_{2.5}$）年均浓度降到37微克/米^3。AQI优良率方面，2019年上海市AQI优良率达到了84.7%，比全国337个地级及以上城市平均水平高出2.7个百分点，提前实现《三年行动计划》的目标。重污染天气方面，2019年上海市有56个污染日，其中轻度污染48天，中度污染7天，重度污染1天，基本消除重污染天气。$PM_{2.5}$年均浓度方面，2019年$PM_{2.5}$年均浓度降到35微克/米^3，与全国337个地级及以上城市2019年$PM_{2.5}$平均浓度36微克/米^{3}基本相当，已经提前实现了2020年的目标。

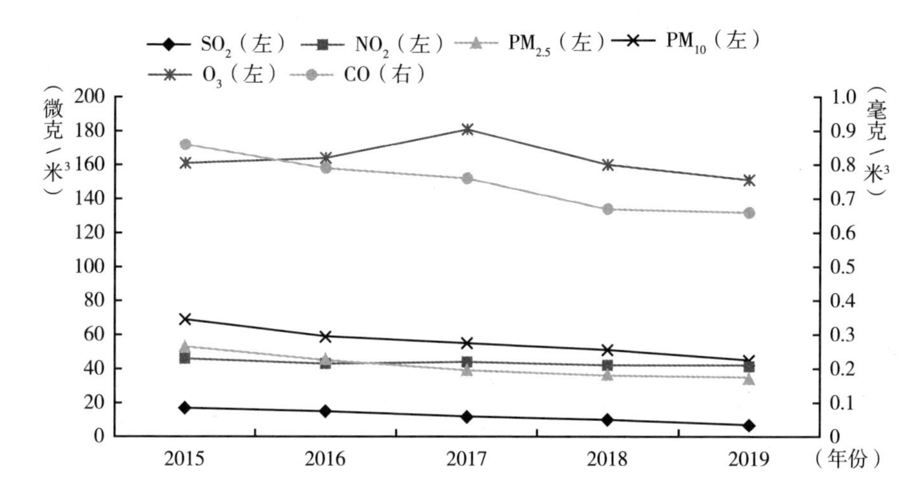

图2　上海市2015～2019年空气质量指标变化情况

资料来源：《上海市生态环境状况公报》，2013～2019。

当前，上海市的首要污染物已经由细颗粒物逐渐转化为细颗粒物和臭氧。其中，2019年首要大气污染物为臭氧的有26天，占46.4%；首要污染物为细颗粒物的有25天，占44.6%；首要污染物为可吸入颗粒物的有3天，占5.4%；首要污染物为二氧化氮的有2天，占3.6%。

（三）“十三五”期间上海市大气环境风险防控的主要政策行动

“十三五”以来，上海市主要通过推动大气污染治理工作来落实大气环境风险防控。结合《上海市清洁空气行动计划（2013～2017）》、《上海市2015～2017年环境保护和建设三年行动计划》、《上海市环境保护和生态建设“十三五”规划》、《上海城市总体规划（2017～2035年）》、《上海市2018～

2020年环境保护和建设三年行动计划》（简称《2018～2020年三年行动计划》）等政策的出台和落实，扎实推进大气污染治理工作。在《上海市环境保护和生态建设“十三五”规划》中，上海市2020年大气环境质量的主要指标分别为$PM_{2.5}$年均浓度指标不超过42微克/米^3，环境空气质量优良率超过75.1%。从“十三五”重点任务推进情况来看，上海市从燃煤电厂超低排放改造、集中锅炉清洁能源替代、全面取缔经营性小茶炉和炉灶、全面推进工业VOCs治理、工业区环境综合整治、交通领域清洁化转型等领域入手，大气污染物减排取得积极成效，大气环境有明显改善，提前完成“十三五”规划目标和《2018～2020年三年行动计划》目标。

1. 通过“命令－控制”政策强化政策落实

在监管执法方面，“十三五”期间上海市实施“最严尺度”与“审慎监管”并济的管理模式，2016年至今，上海在大气污染方面共执法查处案件2912件，处罚金额共计约3.59亿元①。2017年开始，对一些影响恶劣的大气环境污染行为，上海生态环境部门明确可以直接依法进行顶格处罚。

在监测预警方面，“十三五”期间，上海市不断提升大气环境监测预警能力。过去5年，上海建成了55个空气质量常规检测站台，和崇明东滩、青浦淀山湖、浦东等3个“超级站”。上海市为了便于公众理解，设计了“空气宝宝”卡通形象（见图3），通过其表情与颜色的变化呈现不同空气质量水平。上海市在2016年和2018年分别修订了《上海市空气重污染专项应急预案》，指导公众采取相关健康防护措施。

上海市通过不断提高环保标准，倒逼大气污染企业关停并转。“十三五”时期，在大气污染物特别排放限值方面，上海市除了执行国家规定的火电（不含燃煤电厂）、钢铁、石化、水泥、有色金属、化工外，还增加了包装印刷业、工业涂装这两个行业。上海市还出台了锅炉和畜禽养殖的污染物排放地方标准。“十三五”时期，上海市通过环评审批制度改革倒逼大气污染企业转型。上海市出台《上海市建设项目环境影响

① 陈玺撼：《精准治理，“水晶天”常驻申城》，《解放日报》2020年10月6日，第1版。

图3　上海市“空气宝宝”卡通形象

评价分类管理重点行业名录》，实施环评分类管理；修订《上海市不纳入建设项目环评管理的项目类型》，优化营商环境，降低企业的经营成本。

2. 探索环境经济政策的创新应用

在排污许可制度方面，上海还在 2017 年 6 月 5 日颁发了全国首张国家版排污许可证，为排污许可证引入“契约”模式，并在 2020 年将排污许可制度应用到上海市所有重点排污产业。截至 2020 年 8 月 30 日，上海累计核发排污许可证 5546 张，完成排污登记 2. 86 万家，基本实现了固定污染源排污许可管理的全覆盖，以排污许可证为核心的“一证式”监管执法模式正在上海逐步落地生根。这为上海市建设基于排污许可证的交易市场体系奠定了基础。

通过市场机制创新促减排。2015 年底，上海正式启动 VOC 排污收费试点，根据排污者污染治理情况和排放水平，实施差别化收费政策。2018 年上海市实施环保税政策，明确了二氧化硫、氮氧化物、苯、甲苯等的税额标准，并适时依法进行阶段性调整。上海市还通过实施脱硫脱硝环保电价补贴政策激励燃煤电厂脱硫脱硝，2019 年，上海电厂主要污染物二氧化硫、氮氧化物的排放量较 2016 年分别下降了 92% 和 71%。上海市通过实施可再生能源发电价格补贴政策、新能源汽车补贴政策，推动燃油汽车的替代和新能源汽车的普及。

3. 强化重点领域的大气污染治理

在能源领域，上海市主要从三个方面来推动大气污染治理政策的落实。第一，推进能源结构优化调整，持续削减煤炭消费总量。2017 年全市煤炭消费总量为4577.84 万吨，比2015 年削减了3.2%。第二，加快锅炉和窑炉清洁能源替代，全面取缔分散燃煤锅炉。目前，全市除公用燃煤电厂和钢铁窑炉外，全市基本实现无燃煤锅炉。第三，提升燃煤和燃气设施污染治理水平，实施大气污染特别排放限值。2018 年 1 月 1 日起，上海市所有燃煤电厂烟尘、二氧化硫和氮氧化物的排放浓度分别达到 10 毫克/$米^3$、35 毫克/$米^3$ 和 50 毫克/$米^3$ 的排放限值要求。

在产业领域，上海市主要从制定和实施产业规划、严格产业节能环保准入、加大产业结构调整力度、加快工业重点行业 VOC 综合治理四个方面来推进大气污染治理政策落实。其中，2013～2018 年上海市共完成淘汰落后项目 5036 项，其中 85% 是负面清单和“三高一低”类项目，节约标准煤能耗合计超过 300 万吨，腾出土地 15 万亩，削减 $SO_2$9.48 万吨、NOx 1.45 万吨①。2014～2017 年，累计完成 2515 家企业挥发性有机物治理工作，VOC 治理工作取得阶段性进展②。

在交通领域，上海市主要从着力优化交通结构、提升新车排放标准、提前淘汰黄标和老旧车、加强在用车监测和监管、加快绿色港口建设和开展非道路移动源排放控制六个方面开展大气污染治理工作。截至 2019 年底，上

① 上海市环境科学研究院：《“十四五”生态环境保护规划重大问题前期研究专题报告》，2019 年 12 月。

② 上海市环境科学研究院：《“十四五”生态环境保护规划重大问题前期研究专题报告》，2019 年 12 月。

海市累计推广应用新能源车超过 30 万辆，建成充电桩超 25 万个，全国领先①。2018 年 10 月起，上海市全面提前供应国Ⅵ标准车用汽柴油，同时停止销售低于国Ⅵ标准的油。2019 年 7 月 1 日，正式实施了新车国Ⅵ标准。2019 年 5 月，上海市正式实施在用汽柴油车监测标准。2018 年 10 月 1 日起，上海港实施驶入排放控制区换烧低硫油，有条件的靠港船舶一律使用岸电。

在区域协同领域，“十三五”时期上海始终坚持区域联动、多元共治。上海市还加强了长三角区域内高污染车联防联控，与苏浙两省协作，搭建了长三角区域性高污染机动车环保信息共享平台，目前平台内已收集区域内高污染车辆约 440 万辆，为高污染机动车实施异地执法监管提供了重要支撑。

（四）“十三五”时期上海大气环境健康风险管理的不足

上海市 2019 年大气环境质量主要指标总体上要好于长三角平均水平。上海市 2019 年 $PM_{2.5}$年均值已经首次实现达标，与长三角地区大气环境质量平均水平相比，除了 NO_2外，其他各项指标均好于长三角地区平均水平（见图 4），但与 2019 年生态环境部 168 个重点监测城市中空气质量前 20 名的城市和特大城市（深圳、厦门、珠海、贵阳、昆明）相比，仍有差距。

由图 5 可以看出，上海市空气质量与我国一些空气质量排名靠前的城市相比，在 $PM_{2.5}$年均浓度和空气质量优天数这两项指标方面差异明显。具体就 2019 年来说，在超大城市中，深圳市 $PM_{2.5}$已经达到了 24 微克/米^3，环境空气质量综合指数②在全国 168 个重点监测城市中排名第九，空气质量优天数达到了 187 天；广州市 $PM_{2.5}$已经达到了 30 微克/米^3，空气质量优天数达到了 93 天。在特大城市③中，东莞市 $PM_{2.5}$已经达到了 32 微克/米^3，空气

① 上海市交通委员会：《2019 年上海市交通运行年报》，2020 年。

② 环境空气质量综合指数：评价时段内，六项污染物浓度与对应的二级标准值之间的总和即为该城市该时段的环境空气质量综合指数，用于我国 168 个城市环境空气质量的排名。

③ 根据《中国城市建设统计年鉴 2018》，目前我国有武汉、成都 、东莞 、南京 、杭州、郑州、西安、沈阳、青岛 9 个特大城市。

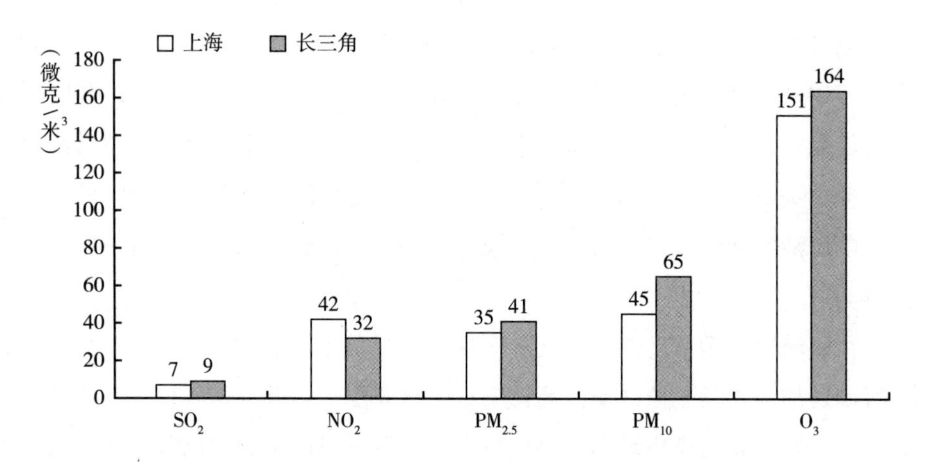

图 4　2019 年上海市与长三角地区大气环境质量分指标比较

质量优天数达到了 117 天。在Ⅰ型大城市中，厦门市 $PM_{2.5}$已经达到了 24 微克/米^3，环境空气质量综合指数在全国 168 个重点监测城市中排名第四，空气质量优天数达到了 185 天；昆明 $PM_{2.5}$已经达到了 26 微克/米^3，环境空气质量综合指数在全国 168 个重点监测城市中排名第 15，空气质量优天数达到了 184 天。在Ⅱ型大城市中，贵阳市 $PM_{2.5}$已经达到了 27 微克/米^3，环境空气质量综合指数在全国 168 个重点监测城市中排名第八，空气质量优天数达到了 214 天。

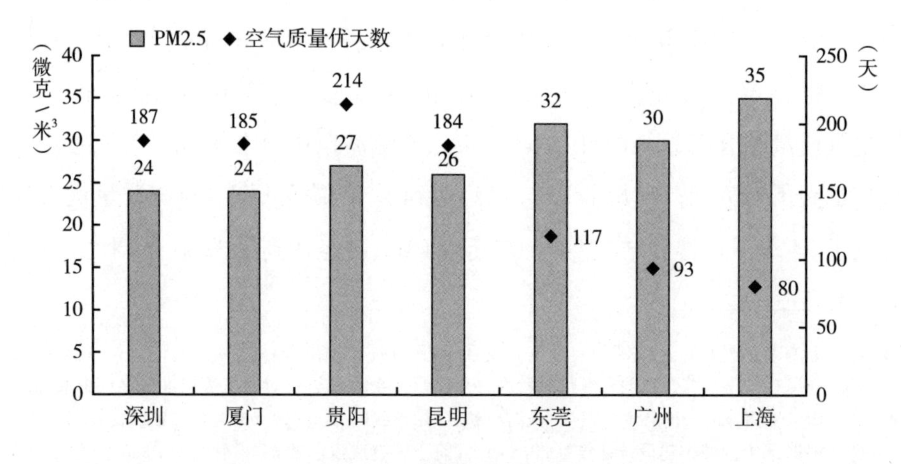

图 5　上海市空气质量与国内一些城市的差距

从图 6 可知，上海市与全球城市之间的空气质量差距明显。其中，在 $PM_{2.5}$方面，上海市刚刚达到 WHO 过渡时期目标值 - Ⅰ（35），而纽约市在 2017 年就已经达到了 WHO 的空气质量准则值。伦敦、东京都已经达到过渡时期目标值 - Ⅲ（15），新加坡和香港都已经达到了过渡时期目标值 - Ⅱ（25）。可以看出，当前上海市的空气质量仍有较大提升空间。

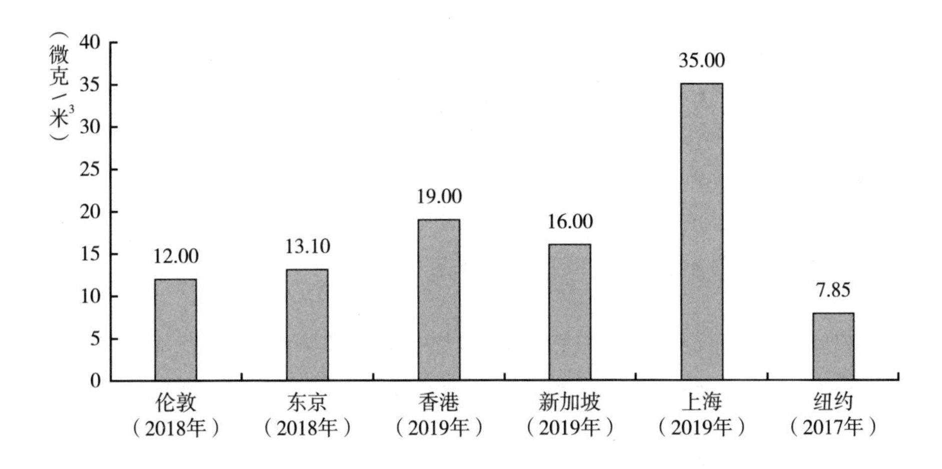

图 6　上海与全球城市的 $PM_{2.5}$年均值的差异

从图 7 可知，当前上海市在 SO_2 控制方面已经远远超越了中国 AQI 一级标准和 WHO 空气质量准则，NO_2 控制也基本达标，而在 $PM_{2.5}$、PM_{10}和 O_3 方面，仍有较大差距。

二　发达城市大气健康风险管理的经验及启示

20 世纪 60 年代前后，日本、德国和美国等发达国家空气污染公害事件频发，空气质量标准也“应劫而生”，标准的制定和收紧帮助这些国家实现了持续的空气质量改善。而在中国，具有里程碑意义的 2012 年新空气质量标准修订使得经济发展与主要空气污染水平实现了脱钩，也促进了空气质量管理体系的构建和完善。2018 年上海市发布《上海市城市总体规划（2017 ~

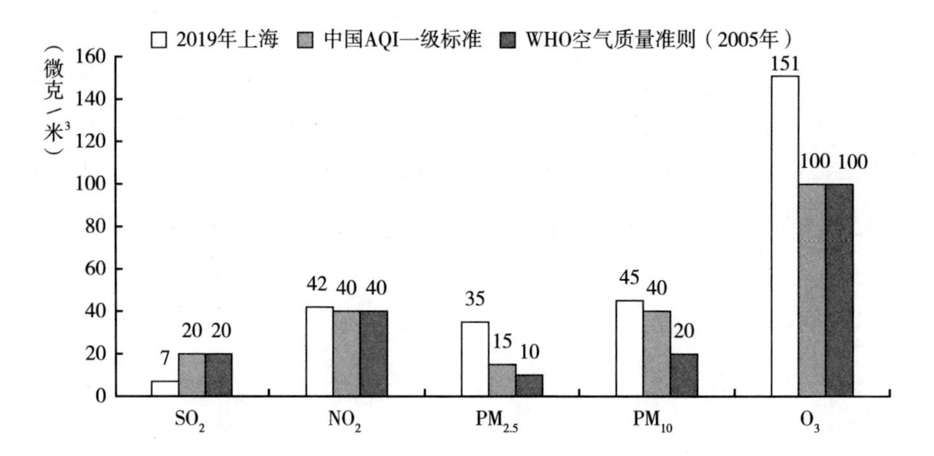

图7　上海2019年空气质量与中国AQI一级标准和WHO空气质量准则的比较

说明：臭氧为日最大8小时平均第90百分位浓度。

2035年)》，提出了到2035年$PM_{2.5}$达到25微克/米^{3}的约束性目标。如何借鉴发达国家的大气健康风险管理经验，推动上海市如期实现规划目标，是本节探讨的核心问题。

（一）新加坡大气环境风险管理经验

作为安全、健康和环境的管理者，新加坡环保部（National Environment Agency，NEA）的大气环境风险管控短期重点是推出减少车辆来源空气污染的政策，中期优先事项是加强挥发性有机化合物和空气排放监测网络。NEA的愿景是一个安全健康的新加坡，对居民的良好生活质量至关重要。NEA近年来大气环境风险管理的主要政策可以总结为以下四个方面。

第一，NEA通过环境空气监测站网络持续监测整个新加坡的空气质量，每小时在NEA网站上公布空气质量信息。NEA致力于加强本地范围内空气质素监测的空间分辨率，例如住宅小区或主要道路交叉口，结合空气分散建模能力，这也使NEA能够更好地监测这些地区空气污染物的分散情况。在2020年，NEA开始为期两年的试点，以评估低成本传感器的性能，制定操作要求，并利用传感器的数据改进空气分散模型①。

第二，推行商用车辆排放计划及强化提前换车计划。自 2018 年生效以来，车辆排放计划（Vehicular Emissions Scheme，VES）一直有效地鼓励购买更清洁的汽车和出租车。在 2019 年注册的汽车和出租车中，约 28% 获得 VES 补贴。如果延长一年，该计划将于 2020 年 12 月 31 日到期。新加坡于 2013 年首次实施提前换车计划，以一种新的更清洁的选择取代这些高排放车辆，仅涵盖欧标前（pre-Euro）和欧标 1 的车辆，但在 2015 年扩大到欧标 2 和欧标 3 的车辆。截至 2019 年 12 月 31 日，该计划已更换约 47000 辆污染车辆，已证明提前换车计划是有效的。

第三，严控燃油质量标准。新加坡自 2019 年 7 月 1 日起实施额外的燃料质量参数，NEA 对汽油中的甲醇、甲基环戊二烯基锰三基（MMT）和磷以及柴油中的脂肪酸甲酯和 MMT 实行了限制，因为这些燃料添加剂对环境和公共健康有负面影响。

第四，强化政策评估。在 2020 年 1 月，NEA 开展了一项为期一年的咨询研究，以衡量新加坡航运业、石油化工和电力业的二氧化硫排放量与其他城市的二氧化硫排放量。该研究将评估现有技术和政策减排方案的有效性和可行性，并深入了解其他国家的成功做法。

（二）伦敦市大气环境风险管理经验

作为国际城市，伦敦曾经因大气污染问题而有了“雾都”的称号，伦敦市近年来的空气质量已经大幅改善，在大气环境风险管理方面取得了明显的成效。当前伦敦市的大气环境风险管理可以总结为以下几个方面。

第一，使用更加清洁的交通工具。包括公共汽车在内的车辆造成的污染占了伦敦人呼吸的有害气体的一半以上。伦敦市长已经采取了广泛的行动，解决污染最严重的汽车问题，清理伦敦的公交车和出租车，大力推广新能源

① NEA. *Integrated Sustainability Report 2019/2020*：*Safeguarding Singapore for a Sustainable Future*. Singapore：2020.

汽车。从2018年开始，确保所有新双层巴士都采用混合动力、氢动力或电动汽车。设立低排放的公共汽车区域。在低排放巴士区内的站点，只有配备顶级发动机和排气系统的巴士才能满足或超过最高的欧6排放标准。到2020年10月，伦敦所有的公交车都已达到或超过欧6标准，这意味着整个伦敦将成为低排放公交区。完善电动车的基础设施。伦敦的电动汽车充电点网络是全球领先的。在2020年初，伦敦有近5000个充电点——每6辆电动汽车就有一个充电点，占英国所有充电点的25%。

第二，设立超低排放区。为改善空气质量，2019年4月8日，伦敦市长在伦敦市中心设立超低排放区（Ultral Low Emission Zone，ULEZ）。ULEZ是市长为解决伦敦空气污染造成的公共健康危机而实施的一揽子强硬措施的一部分。ULEZ与现行的交通挤塞收费区位于同一地区，实行全年每天24小时、每周7天的收费。

第三，实施学校空气质素审核计划（Mayor's School Air Quality Audit Programme）。伦敦市长对伦敦学校周围糟糕的空气质量感到担忧。他审计了伦敦污染最严重地区的50所小学。主要措施包括：①将学校入口和游乐场从繁忙的道路上移开；②“禁止发动机空转”计划，以减少学校运行中的排放；③减少锅炉、厨房和其他来源的排放；④改变本地道路，包括改善道路布局、限制污染最严重的车辆在学校附近行驶，以及在学校入口辟设行人专用区；⑤在繁忙的道路和操场上增加“屏障灌木丛”等绿色基础设施，以帮助过滤烟雾；⑥鼓励学生沿污染较少的路线步行或骑单车上学。这一计划成功后，市长已将其推广到伦敦各地的20家托儿所。

第四，监测和预报空气污染。2018年1月30日，伦敦市长萨迪克·汗（Sadiq Khan）宣布，他将与伦敦国王学院（King's College London）合作，改善向公众（尤其是最弱势群体）通报首都突发空气污染事件的方式。在大约100个不同的地点持续监测伦敦的空气质量。这些地点由伦敦各区政府运营和资助。伦敦国王学院的伦敦空气网站记录实时和历史监测数据。尽管大多数污染物都有所减少，但伦敦某些地区的PM_{10}和NO_2含量仍然过高。伦敦的“呼吸伦敦”（Breathe London）网络是一个耗资75万英镑的先进的大型“追踪”街头空气质量的传感器监测系统。该系统将被用于分析伦敦数千个有毒热点地区的有害污染，包括学校、医院、建筑工地和繁忙道路附近。这些数据将支持政策制定，并帮助向当地社区提供信息和参考。

（三）香港大气环境风险管理经验

自20世纪80年代以来，珠三角港澳地区经历了人类历史上最快速的工业化和城市拓展，由于区内频繁的工业、物流和商业活动，珠江三角洲的工业化和城市化已大大影响了香港的空气质素。香港近20年来，不断完善大气环境风险管理措施，实现了大气环境质量的不断改善。总结来说，有以下三点。

第一，探索区域协同应对空气污染机制。香港与广东省合作的主要平台是“粤港持续发展与环保合作小组”，小组于2000年成立，工作范围涵盖广泛的环境问题。小组由香港环境局局长和广东省生态环境厅厅长共同主持，每年举行一次会议。空气质素自始至终是主要焦点。重要的成就包括2002年4月达成协议，以1997年为基准年，为二氧化硫、氮氧化物、可吸入悬浮粒子和挥发性有机化合物设立2010年减排目标。建立区域空气质素监测网络，监测四种污染物：二氧化硫、二氧化氮、可吸入悬浮粒子和臭氧。2005年，网络有16个位于珠三角的监测站，在2014年增至23个站，并加入一氧化碳和微细悬浮粒子两个新的监测参数。为达到2010年的减排目标，在地区空气质素管理计划下实施一系列措施。在2012年11月签订污染物减排新协定，为2015年设定减排目标和为2020年设定减排幅度，在2014年进行包括澳门的区域性$PM_{2.5}$联合研究，为联合空气污染预测进行筹备工作。通过资料共用、预测交流、预期重污染日会商、工作人员培训和技术交流等，为区内居民提供相关信息。

第二，完善大气环境风险评估标准体系。加拿大率先建立了直接表征空气污染对不同人群健康风险增幅效应的地域化量化模型——空气质量健康指数（AQHI），将此前的空气污染指数（API）变更为空气质量与健康指数。

目前世界范围内成熟使用 AQHI 进行空气质量评价和预报的仅有加拿大和中国香港特区，不同之处在于加拿大的 AQHI 纳入了死亡风险的考量，而中国香港特区采用本地发病率数据作为基础（见图 8），其对不同群体分类清楚，考虑周到，而且特别强调了避免停留在交通繁忙的地方，关注了交通空气污染的问题（见表 1）。

加拿大	低风险			中风险			高风险				非常高
	1	2	3	4	5	6	7	8	9	10	10+
中国香港	低			中			高	甚高			严重
	1	2	3	4	5	6	7	8	9	10	10+

图 8　加拿大和中国香港 AQHI 分级

第三，协同控制船舶污染排放。这是香港与内地合作中一个较新的领域。内地有关部门已经就珠三角、长三角、环渤海（京津冀）水域制订了减少船舶污染的方案，香港与内地相关的部门和专家共同参与，互相交流减少船舶污染的经验。此外，香港与交通运输部及国家海事局紧密合作，以配合国家于 2019 年设立珠三角水域船舶排放控制区。

（四）东京大气环境风险管理经验

20 世纪 70 年代东京都政府（TMG）通过法令和其他法规管理工厂的煤烟和烟雾等空气污染物。20 世纪 90 年代，在交通发展的同时，空气污染也在加剧，这是汽车排放的黑烟（微粒物质）造成的。2003 年，东京都政府规定柴油车排放废气标准。现在东京的空气质量已经明显改善。然而，在许多监测站，光化学氧化剂和 $PM_{2.5}$ 的浓度都超过了环境标准。总结来看，东京都政府采取的大气环境风险管理措施可以分为以下五个方面。

表 1　AQHI 的健康忠告

健康风险级别	空气质素健康指数	易受空气污染影响的人士		户外工作雇员	一般市民
		心脏病或呼吸系统疾病患者	儿童及长者		
低	1~3	可如常活动	可如常活动	可如常活动	可如常活动
中	4~6	一般可如常活动，但个别出现症状的人士应考虑减少户外体力消耗	可如常活动	可如常活动	可如常活动
高	7	心脏病或呼吸系统疾病患者应减少户外体力消耗，以及减少在户外逗留的时间，特别是在交通繁忙地方。这类人士在参与体育活动前应咨询医生意见，在体能活动期间应多歇息	儿童及长者应减少户外体力消耗，以及减少在户外逗留的时间，特别是在交通繁忙地方	可如常活动	可如常活动
甚高	8~10	心脏病或呼吸系统疾病患者应尽量减少户外体力消耗，以及尽量减少在户外逗留的时间，特别是在交通繁忙地方	儿童及长者应尽量减少户外体力消耗，以及尽量减少在户外逗留的时间，特别是在交通繁忙地方	从事重体力劳动的户外工作雇员的雇主应评估户外工作的风险，并采取适当的预防措施保障雇员的健康，例如减少户外体力消耗，以及减少在户外逗留的时间，特别是在交通繁忙地方	一般市民应减少户外体力消耗，以及减少在户外逗留的时间，特别是在交通繁忙地方
严重	10+	心脏病或呼吸系统疾病患者应避免户外体力消耗，以及避免在户外逗留，特别是在交通繁忙地方	儿童及长者应避免户外体力消耗，以及避免在户外逗留，特别是在交通繁忙地方	所有户外工作雇员的雇主应评估户外工作的风险，并采取适当的预防措施保障雇员的健康，例如减少户外体力消耗，以及减少在户外逗留的时间，特别是在交通繁忙地方	一般市民应尽量减少户外体力消耗，以及尽量减少在户外逗留的时间，特别是在交通繁忙地方

第一，出台针对柴油排放的措施。1999 年东京都政府实施了“柴油车法规”（Diesel Vehicle Regulation）。自 2003 年以来，东京都政府一直在按照相关法规对柴油车排放的废气进行监管。除了打击不合规的柴油车，东京都政府目前正在支持柴油车向混合动力巴士和卡车等转型。东京都政府还要求拥有 30 辆及以上车辆的企业（截至 2015 财年年底，约 1700 家企业）提交

车辆减排计划，进一步减少车辆造成的温室气体和尾气排放。

第二，持续监测空气质量。东京都政府持续监测东京的空气质量。监测站的种类分两种：环境空气监测站是安装在居民区的监测站，用于测量一般空气质量；路边空气污染监测站是设置在主要道路或十字路口的监测站，以确定汽车排放的影响。东京的 $PM_{2.5}$ 是在所有 82 个空气质量监测站（47 个环境空气监测站和 35 个路边空气污染监测站）测量的。

第三，加快零排放车的推广。2006 年，东京都政府制定了到 2030 年将二氧化碳排放量在 2000 年的基础上减少 30% 的目标，这意味着交通部门需要减少 60% 的二氧化碳排放量。为了加快 ZEV 的广泛使用，2018 年 5 月，东京都知事宣布其目标是将 ZEV 的销量提高到乘用车总销量的 50%。东京都政府通过对 ZEV 和小区公共充电桩进行补贴，提高 ZEV 的使用量。

第四，控制 VOC 的排放。在东京，光化学氧化剂的环境标准尚未达到。相反，近年来高浓度光化学氧化剂发生的天数有增加的趋势。除根据法例和条例规定排放外，辐射管制局亦为自愿减少挥发性有机化合物排放的企业提供技术支援，例如派发《挥发性有机化合物排放措施指南》，以及派遣顾问。此外，东京还通过在其网站上介绍低 VOC 涂料的先进案例，努力推广低 VOC 产品的广泛使用。

第五，推动大气污染标准修订。日本最初空气质量标准中颗粒物的指标为 SPM，在已达到该标准的情况下哮喘儿童患者仍不断增加，因此，耗时近 10 年的东京大气污染诉讼案引起了政府高度关注。与以往公害事件不同，原告为市民团体组建的公害诉讼团，揭露了 $PM_{2.5}$ 可能导致疾病的结论。所以其诉讼条款不仅再局限于被告支付原告赔偿金，诉讼团也要求加入创建哮喘患者救助制度，并参与探讨制定 $PM_{2.5}$ 标准和完善自动监测①。最终，2009 年修订标准首次纳入了 $PM_{2.5}$，年均值与 WHO 的过渡时期目标 IT－3（15 微克/米^3）一致。

（五）纽约的大气环境风险管理经验

50 年来，纽约市不断减少和逐步淘汰污染物，从 2009 年到 2017 年，

① 亚洲清洁空气中心：《定标起航－环境空气标准系列文章－修订篇》，2020。

空气质量持续改善，$PM_{2.5}$下降了 30%，NO_2 下降了 26%，NO 下降了 44%，BC 下降了 30%。[①] 然而，空气污染仍然是主要的环境问题，尤其是对低收入纽约人健康的威胁。据估计，$PM_{2.5}$是罪魁祸首，死亡人数超过 2000 人，每年因心血管和呼吸系统疾病的住院治疗和急诊人员接近 6000 人。近年来纽约市在降低大气环境风险方面的主要措施有以下五个方面。

第一，通过数据收集和分析，以及社区参与，确定其他改善空气质量的措施。2007 年，纽约市卫生部门建立了纽约市社区空气调查（New York City Community Air Survey，NYCCAS），这是美国城市中正在进行的最大的城市空气监测项目。2017 年，NYCCAS 监测了 78 个常规地点和 15 个低收入社区，这些地区在前几年没有得到重视。NYCCAS 把这些站点称为地图上的环境正义站点。自 2008 年在纽约市开始监测以来，NYCCAS 所测量的大部分空气污染物都有所减少。然而，在工业区以及交通和建筑密度较大的地区，每种污染物的浓度仍然较高。

第二，提高能源利用效率，减少污染物排放。纽约市还启动了“纽约市改造加速器”（NYC Retrofit Accelerator）以及“纽约市社区改造”（Community Retrofit NYC）项目，帮助建筑业主运营商提高了能源效率。改造加速器是纽约市绿色建筑计划的旗舰。纽约市提供有针对性的外展服务和免费的个性化咨询服务，以帮助业主简化提高能源和用水效率的过程。纽约市社区改造为建筑业主、建筑运营商和社区居民提供免费的教育、工程、金融和建筑管理咨询服务，以帮助简化能源和水效率改造过程。

第三，从健康公平的角度执行最新的空气污染控制法规。纽约市扩大减少汽车尾气排放的举措，与纽约市议会合作，引入相关立法进一步限制发动机空转，特别是对有二级发动机的车辆。纽约市还继续实施清洁热倡议，以支持向清洁取暖燃料过渡，重点是环境正义社区。纽约市还针对排放最大的重型车辆的利益相关方（如校车运营商和卡车运输车队所有者）发起一项

---

① *The New York City Community Air Survey*: *Neighborhood Air Quality* 2008 – 2017, New York City, 2018, https://nyc-ehs.net/besp-report/web/nyccas.

积极的反空转宣传活动，并重点关注对空气质量影响最大的社区。

第四，发布和推广公民科学工具包。2017年，DOHMH与纽约市立大学皇后学院（CUNY Queens College）合作，与两个地方组织合作开展空气质量监测项目，并创建了一个工具包供团体收集数据。纽约市政府将在社区团体中发布和推广这套工具包，帮助他们了解社区的空气污染模式，为参与者提供交流想法和数据的机会，改善与空气质量相关的公民科学状况。

第五，倡导州和联邦监管改革，解决超出地方控制的污染源。45%的城市细颗粒物来自城市外排放源。面对关键环境保护措施的威胁和实际倒退的情况，纽约市将继续大力倡导州和联邦的空气质量法规，并记录放松管制对当地的影响。纽约市将继续倡导联邦监管改革，并与其他七个州一起提起诉讼，要求美国环境保护署取缔来自铁锈地带州的污染。

（六）发达城市大气环境风险防范对上海市的启示

要持续降低大气污染健康风险，并与公众的需求相协调，需要改变现有的环境管理模式，向以风险防控为目标的管理模式转型。上海市可以从全球城市的大气环境风险管理经验中取长补短，建设人民向往的“生态之城”，最终实现大气质量与国际城市接轨。

第一，环境健康风险监测与预警体系还不够精准。伦敦、香港、东京、新加坡的经验表明，加大监测站点的布设力度，有助于更加精准地分析大气环境风险点的分布状态和特征，从而针对特定人群采取更加公平和精准的政策措施。当前上海市的空气质量监测站点中，国控站点有10个，市级层面的站点有58个。未来应该继续完善环境监察站点的布局和加强基于监测数据的大气环境风险防范信息的发布。

第二，环境健康风险管理标准不够严格。目前包括我国在内的多数国家都是选择污染物中最大的IAQI作为AQI表征空气质量，这起到了突出首要污染物的作用，却忽视了其他污染物可能产生的综合健康影响，不能揭示空气污染物和人体健康之间的复杂关系。具体来说，因为空气污染物对健康产生的影响无法确定阈值，在极低浓度下仍可产生不利健康效应，而只表征最

高浓度污染物的 AQI 单一指数无法体现其他较低浓度污染物的健康风险，此外，也不能表征多种污染物同时联合产生的健康风险。在基本达到 WHO 过渡时期目标 1（35 微克/米^3）之后，上海市应该试点环境健康风险管理标准，为进一步降低大气环境健康风险提供指标参考。

第三，大气污染风险预防及损害救济不够健全。有别于传统损害，大气污染属于间接损害，其损害后果具有潜伏性、广泛性。对现存大气污染损害风险的预防及已经发生损害的救济同样也是保障公众健康权利的重要措施。当前，上海市大气污染治理工作主要以可吸入颗粒物（PM_{10}）、细颗粒物（$PM_{2.5}$）为治理突破口，实现空气质量改善，并围绕这一目标展开制度设计，而对大气污染风险预防及损害救济则重视不够。大气污染风险预防手段过于单一，仅限于重污染天气启动应急措施；大气污染损害缺乏必要救济途径，上海市现阶段的损害救济以传统侵权损害为主，对于大气污染这种新型公害损害救济则缺乏相应法律规定。对于大气污染与公众健康损害之间的关联性，还缺乏深入研究和科学认识，这为上海市在制度上保障公众健康权利带来了诸多困难。

第四，要持续不断地改善大气环境质量。建筑和交通是国际城市大气污染物的关键来源，应制定专项政策降低污染物的排放总量。交通部门在交通管理方面，协同经济效益较高的措施有推广远程办公、完善铁路交通服务、实施高速收费制度、开发智能驾驶。在移动源排放控制方面，通过补贴来推广低排放的中型、重型卡车可获得较高协同经济效益，可实现大量的温室气体减排。建筑部门的减排与能源消费息息相关，因此该部门的控制措施可产生较大的协同效益，尤其是通过推广绿色建筑及减少建筑的碳排放。

第五，要构建区域协同机制，协同降低大气环境风险。伦敦市加大了大伦敦地区的大气污染协同治理力度，东京从东京都市圈的角度构建区域大气污染治理机制，纽约市也协同其周边区域开展大气治理，香港则与珠三角城市群和澳门等一起治理大气污染。可以看出，要实现大气环境风险的进一步降低，必须协同改善周边区域的大气环境质量。

三　上海市以健康为导向的大气环境风险管理机制构建对策

（一）完善大气环境风险的信息公开机制

完善大气环境风险的信息公开机制，需要政府、企业和社会公众在大气环境风险监测、预警及发布方面的协同配合，主要从以下三方面着手。

第一，强化企业的大气环境信息披露的主体责任，增强企业环境社会责任意识。企业经营者应充分认识到，保护大气环境是企业社会责任的重要内容，应主动公开大气污染物排放数据，接受群众的监督。国有企业应承担与其经济实力及地位相适应的大气环境社会责任，努力成为全社会企业的榜样。健全企业环境社会责任法律法规。加强企业大气环境社会责任立法是治理环境污染的重要措施，立法要结合目前经济发展状况和大气环境污染现状，既要保障社会公共利益，又要兼顾企业利益；既要有强制性规定，明确企业义务，又要通过各种激励措施鼓励企业主动、积极承担社会责任。加强企业社会责任履行监督机制。上海各级政府应认真履行公共利益代表人职责，加强对企业履行环境社会职责的监管；鼓励社会公众通过各种途径开展监督，提高监督效率，扫除政府监督盲区。

第二，提高社会公众防范大气环境风险的能力。社会公众应提高对大气污染危害的认识，养成关注空气质量预报的习惯，减少重污染天气的外出活动。孕妇、儿童和心肺疾病患者等对空气质量敏感的弱势群体，应该在空气质量不高时减少外出活动，并佩戴口罩，做好个人防护。社会公众应选择公共交通等绿色出行方式，主动购买电动车等新能源汽车，推动构建零排放交通体系。

第三，落实政府的大气环境风险监测预警、考核问责的责任。政府部门要推广使用 AQI 来分级表征空气质量状况，并提供相应的健康指引，使公众更容易理解空气质量状况，并提前做好防护。上海市生态环境部门要结合

AQI 设定年度目标和考核指标，以及发布重污染预警，推动地方政府提高空气质量管理能力，在重污染期间有效实现削峰、降速。

（二）推动实现上海市与长三角区域其他省空气质量的联保共治

长三角一体化高质量发展要紧扣“一体化”和“高质量”两个关键词，通过推动上海市空气质量的高质量改善，协同降低大气环境风险。

首先，完善大气污染治理联合执法体系，推动跨省域大气污染治理绩效提升。一方面要加强对交通、船舶等重点行业的联合执法，推动柴油车、船舶污染执法效果的提升。另一方面，要加强对跨界污染的联合执法，在长三角三省一市省界区域开展大气污染防治联合执法行动，打击非法排污企业；要加强对重污染天气的联合执法，确保重污染联合预警应急政策的落实。

其次，共建新能源汽车产业链和基础设施，联合推动新能源汽车普及。在产业链方面，长三角地区在汽车驱动电机和能量管理系统方面相对较弱。长三角区域应避免零部件生产恶性重复，增强电动汽车的集成创新，强化整车—电池—电机诸环节的匹配。在充电基础设施建设方面，长三角地区以公共类充电桩为主，私人充电桩发展则远远滞后，无法达到 1∶1 的合理比例。上海、杭州、南京、合肥、宁波、金华、苏州等城市应当率先探索建设便捷的充换电站和充电桩网络投资运营管理机制，为长三角区域建设零碳交通提供设施保障。

最后，完善大气污染治理的标准体系，推动大气污染治理标准一体化。要加强在大气污染物环境税、产业准入标准、污染物排放标准方面的对接，通过严格标准倒逼产业转型，实现污染物深度减排。在环境税方面，皖浙苏三省要进一步提高环境税征收标准，缩小与上海的差距。在产业准入标准方面，上海市要加强同安徽、江苏、浙江三省在标准制定中的协商和沟通，防止治污染企业的转移。在污染物排放标准方面，上海市要推动皖浙苏三地城市制定更加严格的污染物排放标准，尤其是高污染行业集聚的皖北和苏北地区。

（三）实现大气污染损害救济社会化

首先，建立健全环境与健康监测制度。改变现阶段环境监测与疾病监测分离的状况，整合环境监测与疾病监测力量，完善监测内容，统一监测方法和技术规范，实现环境与健康动态监管，为环境健康管理提供数据支持。

其次，积极开展环境质量对公众健康影响的研究。改变当前我国对大气污染与公众健康的关联性缺乏科学认识的现状，为预防和控制与大气污染有关的疾病及法律保障公众健康权利提供科学支持。

最后，建立环境健康损害赔偿制度，切实保障公众健康。大气污染是现代工业发展不可避免的结果，其影响范围广、时间长，为实现对受害人及时、合理的救济，应建立环境健康损害赔偿制度，实现救济责任的多元化、社会化，合理分担救济责任，构建企业、政府与社会共同负责的机制。

（四）完善大气环境风险标准体系

上海市现行的环境空气质量标准中，$PM_{2.5}$、PM_{10}、SO_2、O_3 的限值相比伦敦、东京、纽约等发达国家城市较为宽松，其中 $PM_{2.5}$、PM_{10}、O_3 主要采用 WHO 目标 1 标准，处于与国际接轨的初级阶段。随着上海空气质量的逐步改善和社会经济水平的不断提升，空气质量标准的升级也将进入新一轮空气质量管理的决策日程。如果将 $PM_{2.5}$的浓度从 WHO 第一阶段过渡目标（即中国当前实施标准的限值）水平降低到准则浓度水平，则可避免更多的过早死亡风险，这也意味着巨大的健康、经济效益和社会福祉改善。

随着上海未来进一步收紧空气质量标准，也应更新 AQI 分级标准，使得标准和指数都能够更充分保护公众健康，并且对应的健康指引也需要升级。此外，当前的健康指引较为简化，未能建立起不同污染物健康风险和相应敏感人群之间的关联。所以可以参考美国，对不同污染物（特别是主要的超标污染物 $PM_{2.5}$和 O_3）提出更有针对性的健康指引，也应更加明确不同污染物的敏感人群范围，从而更好地为公众出行提供服务。

AQHI 可以揭示空气污染物和人体健康之间的无阈值暴露反应关系以及多种污染物同时联合产生的健康风险。由于 AQHI 与健康风险直接相关，能够最大限度地为公众提供健康风险信息参考。目前我国仅有浙江省丽水市云和县作为第一批国家环境健康风险管理试点地区于 2019 年开始发布 AQHI，建议将其建立和使用 AQHI 的经验在上海推广，建立上海本地化的 AQHI。

参考文献

世界卫生组织：《全球疾病负担研究》，2016 。

许安阳：《上海市温度和大气污染对居民心血管疾病门急诊人数的影响》，《同济大学学报》（医学版）2017 年第 1 期。

石晶金、陈仁杰等：《基于不同政策场景下上海市空气污染治理政策健康效益分析》，《中国公共卫生》2017 年第 6 期。

江波、牟喆等：《上海市大气颗粒污染物对居民出血性脑卒中住院人数的影响》，《同济大学学报（医学版）》2017 年第 3 期。

田俊杰等：《上海市典型地区环境空气可吸入颗粒物中重金属污染水平及健康风险评价》，《环境科学学报》2019 年第 11 期。

Wenjia Cai et. al, "The 2020 China report of the Lancet Countdown on Health and Climate Change," *The Lance Public Health*, ISSN 2468 – 2667, 2020.

陈玺撼：《精准治理，"水晶天"常驻申城》，《解放日报》2020 年 10 月 6 日，第 1 版。

上海市环境科学研究院：《"十四五"生态环境保护规划重大问题前期研究专题报告》，2019 年 12 月。

上海市环境科学研究院：《"十四五"生态环境保护规划重大问题前期研究专题报告》，2019 年 12 月。

上海市交通委员会：《2019 年上海市交通运行年报》，2020 年。

NEA. Integrated Sustainability Report 2019/2020：Safeguarding Singapore for a Sustainable Future. Singapore：2020.

亚洲清洁空气中心：《定标起航 – 环境空气标准系列文章 – 修订篇》，2020 年 6 月。

The New York City Community Air Survey：Neighborhood Air Quality 2008 – 2017. New York City：2018. https：//nyc – ehs. net/besp – report/web/nyccas.

B.13

水安全视角下长三角水污染物排放标准一体化难点问题与解决思路

——以生物制药工业为例

曹莉萍*

摘　要：　基于全产业链环节的五大中类生物制药工业在企业生产过程中会产生和排放不同污染程度的废水，已经成为长三角绿色转型的重点行业。而且，长三角医药制造业废水排放效率地区差异大，不能满足长三角实现生态环境绿色一体化发展需要，一定程度上对区域水环境造成安全风险隐患。长三角生物制药行业水污染物排放标准的地方差异化影响因素主要为长三角医药制造业存在逐底竞争、环保监管执法尺度不一致、跨界水污染风险隐患难以消除等。本文基于水安全视角，从行政和市场的经济手段、法律保障机制、信息共享机制三方面出发，提出长三角水污染物排放标准一体化的政策建议，包括加大地方水污染治理财政投入，推进制药业污染第三方治理；以“谈判机制”统一长三角水污染物排放标准和环境执法标准；建立长三角排污企业水污染物排放数据与治理绩效共享平台。

关键词：　水安全　水污染物　长三角一体化　生物制药工业

* 曹莉萍，上海社会科学院生态与可持续发展研究所副研究员，管理学博士，主要研究领域为可持续发展与管理。

长三角三省一市地处中国沿海经济发达地区，是我国重要的对外开放口岸区域。2019 年，长三角三省一市 GDP 总和达到 24 万亿元，占全国 GDP（99 万亿元）的 24%；常住人口之和约为 2.27 亿人，约占全国总人口的 16%。2018 年，中央将长三角区域一体化发展上升为国家战略，以更高起点、更高层次拓展改革开放的深度和广度。然而，区域工业产值占全国工业总产值一半以上的长三角地区，其制造业在产业规模、特色产业、融合发展、体制机制创新等方面，都已走在全国前列。2019 年 12 月《长江三角洲区域一体化发展规划纲要》出台，明确要求加强产业分工协作，共同推进制造业高质量发展。作为事关民生健康的制药工业之一的生物制药工业是长三角具有集群化发展趋势的特色新兴产业，全国 1/3 的生物医药产业园集聚于此，并形成了上海、杭州、泰州等国家级生物医药产业基地①。

而根据最新国民经济行业分类（GB/T 4754－2017）②，生物药品制品制造（简称“生物制药”）作为医药制造业六大中类行业之一，其对应的生物制药工业包含生物工程、发酵、提取、制剂等利用生物体或生物过程制造药物的生产过程，以及生物医药研发机构③，从而形成生物制药工业相应的五大中类行业。美国 EPA 在制定水污染物排放标准体系之初对不同制药工艺类型的水污染物调查统计显示，生物制药中发酵工艺产生废水化学需氧量（COD）和氨氮水污染物较多，在生物制药工业中污染程度占比较大，废水处理成本较高，一般为 16 元/吨左右。生物制药中提取类制药，由于提取过程需使用大量有机溶剂，溶剂无组织排放也可能对区域水环境质量造成较大

① 《长三角制造业将作为整体向世界级方向迈进》，http：//www.chinaidr.com/tradenews/2019－12/128353.html。

② 国民经济行业分类（GB/T 4754－2017）规定医药制造业（C27）包括化学药品原料药制造（C271）、化学药品制剂制造（C272）、中药饮片加工（C273）、中成药生产（C274）、兽用药品制造业（C275）、生物药品制品制造（C276）。

③ 作者根据上海、浙江、江苏生物制药工业污染物排放限值标准归纳。

损害①，提取类制药废水处理成本约为10元/吨。生物制药中生物工程和制剂类制药工业废水污染程度相对较轻，废水的处理成本较低，一般在5元/吨以内。生物医药研发机构水污染物排放具有复杂性、多样性的特点，导致其水污染物排放浓度和废水处理成本具有不确定性。因此，长三角生物制药工业废水排放在一定程度上对区域水环境造成安全风险隐患和水污染治理压力。

与此同时，我国于2008年出台了生物制药工业四个子行业污染物排放标准，包括生物工程类、发酵类、提取类、混装制剂类制药工业水污染物排放标准，明确规定自2008年9月1日起太湖流域行政区域执行2008年标准中制定的水污染物特别排放限值，经过两年过渡期，从2010年7月1日起太湖流域行政区域所有生物制药企业均按照2008年标准执行。长三角地区的上海也于2010年发布了生物制药行业污染物排放的地方标准（DB31373-2010）；浙江于2012年启动前期研究并于2014年发布地方标准（DB33923-2014）；安徽于2016年发布了地方标准巢湖流域城镇污水处理厂和工业行业主要水污染物排放限制（DB34/2710-2016）包含所有制药工业的工业行业主要水；江苏于2019年底发布地方标准生物制药行业水和大气污染物排放限制（DB32/3560-2019），相对滞后于其他三地。由此可见，长三角三省一市地方生物制药工业污染物排放限值标准发布时间各不相同，而且其中内容也存在较大差异，遂造成长三角地区生物制药工业逐低竞争，环保执法尺度难以一致，水污染安全隐患难以消除等环境管理难题。因此，本报告以生物制药工业为例，研究认为一体化区域生物制药工业水污染物排放标准将有助于优化长三角三省一市生物制药产业链布局，促进生物医药制造产业结构升级，减少生物制药工业废水和水污染物排放量，提升生物制药工业水污染物排放效率，降低长三角水污染风险。同时，长三角地区医药制造业总产值占长三角工业产值比重不高，约为3.8%（2018年数据），因此从统一长三

① 《生物制药行业污染物排放》编制组：《生物制药行业污染物排放标准（征求意见稿）》，2012，第4页。

角三省一市制药工业污染物排放标准入手来推进长三角水污染物排放标准一体化具有积极的经济和环境效应优势。

一　长三角生物制药工业及水污染物排放标准异同比较

近日，上海发布了由长三角三省一市市场监督管理部门、生态环境部门联合制定的长三角区域统一标准《制药工业大气污染物排放标准（征求意见稿）》，推进长三角六大中类制药工业①排放大气污染物特征项目排放限值标准一体化。但是，在水污染物排放标准方面，长三角三省一市均制定了高于国家行业标准的地方标准，因此，只有分析长三角三省一市医药制药业发展现状、空间格局、废水排放效率以及生物制药工业在其中的地位、生物制药工业水污染物排放地方标准的异同，才能更好地剖析长三角地区生物制药工业水污染物排放标准一体化的难点问题。

（一）长三角医药制造业发展现状、空间格局

长三角医药制造业不论是产值规模还是单家企业生产效率均名列全国前茅，而且化学合成、生物制药、中药等三大中类医药制造业龙头企业集聚长三角，助力长三角医药制造业蓬勃发展。

1. 苏、浙两地医药制造业规模位居区域前列，生物制药成为新兴产业

我国医药工业产业链上游的药品制造产业②和中游的医药研发与制造产业③是产业链中盈利较高的环节，统称为医药制造业，即药板块。从医药工业七大子行业产值、利润来看，属于药板块的五类制药业包括化学原料药、

---

① 长三角区域统一标准《制药工业大气污染物排放标准（征求意见稿）》中制药工业指 GB/T 4754－2017 中规定的医药制造业（C27），包括化学药品原料药制造（C271）、化学药品制剂制造（C272）、中药饮片加工（C273）、中成药生产（C274）、兽用药品制造（C275）、生物药品制品制造（C276）。卫生材料及医药用品制造（C277）和药用辅料及包装材料（C278）仍执行 GB37823 的要求，不适用于本标准。

② 上游药品制造产业包括化学原料药、中药材及动植物原料药制造行业。

③ 中游医药研发与制造产业包括化学药、中药、生物药研发与制造行业。

化学药品制剂、生物制药、中成药、中药饮片，分别占医药工业总产值的17.4%、25.8%、11.6%、22.8%、6.4%（见图1），其相对应的利润分别为13.9%、29.7%、13.1%、23.0%、4.3%（见图2）。这五类制药业若按照制药工业水污染物排放标准细化分类[①]，即包含三大类制药工业：化学合成类制药工业、生物制药工业、中药类制药工业。其中，化学合成类制药产业无论是产值还是利润都是医药制造业中占比最高的中类行业，其次是中成药、生物制药工业。生物制药工业是我国医药制造业中新兴的中类行业。

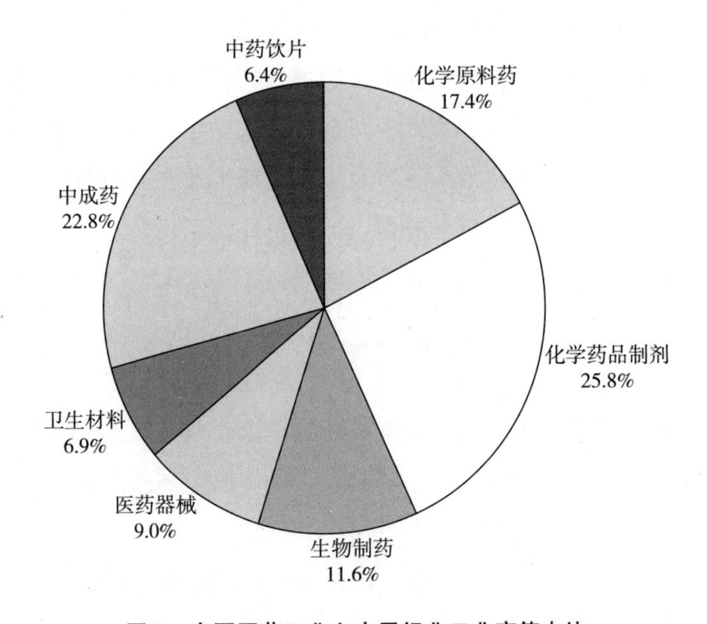

图1　中国医药工业七大子行业工业产值占比

资料来源：《中国药学年鉴（2017）》。

“十三五”期间，长三角地区医药制造业的发展成绩斐然。据统计，2018年，长三角医药制造业产值约为6000亿元[②]，占全国医药制造业产值

① 《制药工业水污染物排放标准》将医药制造业细分为7类中类医药制造业，包括：化学合成类、生物工程类、发酵类、提取类、制剂类、研发类、中药类。其中生物工程类、发酵类、提取类、制剂类、研发类统称为生物制药行业。资料来源：上海地方标准（DB31373－2010）、浙江地方标准（DB33 923－2014）、江苏地方标准（DB32_ T3560－2019）。

② 产值数据为规模以上医药制造业数据。

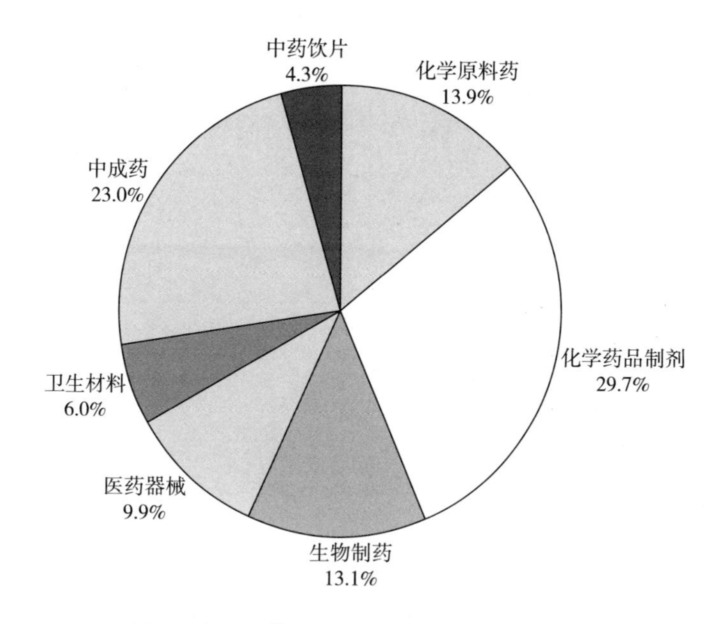

图 2　中国医药工业七大子行业工业利润占比

资料来源:《中国药学年鉴(2017)》。

比重的 1/4 强，较上一年下降 19%；但其利润为 903 亿元，占全国医药制造业的 1/3 强，占长三角工业利润总额的 4.7%，较上一年增长 8.4%。同时，长三角医药制造业规模以上企业约有 1666 家，仅占全国的 1/5，可见长三角医药制造企业平均单位产值、利润均高于全国水平。

从全国医药工业产值地域分布来看，全国医药工业产值排名前十的省份中，长三角的江苏、浙江医药工业产值占全国的比重为 16%、5%，排第二、第六位；全国医药工业利润排名前十的省份中，长三角的江苏、浙江、上海医药工业利润占全国的 15%、5%、4%，排在第二、第六、第八位①。而从长三角区域医药制造业产值分布来看，江苏和浙江医药制造业的产值、利润位居区域第一、第二，产值比重分别占区域的 40%、25%；利润比重分别占区域的 49%、25%；上海紧随其后排第三位，产值和利润比重分别占区域的 20%、18%；安徽最低，其产值和利润占比分别为 15%、8%（见图 3、图 4）。

① 资料来源:《中国药学年鉴(2017)》。

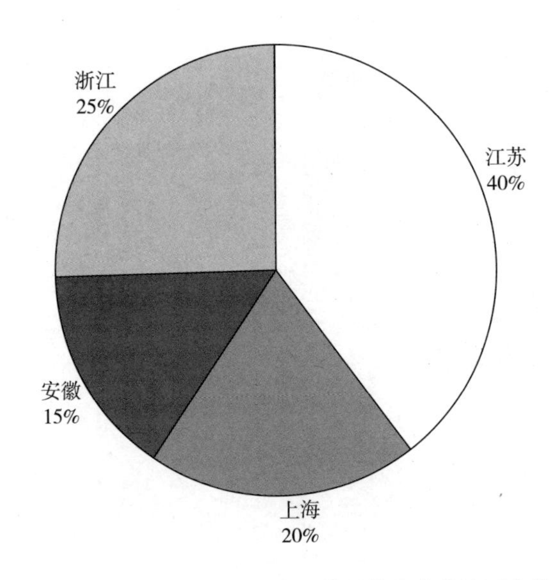

图3　2018 年长三角省一市医药制药业产值地区占比

资料来源：《上海统计年鉴》，2020；《江苏统计年鉴》，2020；《浙江统计年鉴》，2020；《安徽统计年鉴》，2020。

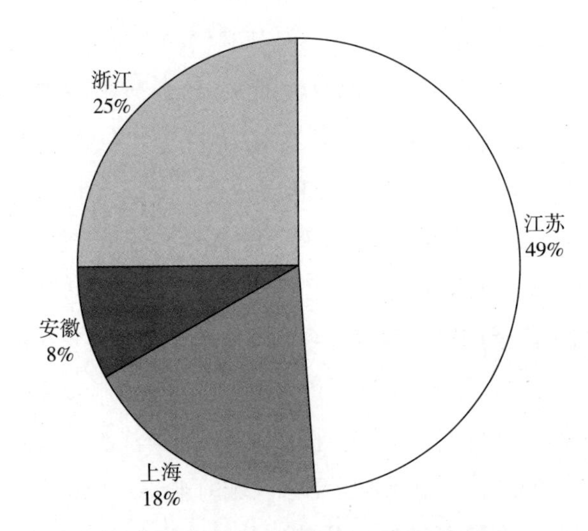

图4　2018 年长三角三省一市医药制造业利润地区占比

资料来源：《上海统计年鉴》，2020；《江苏统计年鉴》，2020；《浙江统计年鉴》，2020；《安徽统计年鉴》，2020。

2. 长三角医药制造业势均力敌，生物制药工业已成为第二大中类行业

根据中国医药工业信息中心统计和分析，长三角地区进入2019年度中国医药工业百强企业的数量为33家（见表1），营收总和占全国医药制造百强企业的35%，其中，江苏14家、浙江11家、上海7家、安徽1家。江苏省作为长三角医药制造百强企业数量和营收的龙头老大，已形成以泰州“中国医药城”为核心，以南京、常州、无锡、苏州、南通沿江城市为南翼，连云港、徐州为北翼的“一核两翼”产业发展格局①。而整个长三角医药制造前4家企业为江苏扬子江药业、上海医药、上海复星医药、江苏恒瑞医药，这四家药企主营业务均为化学类制药，2019年4家企业营收之和约为1114亿元，约占医药工业全国百强企业总营业收入的12%，占长三角地区医药制造业的16%，即区域 $CR_4<20\%$。从市场集中度 CR_8 来看，入围全国百强医药企业排名前八的长三角制药企业（集中分布在苏、浙、沪两省一市，3家化学类制药、3家生物类制药）营收之和约为1961亿元，约占长三角地区医药制造业营收的28%，即区域市场集中度 $CR_8\in[20\%, 40\%)$，属于低集中竞争型市场②，表明苏、浙、沪两省一市医药制造业龙头企业在规模上呈现势均力敌之态。

表1 2019年全国百强医药企业在长三角地区分布

序号	企业名称	所在地区	主营业务归类
1	扬子江药业集团有限公司	江苏	化学类
2	上海医药(集团)有限公司	上海	化学类
3	上海复星医药(集团)有限公司	上海	生物类
4	江苏恒瑞医药有限公司	江苏	化学类
5	正大天晴药业集团股份有限公司	江苏	研发类

① 吴传清、杜宇、张冰倩、尹诚明：《江苏泰州医药产业发展调查报告》，2020年3月1日。

② 根据美国经济学家贝恩和日本通产省对产业集中度的划分标准，将产业市场结构粗分为寡占型（$CR_8\geq 40\%$）和竞争型（$CR_8<40\%$）两类。其中，寡占型又细分为极高寡占型（$CR_8\geq 70\%$）和低集中寡占型（$40\%\leq CR_8<70\%$）；竞争型又细分为低集中竞争型（$20\%\leq CR_8<40\%$）和分散竞争型（$CR_8<20\%$）。

续表

序号	企业名称	所在地区	主营业务归类
6	上海罗氏制药有限公司	上海	生物类
7	阿斯利康有限公司	江苏	制剂类
8	赛诺菲(杭州)制药有限公司	浙江	生物类
9	杭州默沙东制药有限公司	浙江	生物类
10	江苏豪森药业集团有限公司	江苏	研发类
11	江苏济川控股集团有限公司	江苏	中药类
12	新和成控股集团有限公司	浙江	化学类
13	江苏康缘集团有限责任公司	江苏	中药类
14	康恩贝集团有限公司	浙江	化学类
15	普洛药业股份有限公司	浙江	化学类
16	华立医药集团有限公司	浙江	化学类
17	浙江海正药业股份有限公司	浙江	化学类
18	浙江华海药业股份有限公司	浙江	化学类
19	南京先声东元制药有限公司	江苏	化学类
20	中美上海施贵宝制药有限公司	上海	化学类
21	浙江医药股份有限公司	浙江	化学类
22	江苏奥赛康药业有限公司	江苏	研发类
23	京新控股集团有限公司	浙江	化学类
24	卫材(中国)投资有限公司	江苏	中药类
25	上海创诺医药集团有限公司	上海	研发类
26	浙江仙琚制药股份有限公司	浙江	化学类
27	江苏苏中药业集团股份有限公司	江苏	中药类
28	江苏亚邦药业集团股份有限公司	江苏	化学类
29	上海勃林格殷格翰药业有限公司	上海	化学类
30	惠氏制药有限公司	江苏	生物类
31	百特(中国)投资有限公司	上海	器械类
32	安徽丰原集团有限公司	安徽	化学类
33	江苏恩华药业股份有限公司	江苏	化学类

注：按主营业务收入由高到低排序。

资料来源：中国医药工业信息中心，下同。

另外，从三大中类行业企业数量、营收来看，2019 年长三角地区入围百强医药企业的 33 家医药制造企业，以化学合成类制药企业为主（见表 2），共有 18 家，营业收入合计约为 1645 亿元，约占全国百强医药企业总营收的

18%；10家为生物制药企业（含制剂、研发类企业），营业收入约为1149亿元，约占全国百强医药企业总营收的15%；4家为中药类企业，营业收入合计约为188亿元，约占全国百强医药企业总营收的2%。由此可见，长三角医药制药业聚焦化学合成、生物制药、中药三大中类。

表2　长三角全国百强医药企业三大中类行业分布

单位：家

地区	化学类	生物类（含制剂、研发类）	中药类
安徽	1	0	0
江苏	5	5	4
上海	3	3	0
浙江	9	2	0

资料来源：作者整理。

再从长三角三大中类医药企业单项全国百强、20强企业数量、营收规模空间分布来看，我国化学类制药行业排名前100的企业在长三角地区有31家（含全国龙头老大——扬子江药业集团），集中在江苏、浙江，主营业务收入合计约为2062亿元，约占长三角医药制药业主营业务收入的36%，其中，浙江省是化学原料药生产出口大省。我国中药类制药行业排名前100的企业在长三角地区的有16家，也是以江苏、浙江企业为主，主营业务收入合计约为332亿元，约占长三角地区医药制药业主营业务收入的5%，在安徽亳州已逐步形成现代中药产业基地。生物制药行业（含医药研发机构）虽然在中国起步较晚但后发优势明显，从2019年我国生物工程制药（含血液制品、疫苗、胰岛素等）企业前20名①和制药研发机构前20名中发现，仅两类生物制药中类行业的企业数量就有16家，主营业务收入之和约为311亿元，企业主要分布在江苏、上海和浙江，如果加上发酵、提取、制剂等生物制药中类行业，长三角生物制药企业数量和主营业务收入之和将远超中药类制药企业。其中，上海生物制药行业的企业单位产值和利润较高，

① 此排名仅含生物工程制药企业，未计算发酵、提取、制剂类制药企业。

2019 年上海生物制药业总产值达 1319.88 亿元，比上年增长 7.3%；在地区主营业务收入排名前 20 生物制药企业中，跨国企业占 40%；实现利润总额 208.47 亿元，同比增长 31.1%，而且在上海张江高科技园区已形成一个重点发展生物技术与生物医药企业集聚的产业园区——“张江药谷”。因此，生物制药不论是企业数量还是营收规模均已成为长三角仅次于化学类制药工业的第二大医药制造业中类行业。

（二）长三角医药制造业废水排放效率以及水安全风险

医药制造业中的化学类制药行业、生物制药中发酵类制药[①]行业一直是我国水污染大户，也是环保政策重点关注对象，对此，我国从 2010 年开始不断出台相关法规、政策来规范这两类制药业的绿色发展。相应的，长三角地区医药制造业的废水排放量也呈现下降趋势，但废水排放效率地区差异性较大。

1. 化学原料药和生物发酵类制药已成为医药制造业绿色转型重点

据统计，2017 年，我国约有 6000 家制药企业，制药工业总产值约占全国工业总产值的 2.1%，而污染排放总量约占全国工业污染排放总量的 6%，制药废水排放量和 COD 排放量约占全国工业污染排放总量的 3%，成为污染大户[②]。我国医药制造业水污染包括三类，即在生产过程中所产生的水污染、生产工艺落后所导致的水污染、管理不善所造成的水污染。这三类水污染具有污染物复杂、治理难度大的特点，其中化学原料药和发酵类制药生产过程会产生大量废水和水污染物，且具有类似性，处理成本较高，尤其是化学原料药制造行业是污染负荷量最大的制药中类行业，其废水排放量约占全行业的 80%[③]，一直是环保部门重点污染源监控对象。

① 发酵类制药指通过微生物发酵的方法生产抗生素或其他药物的活性成分，然后经过分离、纯化、精致等工序生产药品的制药工艺。资料来源：李雪玉《制药工业污染物排放体系与案例研究》，中国环境科学研究院硕士学位论文，2006，第 37 页。

② 董莉：《中国医药制造业生态效率评价研究》，《石家庄经济学院学报》2016 年第 4 期，第 93 页。

③ 中国工业节能与清洁生产协会绿色工程专业委员会：《化学原料药行业绿色发展痛点及破解之策》，2020。

2010年原环保部出台《制药工业水污染排放标准》，该标准的中类制药行业水污染物排放浓度限值标准高于美国标准，尤其在COD、五日生化需氧量（BOD）和总氰化物排放浓度限值标准上与最严格的欧盟标准接近。标准出台后，上海全面退出原料药的生产，原料药企业纷纷向中西部地区转移，许多省份如江西、安徽成为原料药污染重灾区。随着我国生态文明建设理念的提出，2013年、2014年环保专项行动就将医药制造业环境污染问题列为全面排查整治的第三大重点任务和重点对象；2015年4月随着《水污染防治行动计划》出台，化学类制药业中的原料药制造业被列为十大重点整治行业之一；2016年，我国将环保费改为环境税，对化学原料药等高污染排放行业征收重税；在我国《“十三五”生态环境保护规划》中，也要求原料药制造业推进行业达标排放改造①。2017年十九大提出“加快生态文明体制改革、建设美丽中国”生态文明建设指导方针后，为人民提供优质水生态环境公共物品的要求倒逼包括医药制造业在内的十大水污染防治行业进行清洁改造。2020年1月，工信部联合生态环境部、国家卫健委、国家药监局出台《推动原料药产业绿色发展的指导意见》，生态环境部随即发布化学药品制剂制造、生物药品制品制造、中成药生产三类制药工业排污许可证申请与核发技术规范，助力我国医药制造业高质量发展和绿色转型。

2. 医药制造业废水排放效率地区差异大，下游地区水安全存在威胁

长三角三省一市都加大了各地医药制造业水污染治理力度。据统计，2018年长三角医药制造业废水排放量达到8234万吨，占区域工业废水排放量的2.6%，较上一年下降4%以上。其中，化学合成类制药和生物制药主要的水污染物COD和氨氮，2018年排放量分别约为6100吨、334吨，约占长三角工业污染物排放量的3.4%、3%，分别同比下降21%和32%以上。从地域分布和减排贡献来看，长三角三省一市中，江苏、浙江的制药废水排放量和水污染物排放量占区域比重最高（见图5、图6），相比于2017年均

① 《业内人士：很多原料药企业没钱治污，环保压力下面临或关或售》，https：//www.sohu.com/a/151093719_ 260616。

呈两位数比率下降，对区域制药业水污染物减排贡献最大；上海在城市精细化管理推动下，制药废水和水污染物排放量也呈两位数比率下降；安徽虽然是长三角制药废水和水污染排放最少的地区，但其医药企业数量较多，仅次于数量最多的江苏，对区域制药业水污染物减排贡献最小。

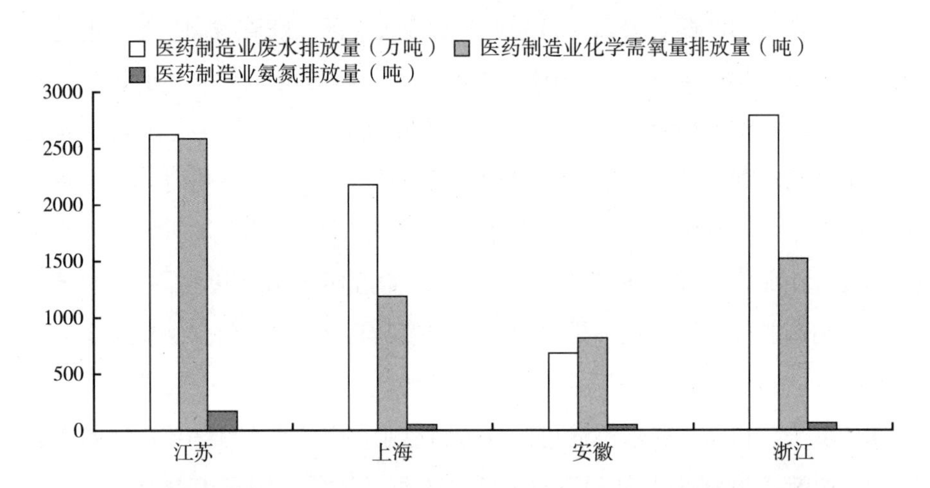

图5　2018年长三角三省一市医药制造业废水、水污染物排放规模比较

资料来源：上海市、江苏省、浙江省、安徽省统计局。图6～图9同，不再赘述。

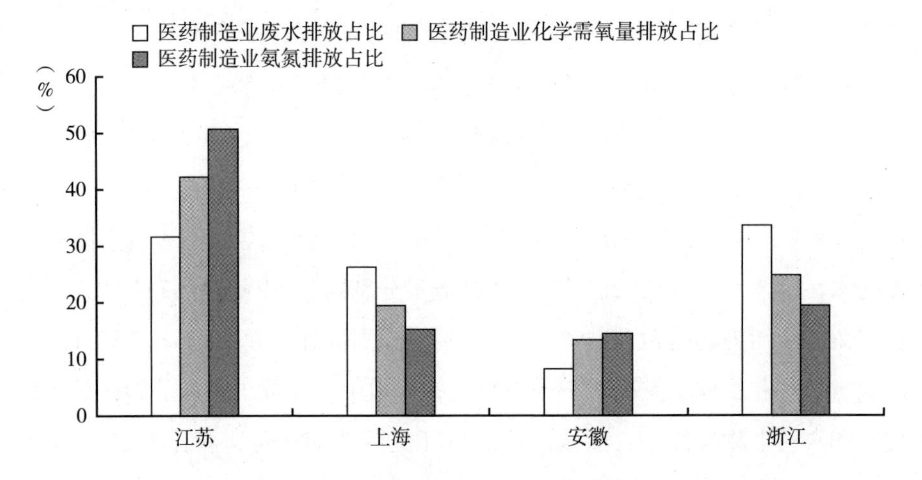

图6　2018年长三角三省一市医药制造业废水、水污染物排放区域占比

从医药制造业废水排放效率来看，长三角三省一市单位废水排放量产值均高于全国0.4万元/吨的平均水平（见图7），其中，因安徽制药业废水排放量最少、江苏制药业产值最高，两地的单位废水排放效率较高，上海、浙江的单位废水排放效率偏低；三省一市的单位COD排放效率实力相当（见图8）；单位氨氮排放效率则是上海、浙江领先长三角地区（见图9），江苏、安徽单位氨氮排放效率较低。由此可见，长三角三省一市医药制造业废水及水污染物排放效率大不相同。然而，长三角下游地区上海黄浦江、苏州河等主要骨干河道均源于苏、浙两省，苏、浙两省医药制造业，尤其是化学合成类制药和生物制药废水排放威胁着下游上海段水质与水源地安全。

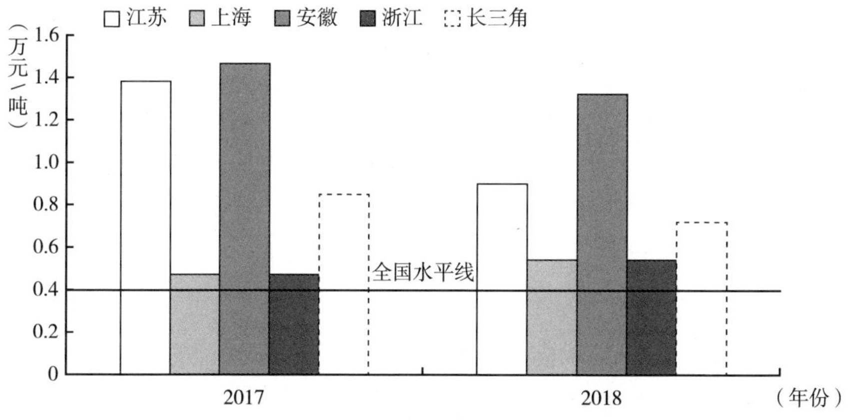

图7　长三角三省一市医药制造业单位废水排放量产值

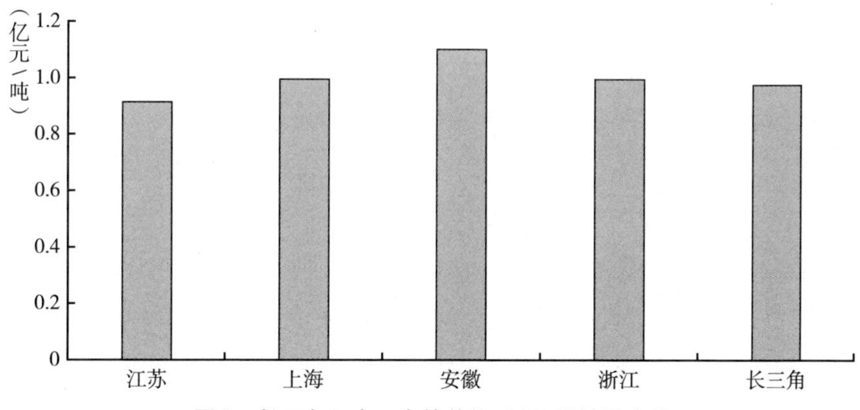

图8　长三角三省一市的单位COD排放量产值

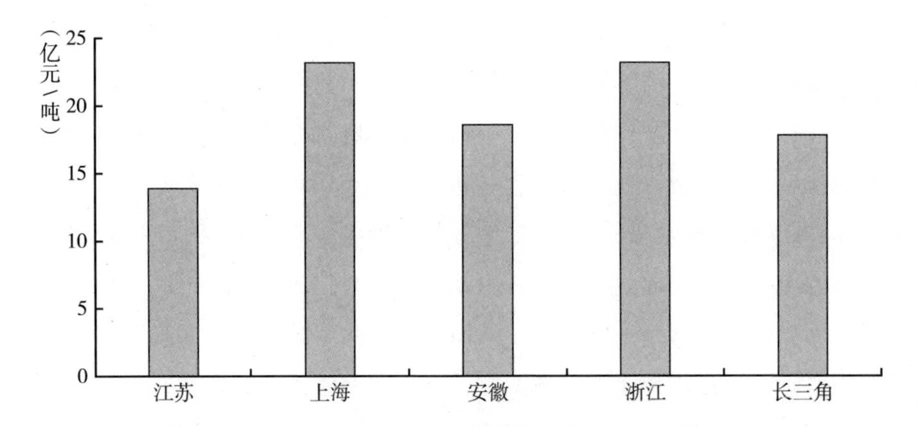

图9　长三角三省一市的医药制造业单位氨氮排放量产值

（三）长三角生物制药业水污染物排放标准异同比较

作为规范长三角医药制造业废水排放的重要法律依据，国家和地方行业制药工业水污染物排放标准是长三角医药制造业水污染防治的底线。其中，长三角规模最大的化学合成类制药工业和规模较小的中药类制药工业水污染物排放标准，除安徽地方标准外基本接近最严格的国家行业标准（GB21904－2008）。但是，长三角生物制药工业方面，三省一市均制定了不同的中类生物制药行业水污染物排放地方标准，对长三角水安全形成差异化管理。因此，本报告以生物制药工业为例，从制药工业水污染物排放标准的特征污染物项目分类、排放条件、排放浓度限值、行业种类等方面进行比较，为探索长三角水污染物排放标准一体化的难点问题奠定研究基础。

1. 生物制药业各地方标准中水污染物特征项目分类、排放条件不尽相同

首先，生物制药业各地方标准中第一、第二类水污染物特征项目分类不一致。如，上海生物制药工业水污染物排放标准将“总硒”列为第一类水污染物特征项目，而最新出台的江苏生物制药行业水和大气污染物排放限值标准（DB32/3560－2019）将“总硒”列为第二类水污染物特征项目，浙江生物制药工业水污染物排放标准中则没有设列水污染物“总硒”的特征项目。

其次，各地方标准中第一类、第二类水污染物排放受纳水体、排放源等排放条件不统一。①上海地标（DB31/373－2010）详细区分了不同受纳水体和新老排污企业相对应的两类污染源水污染物排放浓度限值标准。②江苏、浙江地标（DB32/3560－2019、DB33/923－2014）对第二类水污染物排放浓度限值标准也区分了不同受纳水体和新老排放企业污染源。然而，江苏地标对第一类水污染物排放浓度限值标准虽区分了新老排污企业但未区分受纳水体；而浙江地标对第一类水污染物排放浓度限值标准虽区分了受纳水体但未区分新老排污企业。③处于长三角流域上游地区的安徽则尚未制定全覆盖的生物制药业水污染物排放地方标准，仅出台未完全覆盖行政区划的巢湖流域城镇污水处理厂和工业行业主要水污染物排放限值标准，该标准未对第一类、第二类水污染物排放区分受纳水体、新老排污企业污染源等排放条件（见表3）。

表3　长三角三省一市生物制药行业水污染物排放条件比较

地区	是否区分不同受纳水体		是否区分新老污染源	
	第一类水污染物	第二类水污染物	第一类水污染物	第二类水污染物
上　海	是	是	是	是
江　苏	否	是	是	是
浙　江	是	是	否	是
安徽(巢湖流域)	否	否	否	否

资料来源：作者整理。

2. 江苏生物制药行业水污染物排放浓度限值标准领先于浙、沪、皖

作为长三角最新的生物制药业水污染物排放地方标准，江苏地标不仅在水污染物特征项目分类、排放条件等方面与浙江、上海、安徽的地方标准存在差异，也在水污染物排放浓度限值标准上与其他地区存在较大差异。

首先，对于生物制药行业第一类水污染物排放浓度限值标准，江苏地标除烷基汞排放浓度限值标准低于长三角其他地标和国家污水综合排放标准（GB8978－1996）外，其他第一类水污染物排放浓度限值标准不区分受纳水

体和新老污染排放源，均采用向特殊保护水体排放的最严格浓度限值标准。上海地标中，2010 年 7 月 1 日之前建成的老排污企业向一般环境水体排放水污染物和所有企业向设置终端污水处理设施的城镇或工业区排水系统排放水污染物的浓度限值标准较低，而 2010 年 7 月 1 日之后建成的新排污企业、2009 年 2 月 1 日至 2010 年 6 月 30 日期间通过环评的排污企业向一般环境水体排放水污染物，以及所有企业向特殊保护水域排放废水则采用与江苏地标第一类水污染物排放浓度限值标准一致的标准。这在一定时期内会造成上海地区生物制药工业新老排污企业水污染物排放治理成本的不公平，并对上海的地表水安全造成威胁。浙江地标对于向特殊保护水域排放废水的所有企业采用与江苏地标第一类水污染物排放浓度限值标准一致的标准，对于向一般环境水体排放水污染物和向设置终端污水处理设施的城镇或工业区排水系统排放水污染物所有企业采用较低的浓度限值标准。安徽地标（巢湖流域）中的第一类水污染物排放浓度限值标准则采用低于长三角其他地方标准的国家污水综合排放标准中的一级标准，对安徽地区造成较大水安全风险（见表4）。

表 4　生物制药行业第一类水污染物排放浓度限值标准差异值比较

地区	新建排污企业			现有排污企业		
	向特殊保护水域排放	向一般环境水体排放	向设置终端污水处理设施的城镇或工业区排水系统排放	向特殊保护水域排放	向一般环境水体排放	向设置终端污水处理设施的城镇或工业区排水系统排放
江苏	高	高	高	高	高	高
上海	高	高	低	高	低	低
浙江	高	低	低	高	低	低
安徽(巢湖流域)	最低	最低	最低	最低	最低	最低

资料来源：作者整理。

其次，对于生物制药行业第二类水污染物排放浓度限值标准，浙江、安徽地标制定了该标准，江苏、上海地标中该标准被细分为生物工程类、发酵类、提取类、制剂类、研发类五个中类地方行业地标。其中，生物工程类、

发酵类、提取类等中类行业水污染物浓度排放限值标准具有较大的相似性，比如向设置终端污水处理设施的城镇或工业区排水系统排放的水污染物浓度限值标准，江苏地标与浙江地标的标准值基本相同，高于上海地标，领先于长三角地区，但低于安徽巢湖流域综合标准；向一般环境水体排放的水污染物浓度限值标准，江苏地标与浙江地标、安徽地标的排放浓度限值标准基本相同，限值标准介于上海新老排污企业排放浓度限值标准之间；向特殊保护水体排放的水污染物浓度限值标准，江苏地标与浙江地标、上海地标基本相同，高于安徽地标排放浓度限值标准。

最后，对于生物制药行业水污染物排放标准中制剂类行业第二类水污染物排放浓度限值标准，长三角地区江苏、上海制定了制剂类制药行业地方标准，浙江则参照国家行业标准（GB21907 – 2008）执行，安徽巢湖流域标准除 COD、氨氮、总氮、总磷 4 类水污染物排放浓度限值采用严格标准外，其他水污染物排放浓度限值仍执行国家污水综合排放标准（GB8978 – 1996）中的一级标准。其中，江苏地标中向设置终端污水处理设施的城镇或工业区排水系统排放的部分水污染物浓度限值标准要高于上海地标和浙江执行的国家行业标准，低于安徽巢湖流域地标；向一般环境水体排放的部分水污染物浓度限值标准，江苏地标要高于上海地标中 2010 年 7 月 1 日建成的老排污企业水污染物排放浓度限值标准和浙江、安徽巢湖流域两地地标，低于上海地标中 2010 年 7 月 1 日后建成的新排污企业水污染物排放浓度限值标准；向特殊保护水体排放的部分水污染物浓度限值标准，江苏地标和上海地标基本相同，均高于浙江执行的国家行业标准和安徽巢湖流域标准。

此外，江苏地标对新老排污企业污染源采取阶段性统一水污染物排放浓度限值标准的办法——即在一段时间后新老排污企业均采用最高的水污染物排放浓度限值标准，消除了生物制药业水污染物排放标准在新老排污企业之间的差别，为降低地方生物制药行业水污染物排放浓度限值做好了准备。

3. 上海率先出台生物医药研发机构水污染物排放标准，江苏地标最高

生物医药研发机构是全球创新不可或缺的力量。目前我国还未出台生物医药研发机构水污染物排放的国家行业标准，在国家层面相对滞后于美国在

《清洁水法》水污染物排放标准体系指导下出台的制药业水污染物排放标准(1976 年版为第一版，现为 2003 年版)。而上海率先在生物制药业水污染物排放地方标准（DB31/373 - 2010）中制定了生物医药研发机构水污染物排放标准，并对其水污染物特征项目、排放条件进行了类似于其他四个中类地标的区分。江苏地标紧随其后也制定了生物医药研发机构水污染物排放限值标准，浙江和安徽尚未制定此类水污染物排放限值的地方标准，均采用国家污水综合排放标准来限定生物医药研发机构水污染物排放浓度限值。

作为目前长三角最新的生物医药研发机构水污染排放限值标准——江苏地标中第二类水污染物向设置终端污水处理设施的城镇或工业区排水系统排放的水污染物浓度限值标准高于上海地标和浙江、安徽执行的国家污水综合排放标准；向一般环境水体直接排放的污染物浓度限值标准，仍介于上海地标的新老排污企业水污染物排放浓度限值标准之间，高于浙江、安徽执行的国家污水综合排放标准；而向特殊保护水体直接排放的浓度限值标准，江苏地标除在总氰化合物排放限值标准上低于上海地标，在 1，2 - 二氯乙烷排放浓度限值标准上高于上海地标外，其他第二类水污染物排放浓度限制标准与上海地标相同，高于浙江、安徽执行的国家污水综合排放标准。此外，由于尚未出台生物医药研发机构的国家行标，浙江、安徽执行的国家污水综合排放标准缺少了大部分适用于生物医药研发机构第二类水污染物排放的特征项目。

二 长三角制药工业水污染物排放标准不统一的影响因素

长三角生物制药业是长三角行业水污染物排放标准不统一的典型行业。然而，要统一长三角生物制药业水污染物排放标准，却面临着经济发展需要、规制尺度不一、环境数据缺失三方面的挑战，这三方面因素直接影响了长三角生物制药产业链的空间布局、长三角联防联控机制的有效性和长三角地区水安全保障。

（一）产业逐底竞争，不利于产业链空间布局优化

仍以长三角生物制药业为例，生物制药业污染物排放标准中水污染物排放浓度限值标准较低的地区会吸引水污染排放浓度较高的生物医药企业，尤其是发酵类医药企业和含有发酵工艺的生物工程类企业；一些地方因自身经济发展需要也会出台人才支持、税收优惠政策，以牺牲环境为代价来吸引污染物高排放的生物制药企业，从而造成长三角生物制药业资金、人才、技术配置的空间不均衡。

在生物制药产业链中，生物医药研发机构属于科技创新型企业。生物制药研发前期投资大，整个制药过程周期性长，需要大量的资金投入和高科技人才的支持；同时，生物新药投入临床应用的价格高，国内市场拓展有限。因此，长三角生物制药前端研发环节行业更多集中在江苏苏南、上海、浙江等研发体系完善、金融服务发达、污染治理水平较高的沿海经济发达城市。例如，长三角高学历人才密度最高、研发体系完备的上海“张江药谷”吸引了诺华、辉瑞、罗氏、GSK、阿里斯康、礼来、艾泊伟、安进等全球前八大生物医药研发企业和以上药、复星、扬子江、恒瑞、豪森等为代表的国内百强生物医药企业进驻。但是，长三角包含发酵类制药环节的生物工程类制药行业，因其污染物排放量大，污染治理成本高，多集中在排污成本较低的苏中、苏北。生物提取、制剂类制药工业水污染物排放较少、污染治理成本较低，但随着制药技术水平的不断提升，行业利润也在逐渐降低，因此，长三角生物提取、制剂类制药企业主要分布在制药技术水平较高的江苏和浙江。

总体看来，生物制药工业全产业链企业主要集中在江苏、浙江，其重要原因是浙江省为吸引高科技生物制药企业入驻，投入了较高的污染治理成本；而最新的江苏地标执行时间较晚，该标准规定的现有企业执行最高标准于 2021 年 4 月才开始，这个执行时间的“空窗期”成为江苏吸引高排放生物制药企业集聚的重要因素，在短期内有可能使江苏成为长三角生物制药业水污染物高排放的洼地。

（二）环保监管、执法尺度难以一致，违法排放屡禁不止

与此同时，长三角生物制药业水污染物排放标准不统一使得长三角地区对于生物制药企业水污染排放管理缺少统一的尺度。长三角三省一市的跨界生态环境空间，如地处苏州吴江、上海青浦两地的太浦河跨界小流域，日常水污染联防联控机制的效率较低，给排污企业偷排、漏排、超排创造了机会。例如，2017 年，第一轮中央环保督察期间，地处长三角跨界地区的上海青浦就被发现 10 家城镇污水处理厂有 5 家污泥重金属超标，分别位于华新、白鹤、徐泾、练塘等区域，其中华新污水厂污泥重金属超标的主要原因是上游重金属排放企业存在违法、超排行为。同年，青浦区环保局对全区范围 346 户纳管企业进行检查，查处涉重违法排污、超标排污企业 5 家，罚款 164 万；规定强制查封 8 家企业；还有 9 家企业因排污行为恶劣，造成环境污染严重被移送司法部门[①]。对于属地管理的排污企业，长三角各地方环保部门能够采取有效的措施来禁止排污企业在当地偷排、漏排、超排等排污行为，然而，对于长三角跨界生态环境空间违法案件的处理，则存在取证证据全面性、标准统一性、案件办理便利性等困难。尤其是在跨行政区环保执法时，长三角地区三省一市监管部门只认本地区部门收集的证据材料[②]，环保执法部门也以本地水污染物排放标准做出相应环保处罚决定，促使一些排污企业利用长三角地方实施水污染物排放低标准的空子，以较低违法成本超标排放水污染物。

（三）水污染风险隐患难消除，威胁长三角水安全

然而，长三角制药业水污染物排放标准难统一的重要问题还在于长三角水污染风险隐患尚未彻底排查清楚。据中国客户网统计，2019 年长三角生

---

① 《环评背后：是时候和青浦重污企业说再见了～》，https：//www. sohu. com/a/190498092_669467。

② 曹飞：《环境监管部门只认本部门收集的证据，委员：长三角生态环保行政执法协作还不尽人意》，https：//www. shobserver. com/news/detail？ id＝201510。

物制药生产企业江苏省有490家、上海有105家、浙江有223家、安徽有193家，共计1011家，这1000多家生物制药企业排放的水污染物种类、浓度、规模、水污染治理投入等数据信息尚未被长三角各地环保监管部门统计和共享。而从2015年中央第一轮环保督察试点开始，生物制药企业环境污染问题层出不穷，如，浙江海正药业就被环保部查出2012年开始“外排废水COD超标排放，电缆沟积存高浓度污水”①；安徽圣达生物医药因直排超标废水被停产整顿②等。2017年，第一轮环保督察正式开始，江苏又有4家药企上市公司因环保问题被点名通报，其中与水污染问题相关的企业有江苏辉丰生物农业股份有限公司被查到偷排废水，江苏科菲特生化技术股份有限公司渗滤液渗漏、生物药制剂危废处置不当③等。2018年，上海神奇制药投资管理股份有限公司也因其子公司生产基地超标排放废水污染物被环保部门责令停产④。上述因水环境污染问题而被曝光、整改的医药制造企业集聚在长三角地区，对区域内河湖水环境安全和关乎人类健康的饮用水安全造成了潜在的威胁。

三　长三角水污染物排放标准一体化的政策建议

长三角的水资源、水环境和水生态在自然资源禀赋上具有一致性的特点，因此，长三角水污染物排放标准一体化具有地理区位上的先天优势。针对长三角水污染物排放标准一体化的难点问题，本报告从行政和市场的经济手段、制度保障机制、信息共享机制三方面提出政策建议。

---

① 医药前沿：《那些因污染环境被曝光的制药企业》，https://www.sohu.com/a/662693_111775。

② 中国环境报：《安徽圣达生物药业废水超标排放》，http://www.xinhuanet.com/politics/2015-06/26/c_127953961.htm。

③ 苏向东：《生态环境部：盐城辉丰公司长期偷排有毒废水 要严肃查处》，http://news.sina.com.cn/o/2018-04-20/doc-ifznefkf6537507.shtml。

④ 刘颂辉：《神奇制药不再神奇：子公司环境违法屡遭处罚》，https://health.huanqiu.com/article/9CaKrnK9eI9。

（一）加大地方水污染治理财政投入，推进制药业污染第三方治理

长三角依托G60科创走廊战略和G60生物医药产业联盟，既要在G60科创走廊上布局生物制药全产业链，促进区域生物制药工业的健康发展，又要防范因长三角生物制药业水污染物排放标准不统一而形成区域低标准高排放生物医药企业集聚的产业空间畸形。因此，首先建议三省一市地方政府加大对各地市政水污染治理的财政投入，以较高城市水污染治理水平吸引生物制药全产业链在地方平衡布局。其次，建议长三角生物制药工业园区、企业以长三角生物制药业水污染物排放浓度限值标准最高的江苏地标为标杆，推进长三角生物制药工业水污染第三方治理项目，通过实施高标准的水污染第三方治理项目，逐渐提升长三角各地生物制药业水污染治理水平和水污染物排放浓度限值标准，形成长三角生物制药业水污染物排放标准的一体化示范，并将示范经验推广至长三角其他行业，逐步实现长三角生物制药水污染物排放标准一体化。

（二）以“谈判机制”统一长三角水污染物排放标准和环境执法标准

长三角三省一市第一次污染源普查数据显示，区域内生物制药业约有半数企业将废水排放至设置终端污水处理设施的城镇或工业区排水系统，这部分生物制药企业的废水排放能够通过市政污水管网的在线监测进行有效监管。但是，仍有半数企业将废水直接排放至不同环境水体，这部分直排的生物制药废水在不同行政区以当地的水污染物排放标准进行监管和执法，能够在局部地区获得有效的水污染防控绩效。然而，在三省一市相邻生态环境空间，排污企业若以当地较低水污染物排放标准执行废水排放有可能被相邻地区视为超排违法行为，排污企业甚至可能同时被相邻的几个地区环境监管部门调查询问，不但影响企业制度性成本，也造成执法办案的资源浪费。因此，建议长三角区域内各地方政府通过采取高于“集体磋商”制度效率的“谈判机制”，考虑各地方水污染治理成本和对当地经济发展的影响，由易

到难逐步统一生物制药工业五大中类行业水污染物排放标准，并以统一的行业水污染物排放标准，实现长三角行业违法排放的环保监管、执法标准的统一。

（三）建立长三角排污企业水污染物排放数据与治理绩效共享平台

对于长三角生物制药排污企业的环保监管和执法不能只停留在制度创新层面，还需要技术创新辅以政策制度的实施。因此，为提升长三角三省一市水污染联防联控机制效率，建议三省一市经信委和生态环境部门联合建立长三角排污企业水污染物排放统计系统，三省一市共享区域内排污企业水污染物排放的实时数据，使各地环保部门能够更好地监管相邻地区生物制药企业水污染物排放情况，排查长三角地区生物制药业水污染风险隐患，厘清水污染物排放责任，更高效地对生物制药业水污染违法行为开展统一标准的环境执法。同时，在建立长三角排污企业水污染物排放统计系统的基础上，建议三省一市经信委和住建部门共同建立以第三方治理模式开展的水污染治理绩效共享平台，掌握长三角三省一市水污染治理绩效水平，包括水污染治理技术水平、治理成本投入、治理效果等，这也为合理制定长三角区域统一的制药工业水污染物排放标准和环保执法标准提供技术和经济依据。

参考文献

董佩佩、徐祖信、李怀正：《中美制药工业水污染物排放标准比较分析》，《环境科学与管理》2012 年第 3 期。

国家发改委经济研究所课题组：《中国药品生产流通体制改革及医药产业发展研究（下）》，《经济研究参考》2014 年第 32 期。

《中国药学年鉴》编辑委员会：《中国药学年鉴（2017）》，中国医药科技出版社，2018。

吴传清、杜宇、张冰倩、尹诚明：《江苏泰州医药产业发展调查报告》，2020。

董莉：《中国医药制造业生态效率评价研究》，《石家庄经济学院学报》2016 年第 4 期。

中国工业节能与清洁生产协会绿色工程专业委员会：《化学原料药行业绿色发展痛点及破解之策》，2020。

林雅静：《水污染物排放许可证中基于技术的排放标准研究——以中美对比为视角》，浙江农林大学硕士学位论文，2019。

王颖、陆赟、张小平、胡骏：《上海生物医药产业发展报告（2018）》，《上海医药》2020 年第 7 期。

B.14

上海城市土壤污染防治进展与展望

黄沈发　吴 健　杨 洁　钱晓雍　李忠元*

摘　要：本报告聚焦上海城市土壤生态环境保护发展历程，回顾了“十三五”期间上海土壤污染防治工作进展与成效，剖析了当前面临的重要战略机遇、形势和挑战，从深入开展土壤生态环境监测、强化土壤污染源头预防和控制、严格实施农用地分类管理、完善建设用地全生命周期管理、土壤污染防治保障支撑等方面对城市土壤环境管理的未来进行了展望，以期为特大型城市的地表环境现代化治理提供参考和借鉴，为上海建设“五个中心”和卓越的全球城市提供必要保障和支撑。

关键词：农用地　建设用地　土壤污染防治　保障支撑体系

土壤是生态环境的重要组成部分，是生物地球化学循环的储存库，也是人类赖以生存和发展的基础。城市土壤是地球土壤圈的重要类型，在长期人为活动的强烈干扰下，土壤的自然属性、理化属性发生了深刻变化，形成了不同于自然土壤的特殊土壤，同时也发挥着突出的环境、社会和经济功能，关系到城市生态安全和人体健康。城市土壤既包括城市建成区内工业、交通、商业、居住等建设用地土壤，也包括其周边受城市发展剧烈扰动和胁迫

* 黄沈发，上海市环境科学研究院副院长，国家环境保护城市土壤污染控制与修复工程技术中心主任，教授级高级工程师，研究方向为城市土壤污染控制与修复；吴健、杨洁、钱晓雍、李忠元，上海市环境科学研究院（国家环境保护城市土壤污染控制与修复工程技术中心）科研人员。

的农用地土壤。随着城市化进程的快速推进，工业排放、生活垃圾填埋、交通运输、化肥农药施用等高强度人类活动改变了城市土壤的物理、化学和生物性质，导致城市土壤环境质量急剧下降，使得城市土壤污染呈现出典型的高浓度、异质性和累积性特征。城市土壤既直接紧密地接触密集的城市人群，涉及生命健康和安全，又通过食物链影响食品安全，还通过对水体、大气的作用进而影响城市环境质量。国际土壤学会在 1998 年正式成立了“城市、工业、矿山和交通地土壤”工作组，2000 年在德国 Essen 召开了首届“城市、工业、矿山和交通地土壤”国际会议。此后，城市土壤污染研究在世界范围内日渐兴起和不断深化，在重金属、有机物等污染程度、分布、来源及风险评估等方面取得了突出成果。上海作为发展历史悠久、人口密集和城市化最快的区域之一，在城市土壤环境研究领域的起步较早，近年来更是开展了不少相关工作。然而，“十四五”期间，土壤污染形势依然严峻，城市土壤环境监管基础仍较薄弱，依法打好净土保卫战任务艰巨。本报告将着重介绍上海城市土壤污染防治进展与成效，剖析土壤污染防治面临的问题与挑战，并展望土壤环境管理的未来趋势与对策，从而为特大型城市的土壤生态环境的现代化治理提供参考和借鉴。

一　“十三五”上海土壤污染防治进展

“十三五”期间，上海贯彻落实国务院《土壤污染防治行动计划》，印发了《上海市土壤污染防治行动计划实施方案》（沪府发〔2016〕111 号），确定了上海城市土壤污染防治工作的行动纲领。《土壤污染防治法》实施以后，上海继续以保障农产品质量和人居环境安全为目标，以改善土壤环境质量为核心，坚持“预防为主、保护优先、风险管控”的原则，强化工作机制建设，加大土壤污染防治力度，有序推进实施土壤污染防治各项任务，取得了明显成效。

（一）基本摸清土壤环境质量现状

上海已布设了 76 个土壤环境质量监控点和 100 个土壤与农产品质量协

同监测点，每年定期开展质量监测。2017 年底，上海按照国家土壤污染状况详查工作的总体部署，启动了农用地土壤污染状况详查和重点行业企业用地土壤污染状况调查工作，基本摸清了上海农用地质量分类面积及分布，初步掌握了企业用地污染地块分布及环境风险情况。调查监测结果表明，全市土壤环境质量总体较好，农用地和建设用地土壤环境质量保持稳定、风险可控。目前，上海正基于各部门现有监测工作基础，进一步统筹规划、优化整合构建布局合理、功能完善的土壤环境质量监测网络，力争形成土壤环境监测“一张网”。

（二）有序推进农用地土壤环境保护

上海不断强化农业污染源头防控，化肥、农药施用量持续实现负增长，提前完成绿农行动计划和农业农村污染治理攻坚战到 2020 年分别减少至 7. 9 万吨和 0. 32 万吨的目标任务，畜禽粪污资源化利用率、主要农作物秸秆综合利用率、农膜回收率也均提前达到目标要求。按照国家和上海农用地土壤环境质量类别划分技术要求，基本完成全市耕地土壤环境质量类别划分工作，重点采用结构调整、农艺调控、替代种植、土壤改良等措施，确保受污染农用地安全利用。结合低效建设用地减量化工作，开展了复垦农用地调查评估和治理修复。

（三）着力管控建设用地土壤污染风险

为摸清企业及市政潜在污染场地底数，上海有序开展了工业及市政场地专项调查工作，在全国率先建立了潜在污染场地数据库，为城市建设用地土壤环境管理提供了基础支撑。上海不断强化工业企业源头防控，制定实施工业污染源全面达标计划，持续推进清洁生产审核和技术改造，防止对土壤环境的污染和危害。自 2017 年起，每年更新公布土壤污染重点监管单位名录，2020 年共公布 188 家重点监管单位。上海按照《土壤法》有关要求，督促重点监管单位开展自行监测并报送相关数据，要求企业定期对有毒有害物质生产区等重点区域进行污染隐患排查，并逐步规范拆除活动备案管理。

上海依据《土壤污染防治法》《污染地块土壤环境管理办法（试行）》的要求，16 个区均建立了疑似污染地块名单和污染地块名录，上传至全国污染地块土壤环境管理信息系统动态更新，并按要求向社会公开；不断强化土地征收、收回、收购等环节监管，组织开展建设用地地块土壤污染状况调查、风险评估、效果评估等工作，定期发布“上海市建设用地土壤污染风险管控和修复名录”。

（四）探索构建土壤环境管理体系

上海在全国范围内较早探索开展土壤污染防治工作，尤其是在建设用地土壤环境管理中，从最早的转性再开发工业场地环境保护，到全生命周期动态管理，再到建设用地土壤污染状况调查评估，管理体系不断优化和完善。依照国务院《土壤污染防治行动计划》有关要求，上海修订了《上海市环境保护条例》，增加了土壤和地下水污染防治相关条款。原上海市环保局、市规划国土资源局、市经济信息化委、市建设管理委联合印发《关于保障工业企业及市政场地再开发利用环境安全的管理办法》（沪环保防〔2014〕188 号）。“十四五”期间，为做好建设用地全生命周期管理，市生态环境局会同市规划资源局等部门联合印发了《上海市经营性用地和工业用地全生命周期管理土壤环境保护管理办法》（沪环保防〔2016〕226 号），在全国率先将土壤环境保护要求纳入土地全生命周期管理各环节。《土壤污染防治法》实施以后，为进一步规范建设用地评估程序，上海印发了《上海市建设用地地块土壤污染状况调查、风险评估、效果评估等报告评审规定（试行）》（沪环规〔2019〕11 号）、《建设用地土壤污染状况调查、风险评估、风险管控及修复效果评估报告评审指南》（环办土壤〔2019〕63 号）、《上海市建设用地土壤污染状况调查、风险评估、风险管控与修复方案编制、风险管控与修复效果评估工作的补充规定（试行）》（沪环土〔2020〕62 号）等制度文件，进一步规范建设用地土壤污染防治评估程序。

根据《土壤污染防治法》《农用地土壤环境管理办法（试行）》以及土壤污染防治行动计划农用地分类管理要求，制定针对优先保护类、安全利用类和严格管控类农用地的相关工作方案和技术指南，全面保障农用地分类管理。2019 年，制定并出台《上海市优先保护类耕地集中区域土壤环境保护工作方案》《上海市受污染耕地安全利用工作方案》《上海市受污染耕地严格管控工作方案》《上海市受污染耕地安全利用技术指南（试行）》《上海市耕地常见农作物重金属富集清单（试行）》，初步形成上海农用地分类管理制度体系。

（五）积极开展土壤污染治理与修复

上海按照高质量发展和环境保护的要求，结合工业集中区的产业布局调整和转型发展进程，积极开展了南大、桃浦等重点区域的土壤污染治理与修复工作。如在桃浦地区的转型发展中，在调查评估阶段，历经“区域排查—企业筛查—初步调查—详细调查—风险评估—补充调查”等过程，精准识别和科学评估土壤污染风险。在治理修复阶段，综合考虑土壤及地下水污染风险、规划用地功能、区域环境条件、地块开发进程等因素，论证确定了“风险管控、分类施策”的治理修复策略。南大项目首创了“修复工厂”模式，全过程服务于区域整治开发过程中的污染土壤修复，修复后土壤在区域内统筹消纳，成功实现治理修复“过程可控、踪迹可寻、效果可查”。桃浦、南大工业区区域土壤污染治理修复的先行先试做法和取得的经验，为上海乃至全国提供了一个可复制、可推广的样本。

二　上海土壤污染防治的问题与挑战

（一）当前存在的主要问题

1. 土壤环境监测体系需进一步优化

对照《土壤污染防治法》和“十四五”工作需求，土壤及地下水环境监测网络建设、土壤及地下水环境质量监测等方面存在短板和薄弱环节，重点监管单位自行监测的监督及周边监测开展需细化强化。

2. 土壤污染源头防控压力长期存在

传统土壤污染重点行业和重点企业的预防压力始终存在，需要进一步排查梳理影响农用地土壤环境质量的污染源清单方面的问题和困难，与此同时要不断面对新兴产业和工业园区带来的新型污染和新型监管需求。

3. 农用地分类管理仍处于起步阶段

农用地分类管理制度和动态调整机制尚需完善，农用地土壤环境监管方式和投入品风险管控机制有待健全，农用地分类管理未全覆盖（如林地、复垦农用地等用地类型），农产品安全风险依然存在。

4. 建设用地全生命周期管理有待完善

支撑全过程管理的重要工作机制尚不完善，部门联动机制、信息共享机制、风险防范与化解机制的运行仍不够顺畅。风险管控和修复的方式仍然比较粗放，绿色管控和修复技术的研发及应用示范仍十分欠缺。

5. 土壤污染防治协同监管体系仍较薄弱

对照《土壤污染防治法》和“十四五”工作需求，环境执法监管方面仍存在短板和薄弱环节；土壤污染防治制度建设上尚有空白和盲点领域；土壤污染防治在资金保障、技术支撑、市场培育等方面面临问题、矛盾和困难。

（二）未来面临的形势

“十三五”期间，上海城市土壤污染防治工作取得明显成效，但土壤污染防治起步晚、欠账多、基础薄弱，生态环境保护结构性、根源性、趋势性压力总体上尚未根本缓解，土壤污染防治仍是一项长期而艰巨的任务。“十四五”时期是建设美丽中国迈向新征程的起步阶段，也是上海全面推进“五个中心”建设，稳步实现卓越全球城市和“生态之城”建设目标的重要阶段，土壤生态环境保护面临重要战略机遇、形势和挑战。

一是从产业发展来看，上海不断推进产业绿色转型升级，强化节能减排低碳发展。但制造业仍是对上海国民经济发展贡献超过1/4 的支柱行业，工业活动仍是导致土壤及地下水污染的主要原因。钢铁、化工等传统重工业的污

染预防压力持续存在，集成电路、生物医药等新兴产业发展又将带来新的土壤污染问题，工业园区的高负荷、高强度发展也提出了新的环境监管需求。

二是从用地需求来看，上海着力遏制建设用地无序蔓延，锁定规划建设用地总量为3200平方公里，规划工业仓储用地占比控制在10%～15%。但在建设用地总量天花板限制下，存量工业用地“二次开发”和低效工业用地减量成为新常态，应加强再开发为敏感用地以及复垦为农用地的转性土地的安全利用，确保市民“吃得放心、住得安心”，土壤环境管理面临新挑战。

三是从城市治理来看，上海较早开展土壤污染防治相关探索，初步探索构建了相关管理体系。但与水、气等其他环境要素监管相比，土壤环境监管基础仍较薄弱，尚未形成完善的监测、监管与防控治理体系，已经成为制约构建生态环境治理体系和提高治理能力现代化水平的短板，尚不能满足“人民城市”高质量发展和高品质生活的需求，与市民对美好生活的向往仍有较大差距。

三　城市土壤环境管理的未来展望

（一）深入开展土壤生态环境监测

1. 持续优化土壤环境监测网络

完成国家土壤环境监测网优化和地下水环境质量考核点位调整工作，进一步优化整合形成全市“定位清晰、水土联动、点位合理、功能齐全”的高水平土壤及地下水环境监测网络。注重例行监测与普查详查的有效衔接，按照国家监测频次要求，构建形成背景点和基础点监测5～10年一次、风险监控重点监测1～2年一次的动态监测体系。

2. 加强土壤环境分类监测

持续推进国家土壤环境背景点、基础点和风险点监测；以农产品产地为重点，开展农用地土壤及农产品协同监测；开展绿地林地园地土壤环境监测；定期开展土壤污染重点监管单位周边土壤环境监测；以支撑农用地分类管理和建设用地风险管控为目的，启动新一轮全市土壤污染状况调查；选择上海典型区域，建立一批土壤生态环境长期观测研究基地，为精准识别和管控污染源提供数据支撑。

（二）强化土壤污染源头预防和控制

1. 深化农业生产监管和污染预防

以农业绿色发展为契机，推进绿色农产品生产基地建设，完善农业生产档案管理制度，提升农业废弃物综合利用水平，加强畜禽粪污资源化利用规范性和精准性；加强农田灌溉水水质监测监控，强化河道底泥、湿垃圾处置产品等投入品的源头监管，建立相应的使用规范和监管制度；健全农药(兽药)、肥料等农业投入品包装废弃物及农用塑料薄膜回收和处置体系，从源头上减少农业生产对农用地土壤环境质量的影响。在农用地污染成因排查基础上，以农用地重金属污染问题突出区域为重点，加强周边重点污染源风险评估和日常监管。

2. 强化工业企业污染源头管控

制定和更新上海土壤污染重点监管单位名录；落实污染隐患排查主体责任，持续开展重点监管单位土壤污染隐患排查工作；对新建企业，结合排污许可制度，督促企业落实环保责任；对土壤污染重点监管单位，落实自行监测主体责任，建立重点行业企业自行监测制度；将土壤污染防治责任和义务纳入土壤污染重点监管单位排污许可证管理；强化在产企业的监测、监管，拓展监控手段，提升预警能力；根据“谁污染谁负责”的原则，强化落实在产企业土壤污染风险管控与修复责任，敦促企业及时采取污染源消除、污染源隔离阻断等环境风险管控措施；加强涉重金属行业污染防控；针对企业突发环境事件，制定企业土壤及地下水污染应急机制，完善和制定区级政府应急处置预案，建立突发环境事件环境损害鉴定评估办法。

3. 加强非正规垃圾填埋场排查整治

持续开展水源保护区、滩涂等重点区域再排查，持续推进非正规垃圾填埋场整治，已经完成整治的场地，要划定管控范围，明确管理责任主体，做好移交和后续管理；非正规垃圾堆放点整治工作完成后，要组织专业技术力量定期开展污染和风险评估，重点做好渗滤液对周边水体、地下水和土壤的污染分析及沼气含量监测，避免产生新的污染和安全隐患。

（三）严格实施农用地分类管理

1. 深化农用地分级分类管理制度

在优先保护类、安全利用类和严格管控类农用地分类管理的相关工作方案和技术指南的基础上，持续完善农用地分类管理制度，建立受污染农用地土壤和地下水风险管控体系，健全农用地土壤环境质量类别动态调整机制；推进林地土壤污染状况调查与环境质量类别划定，建立与农用地分类管理制度相衔接的林地分类管理制度。

2. 加大优先保护类耕地保护力度

加强永久基本农田保护，完成将优先保护类耕地划为基本农田的划定工作，全面落实永久基本农田特殊保护制度，严守耕地红线，大规模推进高标准农田建设，深入开展耕地质量保护与提升行动。“十四五”期间，全市优先保护类耕地面积不减少，着力提高全市耕地地力等级。

3. 落实受污染耕地安全利用和严格管控

以保障农产品安全为原则，全面落实并持续推进受污染农用地安全利用，加强跟踪监测与效果评估；以保障农用地土壤环境安全为原则，加大严格管控类农用地用途管理力度，加强生态修复、风险管控与跟踪监测。“十四五”期间，力争受污染耕地安全利用率稳定在95%以上。

4. 加强复垦农用地土壤环境管理

建立未利用地、复垦土地拟开垦为耕地的土壤污染状况调查评估、治理修复和风险管控体系，建立复垦农用地分级管理名录，并纳入农林用地分类管理。在复垦农用地治理修复试点示范的基础上，根据其分级利用需求，落实复垦农用地生态修复或风险管控措施。

（四）完善建设用地全生命周期管理

1. 进一步完善建设用地土壤环境污染监管制度

厘清上海各职能部门土壤和地下水管理职责，建立针对多要素的多部门协同、水土联动的监管与防控体系，实施分区分类防控管理。进一步加强建设用地全过程风险管控、治理修复、效果评估和跟踪监控，建立“调查评估－修复－再利用”的全生命周期跟踪管理制度。

2. 加强建设用地规划准入管理

建立企业事业单位拆除方案备案制度，做好人口密集区危化品生产企业关闭搬迁工作，防范企业拆除过程引发土壤及地下水污染。结合土壤环境质量状况、根据土地污染风险状况，加强对受污染场地、敏感目标周边土地再开发利用的城乡规划论证和审批管理。涉及成片污染地块分期分批开发的，以及污染地块周边土地开发的，各级人民政府及规划资源局合理安排土地供应及相关规划许可时序，防止受污染土壤及后续风险管控和修复影响周边拟入住敏感人群。

3. 加强建设用地土壤污染状况调查

建立全范围全覆盖的建设用地地块调查清单，纳入再开发利用规划的疑似污染地块，用途变更为住宅、公共管理和公共服务用地的地块，普查、详查、例行监测、自行监测、监督性监测和现场检查表明有土壤污染风险的地块，重度污染农用地转化为建设用地等，均应按要求开展土壤污染调查。结合重点行业企业调查结果，建立拟再开发利用工矿企业用地土壤污染状况提前调查制度；基于重点行业企业用地调查成果，开展高风险企业地块和工业集聚区、加油站、污水处理设施、垃圾填埋场等重点污染源与周边的土壤及地下水环境调查，评估地块污染状况及健康风险；督促土地使用权人开展土壤环境初步调查，根据土地使用权人提交的土壤环境初步调查报告建立污染地块名录，及时上传污染地块信息，同时向社会公开。将依法开展的土壤调查报告作为不动产登记资料递交地方人民政府不动产登记机构，并报生态环境主管部门备案。

4. 强化建设用地风险管控及修复

建立污染土壤转运联单制度，全过程跟踪污染土壤和地下水的转运路径和去向；借助信息化技术实现对地块环境调查、风险管控、修复治理等实施过程的抽查与监管；借助遥感等手段监控污染地块开发；持续完善建设用地土壤污染风险管控和修复名录，动态更新，并向社会公布。

探索“修复工厂”模式，推动污染土壤集中化处理处置及资源化利用。建立土壤资源化利用机制，对开发建设过程中剥离的表土和“修复工厂”治理合格的土壤进行收集和存放，将符合条件的土壤优先用于土地复垦、土壤改良、造地和绿化等。在土壤污染防治过程中积极探索“治理修复 + 开发建设”模式，加强建设用地土壤污染风险管控。以吴淞、吴泾、高化等区域为重点，加强整体风险管控和修复，加快推进城市转型发展。

（五）土壤污染防治保障支撑

1. 加强法制建设，提高专项执法能力

围绕贯彻落实《土壤污染防治法》的需求，提出土壤环境保护和污染防治相关地方条例、政府规章、规范性文件和标准规范等方面的制修订任务。围绕耕地土壤环境保护、污染地块安全利用的需求，从将土壤环境执法纳入“双随机已公开”范围、增配无人机巡检、提高土壤环境违法行为发现能力等方面，提出土壤环境执法能力建设任务。结合加强环保第三方单位监管，从规范建设用地土壤环境咨询、修复工程、环境检测等从业单位行为出发，研究提出从业单位登记备案、从业质量评价、评价结果在环境信用中应用等方面的任务。

2. 加大投入力度，拓展资金筹措渠道

多元化投入，多渠道保障。根据永久基本农田保护、受污染耕地安全利用和严格管控的需求，从整合涉农补贴、生态环境保护资金角度，提出“十四五”时期财政持续有效投入的额度。根据建设用地土壤污染防治的需求，提出属于政府事权且需要财政投入的重点领域和方向。探索建立市级土壤污染防治基金，制定防治基金具体管理办法。

3. 加强信息建设，加快实现一网统管

充分依托上海市大数据资源平台和国家地下水监测中心共享平台，建立跨部门土壤及地下水环境监测数据共享机制；初步建立形成涵盖信息收集、科学研判、辅助决策、考核评价等功能的土壤及地下水环境监管应用平台。根据土壤环境保护和污染防治科学决策需求，依托现有土壤环境信息化管理系统，整合与打通污染源、国土空间规划、土壤污染状况详查、土壤环境质量监测、企业用地自行检测等数据信息，增设大数据分析、空间矢量信息叠合、辅助决策、考核评价等模块，提出本地区土壤环境信息化监管能力建设目标和任务。完善疑似污染地块和污染地块空间信息与国土空间“一张图”管理机制。

4. 加强科技创新，提升技术能力水平

开展环境监测、预警预报、土壤和地下水修复等方向的环境技术规范研究与编制。摸清土壤污染物累积与跨介质的源汇动态平衡机制，解析不同排放源和输送途径对土壤污染的贡献率及主控因子。建立区域场地土壤污染跨介质多源清单制定方法，帮助引导土壤和地下水污染源与潜在污染源的精准管理。进一步研发污染地精细化调查技术手段，完善评估技术方法。进一步研发适用于本地土壤及水文地质特征的风险管控与修复技术，研发配套的专业技术装备。进一步研究完善受污染农用地安全利用和风险管控技术体系，开发掌握耕地土壤污染成因排查与分析技术方法。

5. 加强宣传教育，引导社会有效监督

加强土壤环境保护和污染防治宣传，公布土壤污染防治动态，引导社会积极参与土壤污染防治。加强企业主体培训教育，提高企业防治土壤污染的责任意识。搭建和完善违法行为举报平台，引导社会有效监督。充分发挥新闻宣传媒介优势，动员全社会的力量共同参与，营造全社会参与土壤污染防治、保护土壤环境的良好氛围。

四 结语

城市土壤受到剧烈多样的人类扰动，呈现出与自然土壤完全不同的属性

特征，因而城市土壤污染防治工作更为复杂和困难。“十三五”期间，上海的土壤污染防治工作取得了明显成效，但由于土壤污染防治历史欠账多、治理难度大、工作起步晚、技术基础差，依然面临着诸多问题，依法打好净土保卫战任务艰巨。“十四五”期间，面对新形势和新挑战，上海应继续围绕“住得安心，吃得放心”的目标，深入推进土壤污染防治工作，为上海建设“五个中心”和卓越的全球城市提供必要保障和有力支撑。

参考文献

陈卫平、谢天、李笑诺等：《中国土壤污染防治技术体系建设思考》，《土壤学报》2018 年第 3 期。

黄沈发、王敏、吴健等：《特大型城市快速城市化进程中土壤环境保护的探索与实践》，《上海环境科学》2016 年第 6 期。

黄沈发、杨洁、吴健等：《城市再开发场地污染风险管控研究及实践》，《环境保护》2018 年第 1 期。

李志涛、刘伟江、陈盛等：《关于“十四五”土壤、地下水与农业农村生态环境保护的思考》，《中国环境管理》2020 年第 4 期。

罗清泉、许安标、张桃林：《〈中华人民共和国土壤污染防治法〉释义》，中国民主法制出版社，2018。

梅祖明、陆琴、朱鸽：《上海外环线沿线及其周围土壤和地下水环境质量监测》，《上海市岩土工程检测中心论文集》上海 1995 年。

吴健、王敏、靳志辉等：《土壤环境中多环芳烃研究的回顾与展望——基于 Web of Science 大数据的文献计量分析》，《土壤学报》2016 年第 4 期。

杨凯、王云、徐启新：《城市工业用地置换过程的环境影响及对策探讨——以上海某硫酸厂一车间地块置换为例》，《污染防治技术》1997 年第 2 期。

张甘霖：《城市土壤研究的深化和发展》，《土壤》2001 年第 2 期。

张甘霖、赵玉国、杨金玲等：《城市土壤环境问题及其研究进展》，《土壤学报》2007 年第 5 期。

张红振、邓璟菲、李书鹏等：《我国“十四五”土壤生态环境保护发展建议》，《环境保护》2020 年第 8 期。

Aichner B, Glaser B, Zech W. “Polycyclic Aromatic Hydrocarbons and Polychlorinated Biphenyls in Urban Soils From Kathmandu, Nepal”. *Organic Geochemistry*. 2007. Vol. 38 (4).

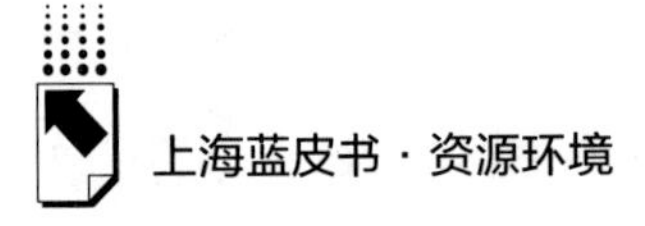

Chen Y Y, Wang J, Gao W, et al. "Comprehensive Analysis of Heavy Mentals in Soils from Baoshan District, Shanghai: a Heavily Industrialized Area in China". *Environmental Earth Sciences*. 2012. Vol. 67 (8).

De Kimpe, Christian R. "Morel J L. Urban Soil Management: a Growing Concern". *Soil Science*. 2000. Vol. 165 (1).

Jiang Y F, Wang X T, Zhu K, et al. "Occurrence, Compositional Profiles and Possible Sources of Polybrominateddiphenyl Ethers in Urban Soils of Shanghai, China". *Chemosphere*. 2010. Vol. 80 (2).

Krauss M, Wilcke W. "Polychlorinated Naphthalenes in Urban Soils: Analysis, Concentrations, and Relation to Other Persistent Organic Pollutants". *Environmental Pollution*. 2003. Vol. 122 (1).

Laidlaw M A S, Filippelli, G M. "Resuspension of Urban Soils as a Persistent Source of Lead Poisoning in Children: A Review and New Directions". *Applied Geochemistry*. 2008. Vol. 23 (8) 9.

Li X D, Poon C S, Liu P S. "Heavy Metal Contamination of Urban Soils and Street Dusts in Hong Kong". *Applied Geochemistry*. 2001. Vol. 16 (11 – 12).

Luo X S, Yu S, Zhu Y G, et al. "Trace Metal Contamination in Urban Soils of China". *Science of the Total Environment*. 2012. Vol. 421.

Manta D S, Angelone M, Bellanca A. "Heavy Metals in Urban Soils: a Case Study from the City of Palermo (Sicily), Italy". *Science of the Total Environment*. 2002. Vol. 300 (1 – 3).

Morillo E, Romero A S, Maqueda C, et al. "Soil Pollution by PAHs in Urban Soils: a Comparison of Three European Cities". *Journal of Environmental Monitoring*. 2007. Vol. 9 (9).

Nakata H, Hirakawa Y, Kawazoe, et al. "Concentrations and Composition of Organochlorine Contaminants in Sediments, Soils, Crustaceans, Fishes and Birds Collected from Lake Tai, Hangzhou Bay and Shanghai City Region, China". *Environmental Pollution*. 2005. Vol. 133 (3).

Peng C, Chen W P, Liao X L, et al. "Polycyclic Aromatic Hydrocarbons in Urban Soils of Beijing: Status, Source, Distribution and Potential Risk". *Environmental Pollution*. 2011. Vol. 159 (3).

Scharenbroch B C, Lloyd J E, Johnson-Maynard J L. "Distinguishing Urban Soils with Physical, Chemical, and Biological Properties". *Pedobiologia*. 2005. Vol. 49 (4).

Shi G T, Chen Z L, Xu S Y, et al. "Potentially Toxic Metal Contamination of Urban Soils and Roadside Dust in Shanghai, China". *Environmental Pollution*. 2008. Vol. 156 (2).

Wang X T, Miao Y, Zhang Y, et al. "Polycyclic Aromatic Hydrocarbons (PAHs) in Urban Soils of the Megacity Shanghai: Occurrence, Source Apportionment and Potential Human Heath Risk". *Science of the Total Environment*. 2013. Vol. 447.

B.15

上海气候变化适应能力及提升策略

孙可哿*

摘 要：“十三五”以来，上海在气候变化适应能力提升方面做出巨大努力，全面规划部署气候变化应对和节能减排工作，加强城市排水、交通基础设施建设，推进产业结构、能源结构转型发展，提升大气、水环境质量，优化城市生态空间格局，支持气候变化关键技术研发。然而，基于长三角城市气候变化适应能力指标体系的分析结果表明，尽管上海气候变化适应能力在长三角城市中总体处于高水平，但在生态环境、脆弱产业和人群方面存在劣势。上海经济社会综合实力在长三角城市中最强，为上海应对气候变化灾害提供基础设施、医疗资源、人力资本等方面的支持；但森林覆盖率低、人口密度高、工业污染排放密度高，生态环境质量在长三角城市群中处于较低水平，对应对气候变化能力造成负面影响；与此同时，交通业和农业等脆弱产业、失业和老幼等脆弱人群也是上海气候变化适应能力的短板。上海气候变化适应能力的提升，需要针对城市脆弱产业人口环节，降低气候灾害敏感性；进一步引导产业转型升级，促进生态环境质量提升；推进区域间气候变化应对协作机制建立；大力支持应对气候变化关键技术研究；全面完善气候变化适应战略规划，力争早日实现碳达峰、碳中和目标。

* 孙可哿，上海社会科学院生态与可持续发展研究所博士，主要研究方向为能源环境经济学。

关键词： 气候变化适应 社会经济因素 生态环境因素

受气候变化影响，上海受气象灾害冲击的风险增高。洪涝灾害增加，如果与风暴潮等叠加，冲击力则更大；海平面上升不仅会淹没沿海土地，而且会顶托内河水位，加剧洪涝灾害；海平面上升如果与旱灾叠加，会形成咸潮入侵等灾害。面对此类风险，上海增强气候变化适应能力显得非常紧迫[①]。2016 年，上海入选为第二批海绵城市试点，“十三五”期间，以海绵城市建设为契机，上海为提高气候变化适应能力付出很多努力，取得很大成效。本报告致力于对这些努力、成效及仍然存在的短板进行分析，基于长三角城市气候变化适应能力指标的因子分析法，分析比较上海相对于长三角其他城市气候变化应对能力的薄弱因子，并提出进一步增强上海气候变化适应能力的对策建议。

一 上海“十三五”增强气候变化适应能力的努力与成效

（一）气候变化适应的体制机制建设

“十三五”期间，上海市在应对气候变化的规划部署、法律制度保障方面做出巨大的努力，并取得显著成效。在总体规划方面，2017 年 3 月，上海市政府印发《上海市节能和应对气候变化“十三五”规划》，设定“十三五”期间上海市能源消费和强度、温室气体排放的总量目标，全面部署产业结构转型、能源结构转型、重点领域能效水平提升、重点领域气候变化适应能力提升，内容涉及城市排水设施建设、供能供水安全、低碳节能建筑

① 周冯琦、汤庆合：《上海资源环境发展报告：弹性城市》，社会科学文献出版社，2017，第 83～108 页。

发展、交通设施保障等城市气候变化适应能力的方方面面，为上海市建设气候变化适应性城市提供总体规划和指引。在法律法规方面，“十三五”期间上海市积极完善节能环保相关法律法规，为提升城市气候变化适应能力提供法律保障。例如，设立《上海市年节能减排（应对气候变化）专项资金管理办法》，保障和落实应对气候变化专项资金的合理有效利用。2018 年，上海市节能减排（应对气候变化）资金主要用于节能减排产品推广、淘汰落后产能、可再生能源开发和利用。此外，上海作为全国七个碳交易试点之一，“十三五”期间积极探索碳交易机制、建立碳市场价格机制，设计碳配额现货和远期产品，开发碳中和、碳回购等创新金融产品。2017 年，全国建立发电行业碳排放权交易市场，在上海建立全国碳交易系统。截至 2019 年底，上海碳市场累计成交现货产品 1. 28 亿吨，金额达到 13. 91 亿元。

（二）经济与能源结构转型发展

“十三五”期间上海第三产业进一步扩张，支柱产业转型升级，能源消费结构多元化、清洁化，为提升城市气候适应能力提供支持和保障。从总体来看，“十三五”期间，上海市第二产业、第三产业呈现齐头并进的发展趋势，其中第三产业比重进一步提高。2015 ~ 2019 年，上海市第二产业、第三产业增加值年均增长率分别达到 5. 67%、12. 58%，第三产业增加值占 GDP 比重从 2015 年的 67. 32% 上升到 2019 年的 72. 74%。从上海市六个重点工业行业来看，“十三五”期间除汽车制造业、石油化工及精细化工制造业、生物医药制造业总产值有较大幅度提升以外，其他行业总产值增长幅度较低。其中 2015 ~ 2019 年，电子信息产品制造业、精品钢材制造业总产值占上海市工业总产值比重分别下降 1. 24 个、0. 19 个百分点。相比之下，战略性新兴产业表现出更为良好的增长趋势：2019 年上海市工业增加值、服务业增加值中战略性新兴产业增加值的比重相对于 2015 年分别提高 5. 51 个、0. 34 个百分点，且 2019 年战略性新兴产业增加值相对于 2015 年提升 63. 73%，高于上海市总增加值同期的增长率。由此可见，尽管上海传统支柱工业行业仍然是上海经济增长的重要力量，但其中战略性新兴产业的发展

势头更为强劲，表明上海市“十三五”期间经济结构实现进一步转型升级，迈向以知识技术密集、物质资源低消耗为特征的战略性新兴产业模式。

在能源消费结构方面，上海市“十三五”规划提出“重点用能企业”的数字能源解决方案普及率“达到90%以上”、各区工业增加值能耗比2015年下降15%以上的目标，并将“绿色制造推广工程”作为重点工程之一。截止到2018年，上海市能源消费强度（单位GDP能源消费总量）相对于2015年下降17.73%，其中煤品占能源消费量比重从2015年的33.63%下降到2018年的28.62%，其间净调入电及其他能源发电占能源消费总量比重上升2.55个百分点，表明上海市能源利用效率提升、能源消费低碳化。在工业能源终端消费结构方面，“十三五”期间上海市表现出“电气化”特征，电力在上海工业部门能源消费中的比重持续上升，逐渐取代原煤和焦炭。2018年上海市工业能源终端消费中电力所占比重相对于2015年上升1.11个百分点，而原煤所占比重下降2.22个百分点①。在生活能源消费结构方面，电力和天然气取代了煤气和煤炭的使用，也体现出多元化、清洁化特征。2018年上海市人均生活电力、天然气、煤炭消费相对于2015年分别上升了239.62千瓦时、9.61立方米、-10.83千克。

（三）社会保障与基础设施建设

“十三五”期间上海市通过在城市基础设施建设、社会保障方面的投入，加强城市排水能力、供电安全性、交通运输能力、绿化等方面的建设，提高城市应对气候变化风险的能力。2017年1月上海市人民政府颁布《上海市气象灾害防御条例》，提出上海市交通、排水设施、供电、农林业等方面的基础防灾能力建设要求。截止到2019年底，上海市“十三五”期间在市政建设方面累计投入1842.63亿元，年均投资额达到460.66亿元，比“十二五”期间年均投资额高出34.98%。其中，2016~2017年，17.27%的市政建设投资用于园林绿化建设，4.53%的市政建设投资用于环境卫生，其

① 根据2018年《上海统计年鉴》工业能源终端消费量数据折算标准煤所得。

余用于市政设施投资。在城市排水能力方面，2018 年上海市城市排水管道长度比 2015 年增加 17.76%（4144 公里），意味着上海应对气候变化风险能力的提升。在电力供给方面，2018 年上海市年末发电设备容量达到 2446.88 万千瓦、220 千伏架空线长度达到 3601.04 公里、220 千伏电缆长度达到 721.93 公里，分别比 2015 年增加 4.40%、3.86%、10.19%，表明上海市"十三五"期间在供电硬件基础上有显著进步、供电安全性进一步提高。"十三五"期间上海交通运输能力增强，截止到 2019 年底，上海市"十三五"期间新增城市快速路 10 公里，新增江浦路过江隧道，新增轨道交通线路两条，为应对气候变化风险能力提升做出贡献。此外，截止到 2019 年底，"十三五"期间上海市累计新建绿地 13416.02 公顷，建成区绿化覆盖率相对于 2015 年上升 1.1 个百分点，达到 39.6%。

（四）生态环境质量提升

"十三五"期间，上海市在生态环境质量改善问题上做出多方面努力，空气质量显著提升、地表水质量大幅改善、生态空间格局实现优化，为提升城市气候变化适应能力奠定了坚实基础。"十三五"期间上海市在环境保护方面投入大量资金，为城市气候适应能力提升提供资金保障。2016 年以来，上海市每年用于环境保护的资金投入均占当年 GDP 的 3% 左右，截止到 2019 年底，"十三五"期间上海市在环境保护方面的资金投入累计达 3815.54 亿元，年均增长率达 11.08%。上海市通过在生态环境保护和治理方面的努力，2019 年全年环境空气质量（AQI）优良率比 2015 年提高 14.0 个百分点，二氧化硫、可吸入颗粒物（PM_{10}）、细颗粒物（$PM_{2.5}$）、二氧化氮、一氧化碳年日均浓度分别下降 10 微克/米^3、24 微克/米^3、18 微克/米^3、6 微克/米^3、0.2 毫克/米^3；地表水达Ⅲ类标准比例上升 33.6 个百分点；森林覆盖率从 2015 年的 10.74% 上升到 2019 年的 17.6%。

二 上海气候变化适应能力因子分析

本节首先构建气候变化适应能力指标体系，量化分析比较长三角城市气候变化适应能力，进而基于因子分析法分解城市气候变化适应能力的影响因子，比较上海气候变化适应能力与长三角城市的差别及其影响因素，分析上海气候变化适应能力相对于长三角其他城市的优势与劣势。

（一）长三角城市气候变化适应能力因子分析

1. 指标体系构建

根据国家发改委、住建部2016年发布的《城市适应气候变化行动方案》，中国气候适应型城市建设主要行动包括城市规划、基础设施、建筑适应气候变化能力、生态绿化功能、水安全、灾害风险管理、科技支撑七大方面。现有研究构建城市气候变化适应能力指标大多考虑经济发展、社会发展、自然资源禀赋等因素[①]。本报告从生态环境、经济社会两方面因素出发考虑城市气候变化适应能力的差异，并将各类影响因素进一步归类为气候灾害对抗因素和气候灾害风险因素，如表1所示。其中，生态环境因素中的森林覆盖率体现了城市的自然禀赋和生态空间布局特征，反映了城市生态环境吸收处理温室气体、涵养水源等方面的能力，森林覆盖率越高，表明城市对抗气候灾害的能力越强；而污水排放密度、废气排放密度能够反映城市生态环境承受的压力，污水排放密度、废气排放密度越高，表明城市气候灾害风险越高。

在经济社会因素方面，主要考虑收入水平、医疗保障、财政保障、产业结构、就业水平、人口结构等方面的影响。收入水平主要由人均GDP、人均存款余额、人均可支配收入三个变量表示，其中人均GDP侧重于反映城市经济发展水平，人均年末存款余额、人均可支配收入侧重于反映居民生活水平。人均GDP、人均年末存款余额、人均可支配收入越高，表明居民对

① 谢欣露、郑艳：《气候适应型城市评价指标体系研究——以北京市为例》，《城市与环境研究》2016年第4期，第50～66页。
谢欣露、郑艳、潘家华：《气候变化下的城市脆弱性及适应——以长三角城市为例》，《城市与环境研究》2013年第1期，第43～62页。
郑艳、潘家华、谢欣露：《基于气候变化脆弱性的适应规划：一个福利经济学分析》，《经济研究》2016年第2期。

抗气候灾害风险的能力越强。医疗保障水平主要由人均医师数、医疗保险覆盖率变量表示，人均医师数、医疗保险覆盖率越高，表明城市医疗保障水平越高，对抗气候灾害能力越强。财政保障则由人均一般财政支出预算变量表示，人均财政支出预算越高表明政府财政保障能力越强，城市应对气候变化风险能力越强。在产业方面，农业和交通运输业受到气候灾害的影响较大，第一产业比重、交通运输密度越高，表明城市气候灾害风险因素越高。就业水平因素则以失业率变量表示，失业人口对抗气候灾害的能力较差，城市失业率越高，面临气候变化灾害风险越高。在人口方面，包括人口密度、人口抚养比两个变量。老幼人口对气候灾害的承受能力较差，因此人口抚养比越高，城市遭遇气候灾害风险越大；人口密度不仅反映了城市经济发展水平，也反映了城市生态环境容纳空间，人口密度越大，城市应对气候灾害风险的能力越弱。

表 1　城市气候变化应对能力指标体系

指标类型	气候灾害对抗因素	气候灾害风险因素
生态环境因素	森林覆盖率(%)	工业废水排放密度(万吨/平方公里) 工业废气排放密度(吨/平方公里)
经济社会因素	人均 GDP(元) 人均年末存款余额(万元) 人均可支配收入(元) 每万人医师数(人) 医疗保险覆盖率(%) 人均财政支出预算(万元)	第一产业比重(%) 交通运输密度(吨/万元、人/万元) 人口抚养比(%) 失业率(%) 人口密度(人/平方公里)

资料来源：2019 年《中国城市统计年鉴》、《中国城乡建设统计年鉴》、长三角各地统计年鉴。本报告基于 2018 年长三角城市数据进行因子分析。

2. 因子分析模型

本报告在指标体系选择的基础上，基于因子分析法对城市气候变化适应能力进行因子分析，并基于因子分析结果计算长三角各个城市在各类气候变化适应能力影响因子上的得分，进而根据影响因子比重和因子得分计算长三角各个城市气候变化适应能力得分。首先，气候变化应对能力得分计算需要各个变量影响方向一致，因此对气候灾害对抗因素变量、气候灾害风险因素变量分别进行如下式（1）和式（2）的处理：

$$y_i = \frac{Y_i - \min Y_i}{\max Y_i - \min Y_i} \tag{1}$$

$$y_i = \frac{\max Y_i - Y_i}{\max Y_i - \min Y_i} \tag{2}$$

其中下标 $i=1$，…，n，表示第 i 个变量。其次，对各个变量y_j进行标准化处理，方差为1、均值为0。城市气候变化适应能力因子分析模型如下：

$$y_i = \lambda_i' F + e_i \tag{3}$$

其中，y_i是标准化的气候灾害对抗因素和气候灾害风险因素变量，λ_i'是因子载荷系数，F 是共同因子向量，e_i是气候灾害对抗因素和气候灾害风险因素变量的共同部分。

因子分析结果表明，长三角城市气候变化适应能力存在 3 个公共因子，分别解释了气候变化适应能力变量 37%、21%、17% 的方差，对气候变化适应能力影响权重分别为 0.49、0.28、0.22。表 2 展示了长三角城市气候变化适应能力因子分析的载荷矩阵，矩阵中的元素代表某一变量在因子上的载荷系数，系数绝对值越大，该变量对相应因子的影响贡献越大。其中，因子 1 主要由经济发展水平、收入水平、医疗保障水平、财政保障水平、人口结构因素决定，因此将其命名为经济保障因素；因子 2 主要由就业情况、产业结构、交通因素决定，也在一定程度上受到人口结构和医疗水平的影响，体现了产业、就业等方面的脆弱性对城市气候变化适应能力的影响，将其命名为产业就业因素；因子 3 主要由森林覆盖率、污染物排放密度、人口密度因素决定，主要体现生态环境对气候变化适应能力的贡献，因此将其命名为生态环境因素。

表 2　长三角城市气候变化适应能力因子载荷矩阵

	公共因子 1 经济保障因素	公共因子 2 产业就业因素	公共因子 3 生态环境因素
人均年末存款余额(万元)	0.84	0.45	-0.05
人均可支配收入(元)	0.86	0.41	-0.16
医疗保险覆盖率	0.81	0.39	-0.23
人均财政支出预算(万元)	0.89	0.01	0.01
失业率(%)	0.03	0.61	0.08
货运量密度(吨/万元)	0.22	0.75	-0.25
客运量密度(人/万元)	0.18	0.41	-0.6
第一产业占 GDP 的比重(%)	0.6	0.62	-0.28
人口总抚养比(%)	0.58	0.56	-0.24
每万人医师数(人)	0.65	0.61	0.24
人均 GDP(元)	0.66	0.57	-0.41
森林覆盖率(%)	0.14	0.17	0.81
工业氮氧化物排放密度(吨/平方公里)	-0.32	-0.27	0.63
工业废水排放密度(万吨/平方公里)	-0.66	-0.17	0.58
人口密度(人/平方公里)	-0.69	0.19	0.52

（二）上海与气候变化适应能评价分析

本节比较分析上海气候变化适应能力在长三角城市中的位置，并突出分析上海气候变化适应能力各类影响因子相对于长三角城市的差异。首先，本文根据因子分析结果计算长三角各个城市气候变化适应能力得分，并进行标准化处理[①]，使得得分在［0，1］区间内变化。图 1 展示了 2018 年长三角城市气候变化适应能力得分及其排序。其中，上海以 0.72 分的相对得分在长三角 41 个城市中排名第四，仅次于杭州、舟山、丽水三个浙江省城市，表明上海气候变化适应能力在长三角城市中处于较强的水平。然而，2018 年上海气候变化适应能力得分仍然低于气候变化适应能力最强的杭州（只为杭州的 72%），上海气候变化适应能力仍然有很大的提升空间。

① 林海明、杜子芳：《主成分分析综合评价应该注意的问题》，《统计研究》2013 年第 8 期，第 25～31 页。
高华川、张晓峒：《动态因子模型及其应用研究综述》，《统计研究》2015 年第 12 期，第 101～109 页。

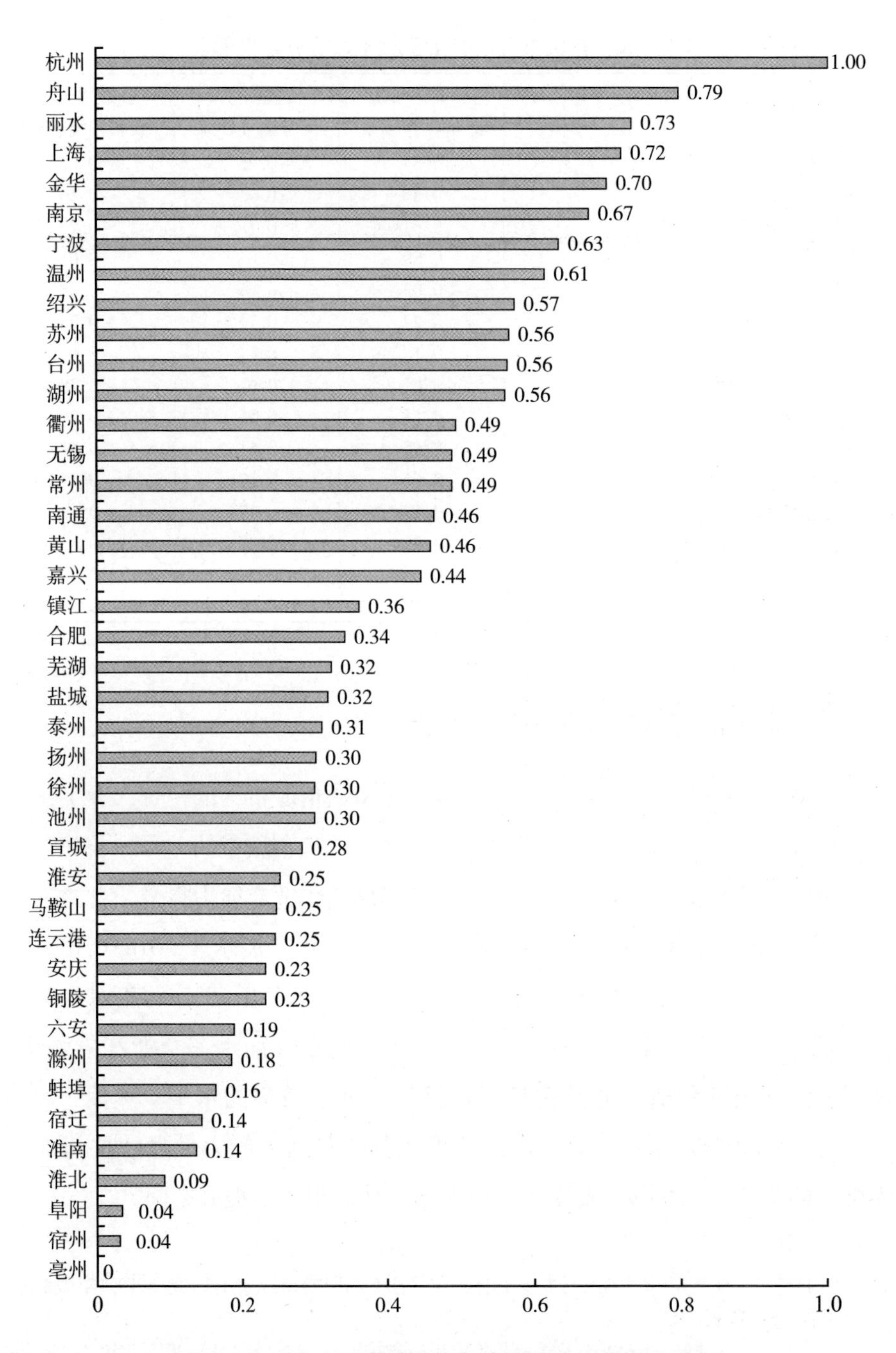

图1　2018年长三角城市气候变化适应能力得分排名

本节通过比较上海与长三角其他城市在气候变化适应能力的各类影响因子方面的差异，分析上海气候变化适应能力的主要特征、优势与劣势。图2展示了根据因子载荷系数、城市各变量值计算的2018年长三角城市气候变化适应能力因子得分，从坐标轴的左侧向右侧，依次为气候变化适应能力得分从低到高的城市。由图2可见，上海市气候变化适应能力的经济保障因子、产业就业因子、生态环境因子得分差异相对于其他城市较大，而气候变化适应能力排名第一的杭州在这三项因子上的得分十分均衡。其中，上海市经济保障因子得分为3.78，在长三角城市中排名第一；产业就业因子得分-2.38，在长三角城市中排第40名；生态环境因子得分为-1.52，在长三角城市中排第39名。由此可见，上海市气候变化适应各项因子发展不均衡，仍然有较大的提升空间。

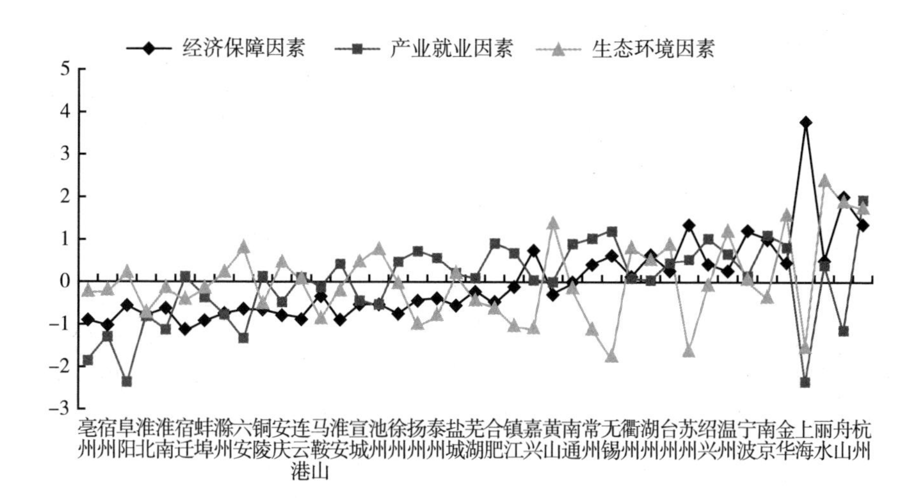

图2　2018年长三角城市气候变化适应能力因子得分

1. 经济保障因素

本报告的因子分析模型中经济保障因子解释了所有变量37%的方差，对气候变化能力得分的影响权重为0.49，是三个公共因子中影响最大、相关变量最多的，主要由人均GDP、人均年末存款余额、人均可支配收入、医疗保险覆盖率、每万人医师数、人均财政支出预算等反映经济发展水平、

收入水平、医疗保障水平、财政保障水平的因素决定，这些因素均为气候灾害对抗因素，与气候变化适应能力呈正向关系。与此同时，经济保障因子也在很大程度上受到第一产业占 GDP 比重、人口密度、工业废水排放密度、人口抚养比等气候灾害风险因素的影响，这些因素与城市气候变化适应能力呈现负向关系。其中，第一产业占 GDP 比重不仅反映产业结构的脆弱性，也在一定程度上反映经济发展水平，第一产业占 GDP 比重越低，工业、服务业相对较为发达，经济发展水平就越高，气候变化适应能力就越强；人口密度不仅反映城市生态空间脆弱性，也体现城市经济发展水平，人口密度越低，城市经济发展水平就越低，气候变化适应能力就越低；工业废水排放密度越低，工业发展规模越小，气候变化适应能力就越低；人口抚养比也在一定程度上反映城市经济发展水平，人口抚养比越低，表明城市劳动力供给越充足、城市经济发展活力越强。因此，因子 1 充分反映了城市经济社会发展水平对气候变化适应能力的影响。上海经济发展水平、收入水平、医疗保障水平在长三角城市中处于绝对领先的位置，人口结构在长三角城市中相对年轻化，劳动力供给充足，制造业与服务业发达，经济保障因素是上海应对气候变化风险的力量源泉。

2. 产业就业因素

本报告因子分析模型中的产业就业因子能够解释变量 21% 的方差，对气候变化适应能力得分的影响权重为 0.28，是三个公共因子中影响排名第二的因素，主要由失业率、人口抚养比、交通运输密度、第一产业比重这类气候灾害风险因素决定。失业人口、老幼人口、交通运输、农业都是城市应对气候灾害风险中的脆弱因子，因此模型中因子 2（产业就业因子）更多地反映城市应对气候变化风险的脆弱性。此外，每万人医师数、人均 GDP 这类气候灾害风险对抗因素也对因子 2 有较大的贡献。上海城镇登记失业率在长三角城市中处于较高水平，交通运输密度相对较高，每万人医师数相对较低，因此在气候变化灾害面前城市脆弱性较高，气候变化灾害问题一旦发生，将对上海造成较大的影响和冲击，产业就业因素是上海应对气候变化风险的弱点。

3. 生态环境因素

本报告因子分析模型中的生态环境因素能够解释变量17%的方差，对气候变化适应能力得分的影响权重为0.22，在三个公共因子中影响最小，相关变量构成相对简单，主要由森林覆盖率、污染物排放密度、人口密度决定，能够充分反映城市生态环境因素对气候变化适应能力的贡献。上海森林覆盖率在长三角城市中处于低水平，但工业废水排放密度、大气氮氧化物排放密度相对较高，与此同时，上海人口密度在长三角城市中最高，使得上海生态环境对污染物排放的吸收能力弱，生态资源过度开发利用。因此，生态环境因素也是上海应对气候变化风险的弱点。

三　上海气候变化适应能力存在的短板

（一）位于长江入海口，高温、强降雨极端气候风险增大

上海处于长江入海口、腹地广阔，是长三角城市的前沿，全球气候变化带来气温升高、降水增加、海平面上升，使得上海面临的气候灾害风险增加，对于交通、农业、失业、老幼人口等城市脆弱环节形成巨大压力。2019年，上海极端气候现象频出，2月平均雨量是常年同期的2.3倍，梅雨期比常年增加10天，单日最大雨量创1999年后新高，全年暴雨日数为百年内第二多。超强台风“利奇马”造成暴雨天气，对长江口区、洋山港附近沿海区域造成灾害影响；8～12月平均气温较常年偏高，12月历史首次出现20℃以上气温①。

上海气温呈现上升趋势，高温气候事件发生频率增加，导致上海面临更加严重的气候灾害威胁。图3展示了上海市宝山区监测点10年、20年、30年日最高气温历史平均数据。由图3可见，上海近10年日最高气温平均值相对于近20年、近30年日最高气温平均值明显较高。以气温最高的7～8

① 数据来源于上海预警发布。

月为例，1990～1999年，上海市宝山区7月、8月日最高气温平均值分别为31.3℃、30.3℃；2000～2009年，上海市宝山区7月、8月日最高气温平均值分别为31.8℃、31.4℃；2010～2019年，上海市宝山区7月、8月日最高气温平均值则分别达到33.7℃、32.7℃。一方面，上海市平均气温呈现上升趋势，1999年、2019年上海市宝山区日平均气温分别为16.7℃、17.4℃，平均每年上升0.03℃；另一方面，极高温天气发生频率明显增加，1999年全年日最高气温达35℃以上共计3日，而2019年全年日最高气温达35℃以上共发生12次。

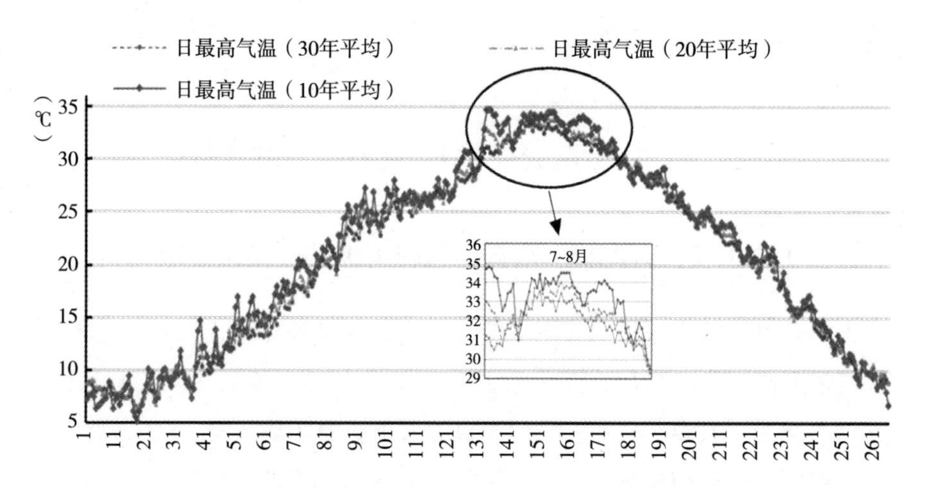

图3　上海宝山区（58362）监测点历史日最高气温平均值

资料来源：中国气象科学数据共享服务网。

上海年度累计降水量呈现波动变化状态，近年来出现上涨趋势，且降水事件发生频率显著增加，城市面临洪涝灾害的风险上升。2015～2019年，上海市宝山区年均累计降水量达到1489.38毫米，相对于2010～2014年年均累计降水量上升30.54%。图4展示了上海宝山站点日累计降水量历史平均值。由图4可见，近10年上海宝山区日累计降水量平均值频繁超过历史水平，全年共有141天20～20时累计降水量平均值超过近30年平均值。其中，近10年的10月7日（全年第281天），上海市宝山区日累计降水量平均值达到30.1毫米；近10年的6月26日（全年第178天），上海市宝山区日累计降水量平均值达到20.4毫米，远超历史平均水平。2018年，上海市宝山区日累计降水量高于30毫米的天数达到13天，高于50毫米的天数达到5天；而1998年，上海市宝山区日累计降水量高于30毫米的天数仅有7天，高于50毫米的天数仅有1天。

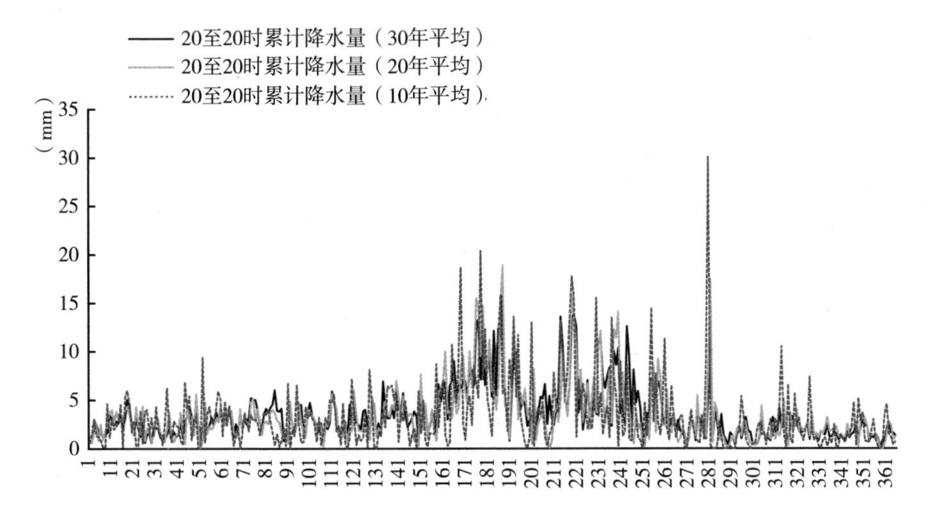

图4　上海市宝山区（58362监测点）历史日累计降水量平均值

资料来源：中国气象科学数据共享服务网。

（二）风力资源呈现降低趋势，大气污染物稀释缓慢

上海市年度平均风速总体处于下降趋势。1990～1999年，上海市宝山区年平均风速为3.34米/秒；2000～2009年，上海市宝山区年平均风速为3.16米/秒；2010～2019年，上海市宝山区年平均风速为3.04米/秒。图5展示了上海市宝山区历史日平均风速的波动趋势，尽管2010～2019年偶有日平均风速显著高于1990～1999年、2000～2009年同期日平均风速，但近10年日平均风速大多低于前30年。具体而言，近10年日平均风速小于2000～2009年的天数全年共计195天，近10年日平均风速小于1990～1999年的天数全年共计248天。日平均风速下降一方面导致大气污染物扩散、稀释速度下降；另一方面也意味着地区风力资源的减少，不利于可再

生能源的开发利用，因此上海年度平均风速下降对城市气候适应能力存在负面影响。

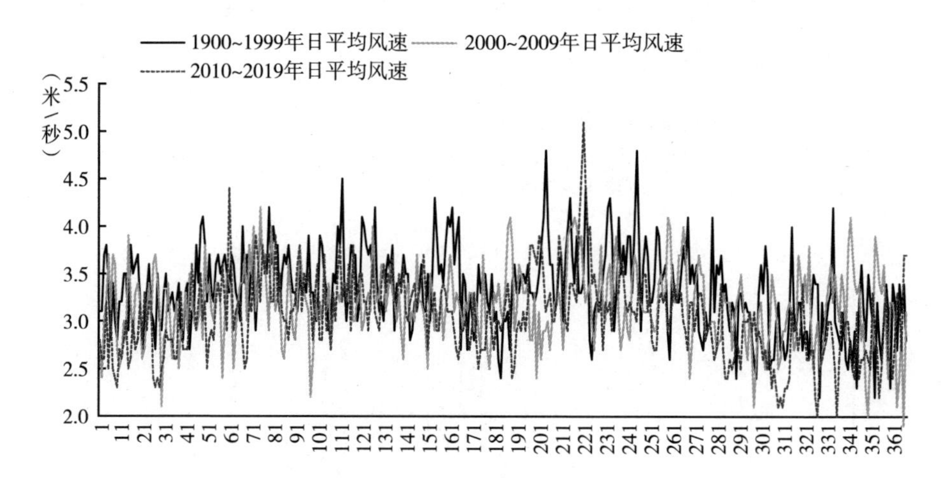

图5　上海市宝山区（58362监测点）十年历史日平均风速

资料来源：中国气象科学数据共享服务网。

（三）海平面上升，增加气候灾害风险

长期以来，全球气候变暖、人类活动等因素导致地面沉降，上海海平面处于上升趋势。海平面上升导致上海遭遇洪涝、咸潮入侵的风险上升，也使得城市排污系统负荷上升，增加城市海洋自然灾害、气候灾害的风险，削弱城市应对气候灾害风险的能力。根据《中国海平面公报》，上海沿海海平面近年来处于上升趋势，全年海平面波动幅度增大。2018 年上海沿海海平面较常年平均升高 47 毫米；2019 年上海沿海海平面继续相对于 2018 年上升 30 毫米；预计未来 30 年，上海沿海海平面将继续上升 50～180 毫米。2018 年上海沿海海平面各月波动幅度较往年增大，其中 12 月海平面较常年同期升高 153 毫米，为近 40 年同期最高；10 月海平面较常年同期下降 32 毫米、较 2017 年同期下降 203 毫米，为 2009 年以来同期最低。此外，地面沉降也加剧了上海海平面相对上升的问题。近 100 年来，上海地面最大累计沉降近

3 米，尽管采取了减少地下水开采和工程设施建设等有效措施，地面仍然继续发生沉降，2018 年全年上海地面平均沉降 5. 1mm。

（四）人口密集，生态资源禀赋不足

上海是长三角地区人口密度最大的城市，2018 年上海市每平方公里常住人口达到 3818 人次，长三角省会城市杭州、南京、合肥同期人口密度仅分别为 572 人/平方公里、1273 人/平方公里、701 人/平方公里。相对于高度密集的人口，上海生态资源禀赋不足，生态环境吸收消纳环境污染物的能力较弱，降低了城市气候变化适应能力。2018 年，上海市建成区绿化面积占比为 39. 4%，在长三角各市中处于低水平，杭州、南京、合肥同期建成区绿化面积占比分别达到 40. 63%、45. 1%、43. 37%。2018 年，上海森林覆盖率为 14. 04%，远低于浙江西南和安徽南部城市。

依据《生态环境状况评价技术规范》（HJ 192 – 2015）评估的生态环境状况指数[①]，2018 年上海生态环境质量呈现由城市中心向外围递增的状况，上海下辖各区生态环境状况指数变化范围在 38 ~ 70 区间变动，除崇明、金山、青浦、奉贤、松江、浦东、嘉定、闵行 8 个区为良好之外，其余地区均为一般。相比之下，浙江生态环境质量状况达到优秀，各县生态环境质量范围在 48. 2 ~ 90. 2 区间，等级为优、良、一般的地区占全省面积分别为 83. 45%、16. 52%、0. 03%；江苏 13 个设区市生态环境状况分布较为均衡，范围在 61. 6 ~ 70. 4 区间，均处于良好状态；安徽 16 个设区市生态环境质量指数在 56 ~ 88 区间，黄山、池州、宣城、安庆和六安市生态环境状况优，其余地区均为良好。

（五）本地工业排放密集，存在跨区污染问题

上海经济体量大，工业部门产出在城市总产出中比重大，密集的工业活

① 数据来源于各省（市）2018 年、2019 年生态环境状况公报。生态环境状况指数综合反映地区植被覆盖度、生物多样性、人类生活适合程度。

动造成本地废水废气排放问题严重。与此同时，上海位于长三角东部前沿，处于长江下游的入海口位置，西部腹地广阔，在很大程度上受到来自长三角其他城市的跨区污染影响。环境污染的加剧不仅直接影响上海生态环境质量，还增强了城市应对气候灾害风险的脆弱性①。例如，二氧化硫、氮氧化物过度排放导致酸雨问题，对森林植被造成负面影响，降低城市碳汇能力、加剧气候变化问题。

在水环境质量方面，上海尽管在水资源利用效率、水污染物排放强度等方面领先于长三角其他城市，但单位水域面积的废水及其污染物排放量却大大高于长三角其他各省，并且上海辖区内黄浦江、苏州河、长江口相对于安徽、江苏地处长江下游，因此市内地表水质相对于长三角其他地区较差，相邻海域污染也较为严重。2017 年，上海每平方公里工业废水排放量达 4.98 万吨，为长三角 41 个城市中最高。根据《2020 上海生态环境质量公报》，2019 年上海市地表水质、近岸海域水质相对于长三角其他省市较差。2019 年，上海全市主要河流的 259 个考核断面中地表水达Ⅲ类标准比例仅占 48.3%；近岸海域劣于Ⅳ类标准的监测点位占 69.2%，其中长江口外海域劣于第四类标准的监测点位占 62.5%，杭州湾海域所有监测点均劣于Ⅳ类标准，海洋污染问题突出。

在大气环境质量方面，上海本地污染物排放密度较大，但排放强度较低，且上海在大气污染治理方面投入强度较高，因而上海大气环境质量相对于长三角其他地区处于较好水平。2017 年上海市工业氮氧化物排放密度达到 6.04 吨/平方公里，在长三角城市中处于较高水平，仅次于江苏的无锡、苏州、常州，安徽的铜陵、马鞍山这些工业较为密集的城市。但上海生产总值较高，大气污染物排放强度相对于长三角其他省市较低。2017 年，上海市工业二氧化硫、氮氧化物、烟粉尘排放强度在长三角三省一市中均为最低，其中工业氮氧化物排放强度仅为 6.33 吨/亿元，低于浙江的 8.35 吨/亿元；江苏、安徽

① 潘家华、张莹：《中国应对气候变化的战略进程与角色转型：从防范“黑天鹅”灾害到迎战“灰犀牛”风险》，《中国人口·资源与环境》2018 年第 10 期，第 1～8 页。

的排放强度则相对较高，分别达到10.57吨/亿元、18.14吨/亿元。然而，目前长三角各省市大气污染物排放标准和排污税征收标准不统一、污染密集型产业分布不平衡、污染物减排与治理能力不均衡，安徽北部和江苏北部地区大气环境质量相对较差，对上海造成跨界污染问题。

（六）区域应对气候变化联动机制亟待建设

上海适应气候变化能力的短板不仅存在于自然气候条件、生态资源禀赋、环境质量等方面，城市应对气候变化的体制机制不完善也会导致气候灾害风险提升。气候变化问题具有显著的空间溢出性，实现碳排放达峰、碳中和的目标需要区域联合行动。目前，长三角区域一体化已经成为国家战略，在生态环境保护方面，长三角已经初步建立大气污染联防联控机制，成立区域水污染防治协作小组，以青浦、吴江、嘉善两区一县作为长三角生态环境保护一体化发展示范区，率先探索生态环境保护一体化的创新机制，为长三角生态环境保护一体化提供先行经验。然而，长三角生态环境协作治理机制尚不完善，针对气候变化问题、气候灾害风险防控，长三角地区尚未形成有效联动机制。气候变化适应能力提升，不仅涉及大气、水环境质量提升的问题，还包含城市防洪防涝基础设施建设、交通建设、医疗教育水平提升、社会保障水平提升等多方面因素。

四　上海增强气候变化适应能力的策略

（一）进一步完善城市应对气候变化战略规划

“十三五”期间，上海市政府公布关于节能和应对气候变化的总体规划，从产业、能源、交通、环境、基础设施、节能创新等多个角度统筹规划上海各地区、各阶段的节能减排、应对气候变化部署。2020年9月，习近平总书记在联合国大会上提出中国力争实现2030年碳达峰、2060年碳中和的目标，对各省区市节能减排、低碳发展、应对气候变化工作提出更高要求。上海节能和应对气候变化的总体规划也应当将碳中和目标纳入规划体系：一方面，加强森林植被、城市绿化建设，优化城市生态空间格局，提高城市碳汇能力；另一方面，从产业结构战略部署、清洁能源发展机制、气候变化政策体系、法律机制保障等角度完善上海应对气候变化战略规划，进一步提高能源效率、改善能源结构、实现节能减排目标。

（二）针对城市脆弱产业人口环节，降低气候灾害敏感性

根据本报告的2018年上海气候变化适应能力因子分析，脆弱产业和人口是上海近年来应对气候变化的薄弱环节。上海气候变化适应能力提升要针对失业人口、老幼人口、交通运输业、农业等城市气候变化适应能力的薄弱环节。上海交通运输密集、人均医疗资源相对紧缺、城镇人口登记失业率较高，相对于杭州、无锡、苏州等其他长三角城市仍然有较大提高空间。作为超大型城市，一方面上海需要适度控制常住人口增长规模，制定人才引进战略、促进医疗卫生行业、农业、交通业等关键领域高端人才引进，支持气候灾害敏感产业转型升级发展，提升城镇人口就业率；另一方面，需要继续完善排水、供水、供电、交通、绿化等城市基础设施，提升城市应对气候灾害风险的硬件设施。

（三）引导产业转型升级，促进生态环境质量提升

经济发展、收入水平是上海应对气候变化的核心力量，但生态环境因素制约了上海气候变化适应能力的进一步提升。相对于长三角其他城市，目前上海工业废水、废气排放密度高，森林覆盖率和城市绿化水平低，人口密度高，生态环境资源过分消耗，需要打通“从绿水青山到金山银山”的转化路径，在巩固上海经济、收入核心力量的同时，提升生态环境质量，全面建设气候变化适应性城市。一方面，政府部门通过政策引导节能环保产业发展、支持生态绿色专项项目落地，提升高兴技术、节能环保产业在生产总值中的比重，降低工业废气、废水排放密度；另一方面，优化城市生态空间格局，提高城市碳汇能力，力争早日实现城市碳中和目标。

（四）推进区域间气候变化应对协作机制建立

上海是长三角城市群的经济中心、交通运输中心，生态资源环境承受巨大压力。与此同时，上海位于长江下游入海口，地表水质、近岸海域水质受到上游工业污水排放的负面影响。尽管上海在大气污染物排放控制、空气质量治理方面取得显著成效，大气环境质量近年来显著提升，但皖北、苏北部分地区的空气质量污染问题仍然可能对上海造成负面溢出效应。长三角各省市山水相连，上海与浙江、江苏沿海地区拥有共同的海岸线、近海海域，上海气候变化适应能力的提升需要与周边地区建立协作机制，共同努力。目前，长三角区域一体化已经上升为国家战略，在生态环境领域初步建立了大气、水环境治理联防联控机制，长三角生态绿色一体化发展示范区方案已落地，但在应对气候变化领域尚未形成区域协作机制。有必要建立起涵盖交通、农业、人口、基础设施、生态空间规划等方面的长三角区域气候变化应对协作机制，协调整合长三角区域资源、人才、资本要素的流通和利用，从区域的视角看待城市气候变化适应能力提升问题。

（五）加大气候变化应对关键技术研究支持

目前，上海市气象局、上海市节能减排中心等部门的研究机构已经在上海市适应气候变化战略规划和关键技术方面取得重要研究成果，在气候变化监测、预警、情景模拟、风险评估模型等研究领域取得成效。其中，上海市气象局直属单位上海市气候中心在气候变化监测预估技术开发、气候变化影响评估模型构建方面取得突破，为预警极端气温降水台风事件、支撑城市应对气候变化决策提供技术和理论支持[①]。气候监测、预测、资源评估、灾害评估等技术是制定应对气候变化对策方案的基础，有必要加大和保障相关研究的资金、人才投入。

---

① 吴蔚、田展、胡恒智：《上海城市适应气候变化关键技术研究进展》，《气象科技进展》2017 年第 6 期，第 126 ~ 133 页。

参考文献

周冯琦、汤庆合：《上海资源环境发展报告：弹性城市》，社会科学文献出版社，2017。

谢欣露、郑艳：《气候适应型城市评价指标体系研究——以北京市为例》，《城市与环境研究》2016 年第 4 期。

谢欣露、郑艳、潘家华、周洪建：《气候变化下的城市脆弱性及适应——以长三角城市为例》，《城市与环境研究》2013 年第 1 期。

郑艳、潘家华、谢欣露：《基于气候变化脆弱性的适应规划：一个福利经济学分析》，《经济研究》2016 年第 2 期。

林海明、杜子芳：《主成分分析综合评价应该注意的问题》，《统计研究》2013 年第 8 期。

高华川、张晓峒：《动态因子模型及其应用研究综述》，《统计研究》2015 年第 12 期。

潘家华、张莹：《中国应对气候变化的战略进程与角色转型：从防范“黑天鹅”灾害到迎战“灰犀牛”风险》，《中国人口·资源与环境》2018 年第 10 期。

吴蔚、田展、胡恒智：《上海城市适应气候变化关键技术研究进展》，《气象科技进展》2017 年第 6 期。

附　　录

Appendix

B.16 上海市资源环境年度指标

本报告利用图表的形式对2014~2019年度上海能源、环境指标进行简要直观的表示，反映其间上海在资源环境领域的重大变化。结合上海“十四五”规划，分析上海资源环境现状与目标之间的差距，为“十四五”发展奠定基础。本报告选取大气环境、水环境、水资源、固体废弃物、能源和环保投入等作为资源环境指标。在长三角一体化上升为国家战略的背景下，本报告还对近三年苏浙沪皖的大气和水的环境质量进行分析，以期反映区域环境协作的水平。

（一）环保投入

2019年，上海市环保投入1079.25亿元，占当年GDP的2.8%，比上年增长了9.1%（名义价格）。相比2018年，尽管生态保护和建设投资当年占比仍偏小，但其投资总额大幅增长，为53.6%，农村环境保护投入减少了11.5%，环保设施转运费投入增加了17.3%，另外值得注意的是，环境管理能力建设投资增加了21.6%。

2019年城市环境基础设施投资、污染源防治投资、农村环境保护投资

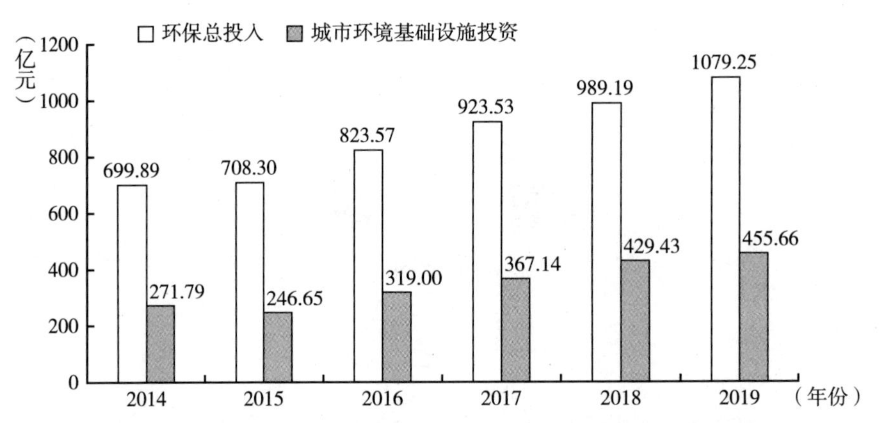

图1　2014～2019年上海市环保总投入及环境基础设施投资状况

资料来源：上海市生态环境局，《上海市市生态环境状况公报》，2014～2019。

与环保设施运转费用占环保总投入的比重分别为42.2%、24.6%、12.8%和13.7%。

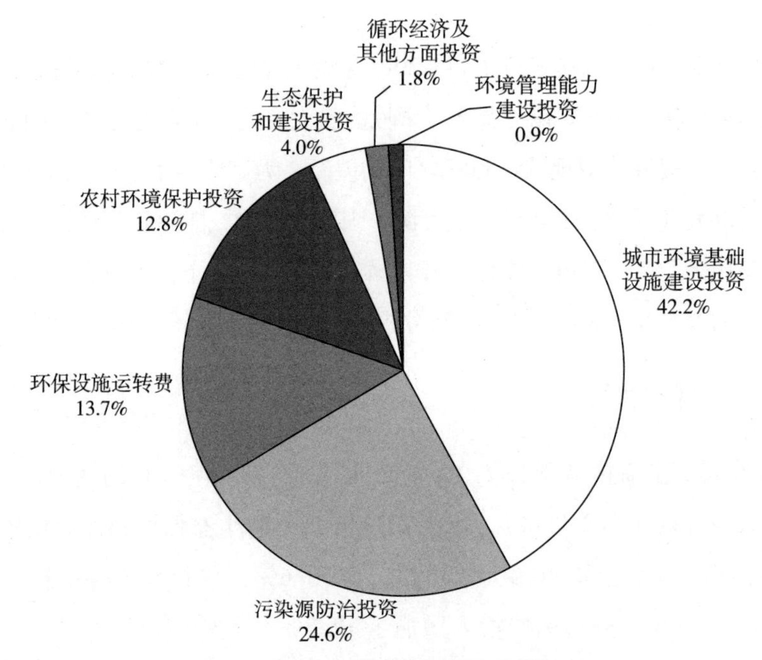

图2　2019年上海市环保投入结构概况

资料来源：上海市生态环境局，《上海市生态环境状况公报》，2019。

（二）大气环境

2019 年，上海市环境空气质量指数（AQI）优良天数为 309 天，较 2018 年增加 13 天，AQI 优良率为 84.7%，较 2018 年提升 3.6 个百分点。以臭氧为首要污染物的天数最多，占全年污染日的 46.4%。全年细颗粒物（$PM_{2.5}$）、可吸入颗粒物（PM_{10}）、二氧化硫、二氧化氮的年均浓度分别为 35 微克/米^3、45 微克/米^3、7 微克/米^3、42 微克/米^3。二氧化氮年均浓度超出国家环境空气质量二级标准，二氧化硫年均浓度达到国家环境空气质量一级标准。$PM_{2.5}$、PM_{10}的年均浓度达到国家环境空气质量二级标准。

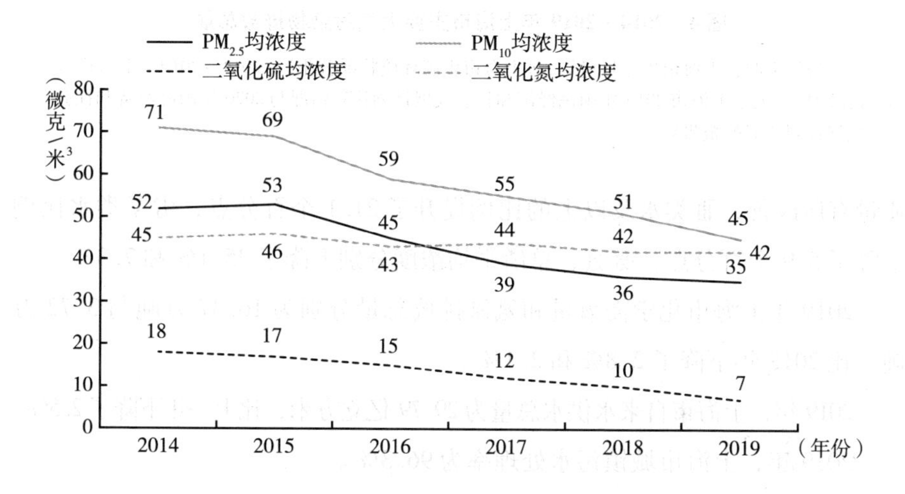

图 3　2014～2019 年上海市环境空气质量情况

资料来源：上海市生态环境局，《上海生态环境状况公报》，2014～2019。

2019 年，上海市二氧化硫和氮氧化物排放总量分别为 11.75 万吨和 26.31 万吨，比 2015 年分别下降了 31.21% 和 12.48%。

（三）水环境与水资源

2019 年全市主要河流断面水质达Ⅲ类水及以上的比例占 48.3%，劣Ⅴ类水占 1.1%，主要污染指标为总磷和氨氮。相对于 2018 年，地表水环境

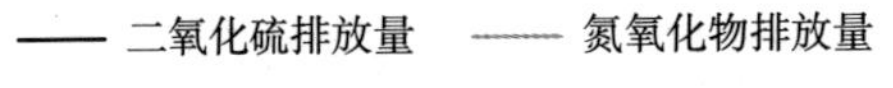

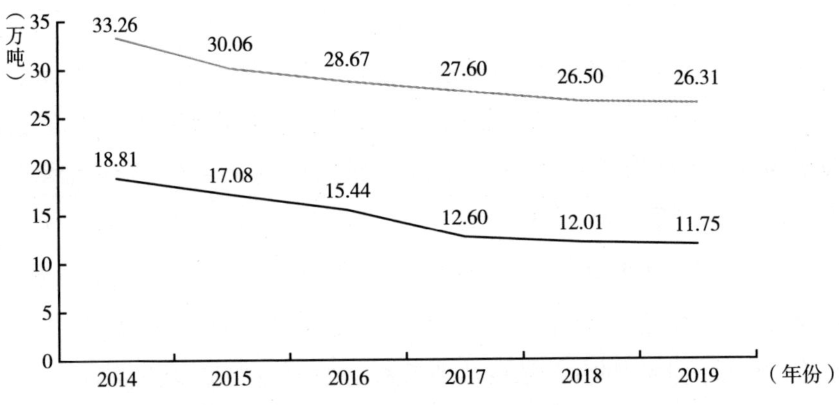

图4　2014～2019年上海市主要大气污染物排放总量

资料来源：上海市生态环境局，《上海市生态环境状况公报》，2014～2019；上海市人民政府，《关于上海市2019年国民经济和社会发展计划执行情况与2020年国民经济和社会发展计划草案的报告》。

质量有所改善，Ⅲ类水及以上的比例提升了21.1个百分点，劣Ⅴ类水比例下降了5.9个百分点，氨氮、总磷平均浓度分别下降了35.1%和7.3%。

2019年上海市化学需氧量和氨氮排放总量分别为16.37万吨与3.72万吨，比2018年下降了2.8%和2.1%。

2019年，上海市自来水供水总量为29.79亿立方米，比上一年下降了2.5%。

2019年，上海市城镇污水处理率为96.3%。

（四）固体废弃物

2019年，上海市一般工业废弃物产生量为1830.41万吨，综合利用率为91.21%。冶炼废渣、粉煤灰、脱硫石膏占工业固体废弃物总量的比重为68.91%。2019年上海市生活垃圾产生量为1076.84万吨，无害化处理率为100%，干垃圾和湿垃圾分别占60.1%和26.3%。全年干垃圾清运量为647.18万吨，下降了17.5%；湿垃圾处理量为272.03万吨，增长了88.8%；可回收物收运量为147.79万吨，增长了4.3倍；有害垃圾处理量为219吨，增长了5倍。

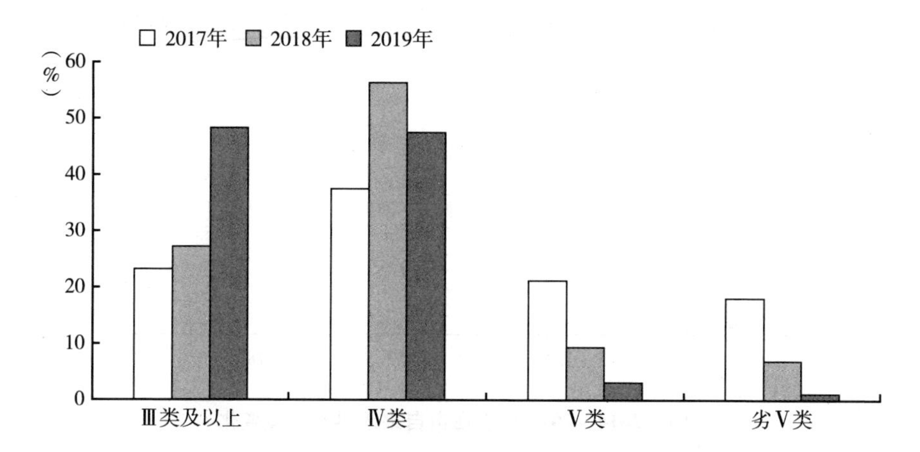

图5　2017～2019年上海市主要河流水质类别比重变化

说明：2017年数据选取的断面为259个，其中2个断面因受施工影响未开展监测；2018年纳入统计的断面总数为257个；2019全市主要河流监测断面总数为259个。

资料来源：上海市生态环境局，《上海市生态环境状况公报》，2017～2019。

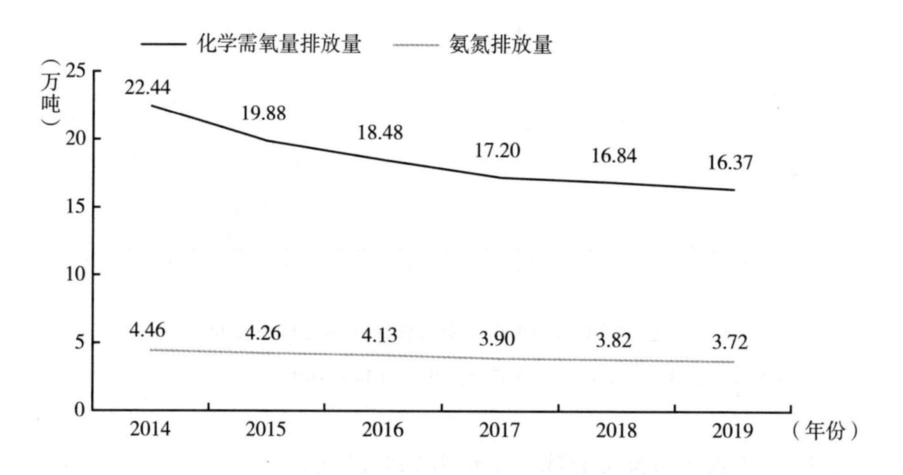

图6　2014～2019年上海市主要水污染物排放总量

资料来源：上海市生态环境局，《上海市生态环境状况公报》，2014～2019；上海市人民政府，《关于上海市2019年国民经济和社会发展计划执行情况与2020年国民经济和社会发展计划草案的报告》。

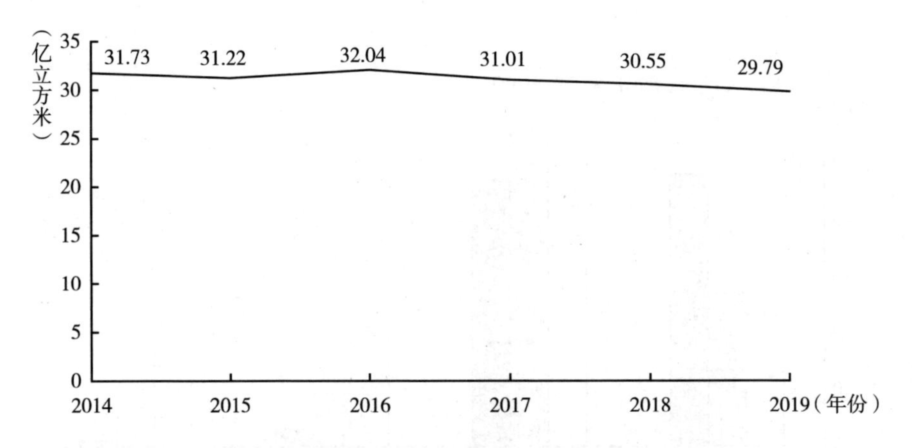

图7　2014~2019年上海市自来水供水总量变化

资料来源：上海水务局，《上海水资源公报》，2014~2019。

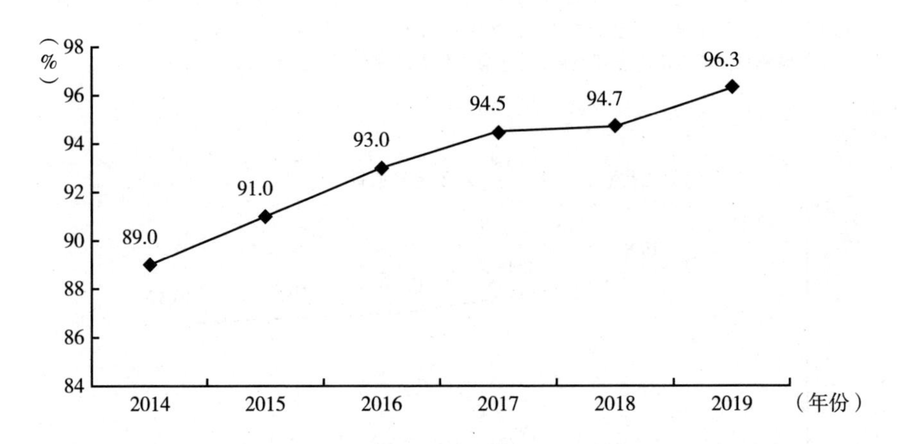

图8　2014~2019年上海市城镇污水处理率变化

资料来源：上海水务局，《上海水资源公报》，2014~2019。

2019年上海市危险废弃物产生量为144.17万吨。

（五）能源

2019年，上海市万元生产总值的能耗比上一年下降了3.61%，万元地区生产总值电耗下降了5.5%。

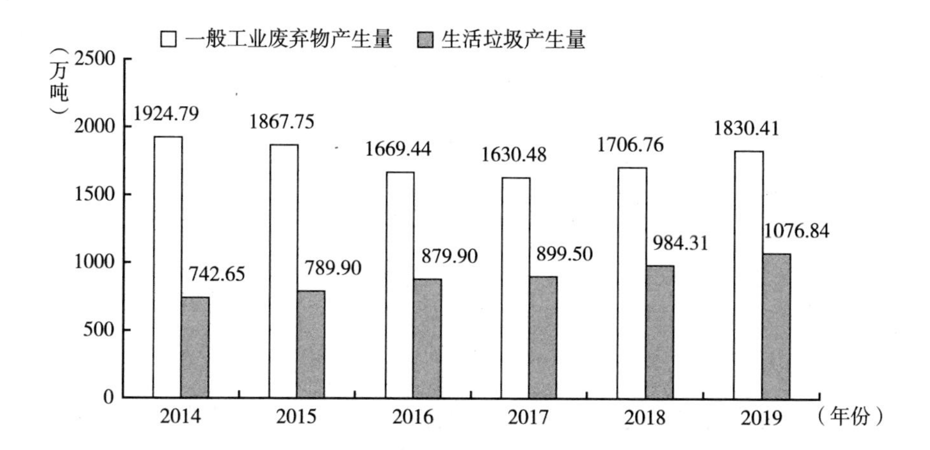

图 9　2014～2019 年上海市生活垃圾和工业废弃物产生量

资料来源：上海市生态环境局，2014～2019 年上海市固体废弃物污染环境防治信息公告。

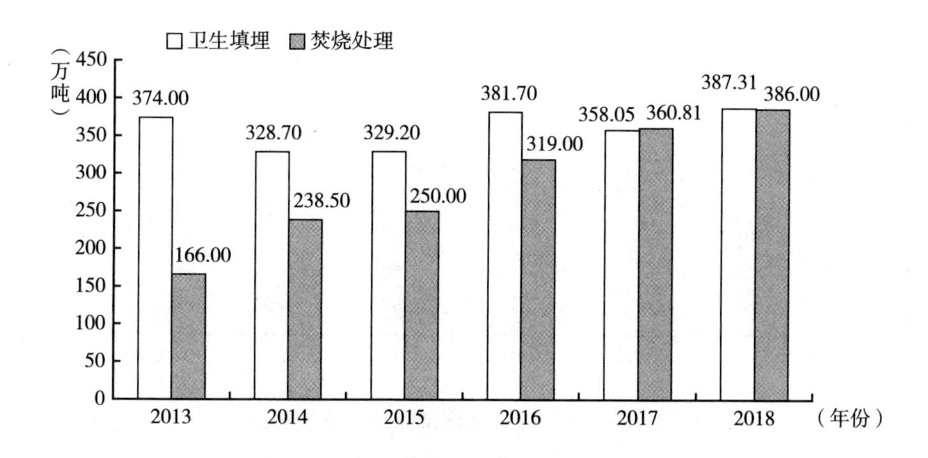

图 10　2013～2018 年上海市生活垃圾两大处理方式的处理量

资料来源：上海市生态环境局，2014～2019 年上海市固体废弃物污染环境防治信息公告。

2019 年，上海市能源消费总量比上一年增加 2.1%，达到 1.169 亿吨标准煤。

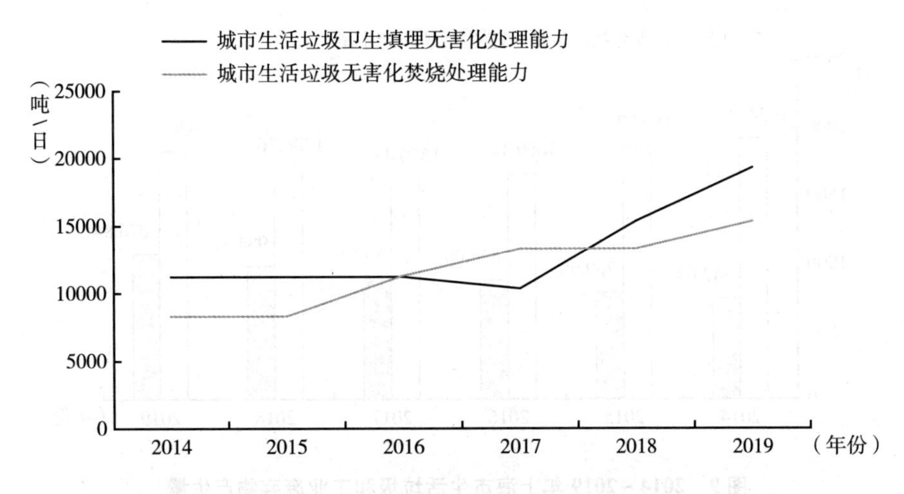

图 11　2014～2019 年上海市生活垃圾两大处理方式的处理能力

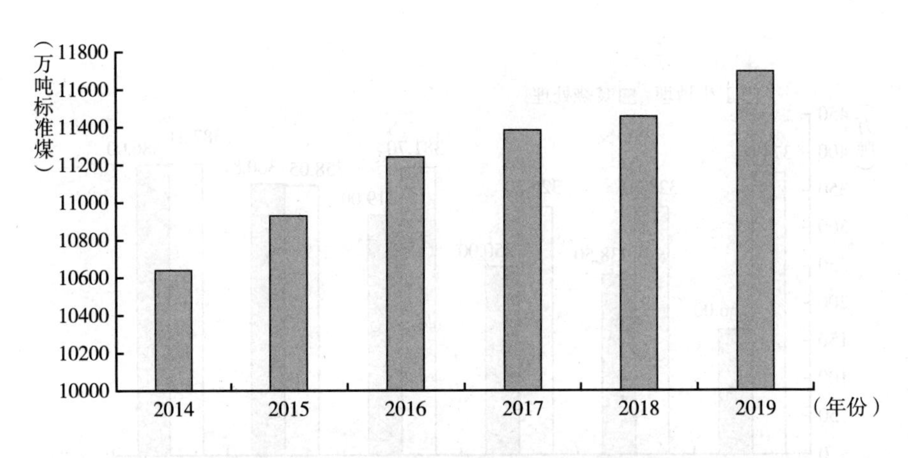

图 12　2014～2019 年上海市能源消费总量变化

资料来源：上海市统计局，《2019 年上海能源统计年鉴》；国家统计局，《2019 分省（区、市）万元地区生产总值能耗降低率等指标公报》。

（六）长三角区域环境质量比较

从 2017 年到 2019 年，长三角地区的环境质量总体上呈逐步改善趋势。在环境空气质量方面，上海市、浙江省和江苏省的细颗粒物浓度下降比较明显；江苏省和安徽省可吸入颗粒物浓度依旧较高；三省一市的二氧化氮的年均浓度下降幅度不明显，安徽省 2019 年二氧化氮年均浓度略有上升；而二氧化硫的年均浓度指标表现良好，三省市均达到二级标准以上。在水环境方面，上海市的水环境质量虽有所改善，但大幅落后于其他省。值得注意的是，近三年浙江省Ⅲ类水及以上比重超过 90%，已消灭劣Ⅴ类水；江苏省 2019 年劣Ⅴ类水断面监测比例也已归零。

表 1　2017～2019 年长三角城市环境空气质量现状

单位：微克/米^3

城市环境空气质量指标	省市	2017	2018	2019
$PM_{2.5}$年均浓度	上海	39	36	35
	江苏	49	48	43
	浙江	35	31	31
	安徽	56	49	46
PM_{10}年均浓度	上海	55	51	45
	江苏	81	76	70
	浙江	57	52	53
	安徽	88	76	72
SO_2年均浓度	上海	12	10	7
	江苏	16	12	9
	浙江	9	7	7
	安徽	17	13	10
NO_2年均浓度	上海	44	42	42
	江苏	39	38	34
	浙江	27	25	31
	安徽	38	35	31

资料来源：上海市生态环境局，《上海市生态环境状况公报》，2017～2019；浙江省生态环境厅，《浙江省生态环境状况公报》，2017～2019；江苏省生态环境厅，《江苏省生态环境状况公报》，2017～2019；安徽省生态环境厅，《安徽省生态环境状况公报》，2017～2019。

表2 2017～2019年长三角地表水水质

单位：%

地表水水质	省份	2017	2018	2019
Ⅲ类水及以上比重	上海	18.1	27.2	48.3
	江苏	71.2	74.2	77.9
	浙江	82.4	84.6	91.4
	安徽	73.6	69.5	72.8
Ⅳ～Ⅴ类水比重	上海	58.7	65.8	50.6
	江苏	27.8	25.0	22.1
	浙江	17.6	15.4	8.6
	安徽	21.4	26.8	25.3
劣Ⅴ类水比重	上海	23.2	7.0	1.1
	江苏	1	0.8	0
	浙江	0	0	0
	安徽	5	3.7	1.9

资料来源：上海市生态环境局，《上海市生态环境状况公报》，2017～2019；浙江省生态环境厅，《浙江省生态环境状况公报》，2017～2019；江苏省生态环境厅，《江苏省生态环境状况公报》，2017～2019；安徽省生态环境厅，《安徽省生态环境状况公报》，2017～2019。

Abstract

General Secretary Xi Jinping put forward the important concept of "People's city is built by the people, people's city serves the people" during his inspection in Yangpu Binjiang, Shanghai on November 2, 2019, and since then building a good people's city has become an important goal of the urban development. The connotation of Shanghai ecological city should be a livable city with harmony between man and nature, a beautiful city with a healthy ecological environment, a vibrant city with a prosperous ecological economy, a trendy city with fashionable ecological culture, and a co-governed city with advanced ecological governance. By constructing the "Urban Green Prosperity Index" from the dimensions of economic foundation, green innovation, ecological livability, and environmental governance, and evaluating and comparing Shanghai's achievements in building an ecological city, it is found that Shanghai is in a leading position among city clusters in the Yangtze River Delta, but it also faces many challenges in terms of per capita ecological space, industrial resource and energy efficiency, and environmental infrastructure. To boost the construction of an ecological city, Shanghai should control the population size and the number of industrial enterprises from the source, implement stricter environmental standards, mobilize the whole society to invest in improvement of resources and environmental efficiency, smooth the mechanism for the realization of the value of ecological products, especially the market mechanism, and promote the modernization of environmental governance system and governance capabilities, relying on closer cooperation in ecological and environmental protection and green development in the Yangtze River Delta.

High-quality ecological space is an important support for the construction of an ecological city. Since the 13th Five-Year Plan, Shanghai has accumulated successful experience in the construction of ecological green land system, reclamation ofinefficient construction land, innovation ofcountry park management model, ecological restoration of mines, and diversified management. The functional transformation of the waterfront area has also achieved good effect. However, compared with major cities at home and abroad, and compared with the increasing needs of urban residents for a better life, the total size of ecological space construction in Shanghai still needs to be further increased, the supply capacity of service-oriented ecological products is insufficient, and the foreign dependence of material-based ecological products is relatively high. It is urgent to improve the space balance of urban parks and green space construction. Waterfront space construction also has problems such as single function, poor accessibility, and lack of vitality. In construction of Shanghai's ecological space during the 14th Five-Year Plan period, it is necessary to intensify fairness and quality, strengthen the multi-functional integration of ecological spaces, and create a circle-layered distribution pattern composed of ecological conservation zone circle, ecological maintenance zone circle, ecological interaction zone circle and ecological embedded zone circlefrom the outside to the inside; further optimize the function of urban waterfront space, strengthen the connection between the waterfront area and the backland of Binjiang, improve the construction of convenient service facilities and commercial supporting service facilities, enhance the cultural symbols of the waterfront space, and create an urban waterfront space with regional characteristics.

The construction of an ecological city is based on a prosperous ecological economy. During the 13th Five-Year Plan period, Shanghai has made significant progress in ecological economic growth, with constant improvement in resource and environmental efficiency, steady rise in foundation of natural resources, significant improvement in environmental life quality, rapid development of energy conservation and environmental protection industry, and intensive release of environmental economic policies. Shanghai has explored and practiced the circular economy development model of "equal stress on both resource utilization of terminal waste and industrial green development", and has scored remarkable achievementsin terms of green credit innovation, green bond credit management, green insurance index classification, and carbon trading market activity. From the perspective of development trends, thedecreasing trend of available construction land in Shanghai will remain unchanged, resource constraints and environmental capacity constraints will exist for a long time, and the resources and environment has caused rigid constraints on the urban development in Shanghai. During the 14th Five-Year Plan period, Shanghai should adhere to the concept of green and circular development, and organically synergize the development goal of ecological economy with the goal of carbon neutrality, the goal of building a waste-free city, and the goal of creating an excellent global city, and incorporate the ecological economy into mainstream economic decision-making. It is necessary to focus on core functions, and improve urban energy levels and core competitiveness; increase economic density, promote high-quality land use, set up bottom-line thinking, and create a green production and lifestyle. On foregoing basis, improve environmental economic policies, complete the green financial development system, establish green financial standards and green project libraries, create a good environment for natural capital investment, and stimulate extensive community involvement.

Good environmental quality is of great importance to the health and well-being of the people, and is also the guarantee for the construction of an ecological city. Since the 13th Five-Year Plan, Shanghai has continuously improved the quality of air and water environment, strengthened the construction of urban drainage and transportation infrastructure, comprehensively planned and deployed efforts to deal with climate change, energy conservation and emission reduction, and taken the lead in releasing local standards for discharge of water pollutants for biomedical research and development institutions in the Yangtze River Delta. Although the atmospheric environmental quality in Shanghai is generally better than the average level of the Yangtze River Delta, there is still a gap compared with some domestic cities and global cities. It is found by the assessment of Shanghai's adaptability to the climate change that, specific to the urban weak points, Shanghai should reduce the sensitivity to climate disasters; further guide industrial transformation and upgrading, promote the improvement of ecological environment quality; improve the information disclosure mechanism of atmospheric environmental risks and thestandard system of atmospheric environmental risks, push forward the joint protection and co-treatment of regional air quality, establish a coordination mechanism to deal with the inter-regional climate change; vigorously support the research on key technologies for addressing climate change; comprehensively improve the strategic planning for adaptation to the climate change, and strive to hit the target of peak carbon emissions and carbon neutrality as soon as possible. Based on the perspective of water safety, a "negotiation mechanism" should be adopted to unify the water pollutant discharge standards and environmental enforcement standards in the Yangtze River Delta; and a water pollutant discharge data and treatment performance sharing platform shall be established for the pollution discharge enterprises in the Yangtze River Delta.

Keywords: Eco-city; People's city; Ecological Space; Green Economy; Ecological Environmental Quality

Contents

I General Report

Abstract: During the period of 2016 - 2020, thanks to efforts in green innovation and progress in resources and environmental efficiency, Shanghai has witnessed a win-win game of economic and social development and ecological and environmental improvements; at the same time, Shanghai has endeavored to carry out eco-civilization institutional reforms enacted by the national government, officials environmental accountability and enterprises pollution regulation being stricter, more market-based environmental policies, environmental public participation and inter-provincial environmental cooperation coming into force, and a local comprehensive plan being issued for environmental governance system modernization. This report is to assess and compare Shanghai's achievements in eco-city building in the dimensions of economic basis, green innovation, living environment and environmental governance, and it is found that although Shanghai is a pioneer among the Yangtze Delta cities, too great population and too many manufacturing enterprises constitute big challenges. To 2035, the eco-city Shanghai should catch up with the top global cities such as New York, London and Tokyo in the aspects of resources and environmental efficiency, environment quality and ecological products provision. In order to reach this target, Shanghai needs to control population scale and numbers of manufacturing enterprises, implementing stricter environmental standards, encouraging whole-society investment in improving resources and environmental efficiency, optimizing value realization mechanisms for ecological products especially market-based mechanisms, advancing environmental governance system and capacity modernization, and making better use of closer Yangtze Delta cooperation for environmental protection and green development.

Keywords: Shanghai; Eco-City; Green Innovation; Ecological Economy

Ⅱ Chapter of Ecological Products Reports

Abstract: High-quality ecological space is an important support for the construction of an ecological city, and a new construction management pattern of "quantity, quality, and distribution" should be formed. Since the 13th Five-Year Plan, the scale of Shanghai's ecological nodes has continued to increase, the spatial distribution of ecological nodes has continued to shrink, the structure of ecological nodes has been continuously optimized, and the density of green corridors has continued to increase. However, compared with domestic and international major cities, and compared with the increasing needs of urban residents for a better life, the quality of ecological space still has some shortcomings and deficiencies. This is reflected in the number and scale of ecological space that still needs to increase, and ecological space protection and utilization still need coordination, the use of ecological space varies significantly. The construction of ecological space in Shanghai during the 14th Five-Year Plan requires greater fairness and quality, the use of fragmented spaces in built-up areas to increase greenery, the use of suburban land to increase greenness on a large scale, and the multi-functional integration of ecological spaces. From the edge of the city to the center of the city, a circle-layered distribution pattern consisting of the circle of ecological conservation zone, the circle of ecological maintenance zone, the circle of ecological interaction zone, and the circle of ecological embedded zone should be built in sequence. Pay attention to manifesting the value of urban ecological space and broaden the channels for realizing the value of ecological products. Innovate the cross-border ecological space mutual protection mechanism, promote the cross-regional transaction of land use indicators, and promote the establishment of a spatial planning system for the coordinated protection of ecological spaces in the Yangtze River Delta.

Keywords: Ecological space; Ecological products; Ecological quality; People's city

Abstract: Urban parks and green spaces are social resources with spatial attributes, and are very important to urban residents' leisure and recreational basic public service needs. Scientific evaluation of the social performance of urban parks and green spaces from the perspective of social equity and justice can promote the equalization of urban basic public services and improve government public service governance performance. Under the concept of people's city construction, Shanghai actively promotes the construction of "a city where everyone can enjoy a quality life and truly get the warm feeling". The equalization of basic public services for urban parks and green spaces has become one of its important goals and connotations. However, currently Shanghai faces the following problems. First, the total amount of urban parks and green spaces is insufficient and the spatial layout is unbalanced; the second is the continuous upgrading of urban residents' demand for parks and green spaces and the diversification of demand levels. Third, the central urban area is accelerating the aging of the population, and it is urgent to improve the social fairness and social justice of the construction of parks and green spaces. In this context, from the perspective of social equity and justice, this study constructs a social performance evaluation index system based on the "pressure-state-response" model. We carry out the social performance evaluation take the central area of Shanghai as an example. The results showed that: (1) the difference in social performance of park green space allocation in Shanghai's central urban area presents differences both inner district and between districts. Districts like Hongkou, Jing'an, Huangpu and Putuo have lower social performance scores, and the differences are more significant at inner district level; (2) The total supply of green spaces and parks are insufficient, and there is a large gap in the construction of community-level parks; (3) The social fairness of the spatial allocation of parks of different levels is significantly different, and the spatial fairness of district-level parks <community parks <municipal parks; (4) The planning and layout of parks and green spaces did not pay special attention to the population density and distribution of the elderly and young people. The actual occupation of park and green space resources per capita in towns (streets) with higher population density was lower than the regional average. The social justice of green space allocation urgently needs to be improved. Finally, from the perspective of social equity and justice, relevant planning countermeasures and suggestions for improving the social performance of park green space allocation are proposed.

Keywords: Urban green; Social performance; Fairness and justice; Equalization of public services; Shanghai

B.4 Path Exploration and Optimization Strategy for the Value Realization of Ecological Products in Shanghai

Zhang Wenbo / 071

Abstract: In the supply of ecological products in cities, there are usually problems such as imbalance between supply and demand and spatial mismatch.

The path of realizing the value of ecological products in citiesis also unique. As a mega-city, the imbalance between supply and demand of ecological products is even more pronounced in Shanghai, such as, insufficient supply of service ecological products, heavy external reliance on material ecological products, unbalanced spatial distribution of ecological products, unstable supply of regional ecological service products, etc. For this reason, Shanghai is proactively exploring ways to realize the value of ecological products, and has accumulated successful experience in such areas as reclamation of inefficient construction land, construction of Greenland systems, innovation of country park management models, ecological restoration of mines and diversified management. However, there are still many problems, so it is necessary to improve the supply capacity and optimize the path of realizing the value of ecological products through collaborative promotion of ecological restoration, deepening regional cooperation in the Yangtze River Delta, optimizing the urban ecological space pattern, and innovating a multiparty co-management mechanism.

Keywords: Ecological products; Path of value realization; Ecological Space; Shanghai

B.5 Research on Promotion Path of Function Optimization of Waterfront Space in Shanghai

—Take Xuhui Riverside Area of Shanghai as an Example

Zhang Xidong / 088

Abstract: During the 13th Five Year Plan Period, Shanghai has promoted the functional transformation and rebirth of waterfront areas in terms of spatial planning, functional zoning, regional development and environmental quality, and achieved good results. However, compared with the global cities, the waterfront space of Shanghai is still facing the problems of single function, poor accessibility and lack of vitality. Based on the analysis of global urban waterfront space construction experience, this study takes the waterfront space of Xuhui District as the research object to carry out a questionnaire survey. It is found that there is still room for further improvement in accessibility, leisure and entertainment facilities supply, landscape service supply, infrastructure construction and so on. Based on this, this paper puts forward the path measures for the function optimization of Xuhui District waterfront space from the aspects of waterfront space accessibility, infrastructure construction, waterfront shoreline function composite and waterfront space culture building.

Keywords: waterfront space; function optimization; City Planning; Xuhui District of Shanghai

Ⅲ Chapter of Ecological Economy Reports

B.6 The Ecological Economy that the People Yearn For: Progress and Improvement *Chen Ning* / 100

Abstract: The outbreak of COVID -19 and the global pandemic have turned the construction of an ecological city from the "desirable" in the master plan text to the "extreme desire" in real life. The "ecological city" will not be realized naturally, it needs a prosperous ecological economy as the foundation and support. Ecological economy is an economy that significantly reduces environmental risks and ecological scarcity while improving the well-being of residents and social equity. During the 13th Five-Year Plan period, Shanghai's ecological economic growth has made significant progress, which is mainly reflected in: continuous improvement of resource and environmental efficiency, steady rise of natural resource base, significant improvement of environmental life quality, rapid development of energy-saving and environmental protection industries, and intensive release of environmental and economic policies. However, compared with leading global cities, Shanghai has a gap in environmental quality and ecosystem service levels, and its ecological economic governance capabilities have certain shortcomings. To further develop the ecological economy, it is necessary to comprehensively study the links between economic growth priorities and major resources, environment, and ecological challenges, and incorporate ecological economy into mainstream economic decision-making. On this basis, improve environmental economic policies, create a good environment for natural capital investment, and stimulate extensive social participation.

Keywords: Ecological Economy; Ecological City; Natural Resource; Ecological Environment

Abstract: Resource and environmental efficiency is an important bottleneck restricting the improvement of Shanghai's urban energy level and core competitiveness, and it is also an important problem that restricts Shanghai from achieving high-quality development and creating a high-quality life. In recent years, Shanghai has taken the "four heroes" as the main line of work, and promoted high-quality land use by using per mu yield as heroes; using benefits as heroes to increase the scale of economic output; using energy consumption as heroes to promote energy transformation; usingenvironment benefit as heroes to realize the industrialgreen development. Thus, the efficiency of industrial resources and the environment improved significantly. However, in the long run, the trend of reduction in the amount of construction land available in Shanghai will not change, resource constraints and environmental capacity constraints will exist for a long time, and the resources and environment will have rigid constraints on Shanghai's urban development. Facing the 14th Five-Year Plan and centering on the vision and goal of building an ecological city that everyone yearns for, Shanghai needs to further improve economic output and promote high-quality industrial development. Specifically, focusing on core functions, improving city energy levels and core competition Strength, increasing economic density, promoting high-quality land use, setting bottom-line thinking, and creating a green production and lifestyle are needed.

Keywords: Resource and environmental efficiency; High-quality use of land; Four heroes; Economic density; Shanghai

B.8 From Garbage Sorting to Comprehensively Promote Green Lifestyle *Wang Linlin* / 149

Abstract: Domestic waste classification and green lifestyle are not only concrete actions for everyone to participate in the construction of an ecological city, but also concrete actions that meet people's needs for a better life. In 2019, Shanghai took the lead in implementing mandatory classification of domestic waste. After a year of participation by the whole people and full efforts, Shanghai has basically established a domestic waste classification system, and has made remarkable achievements in legal system construction and improvement of waste classification effectiveness. However, there are still problems to be solved. At present, the classification of municipal domestic waste in Shanghai is facing practical difficulties such as difficulty in reducing the source of domestic waste, difficulty in adapting waste disposal methods, and difficulty in collection and utilization of low-value waste. This is related to the unclear responsibilities of participants, insufficient motivation for green lifestyles, weak institutional incentives and constraints and low producer initiative. Therefore, Shanghai should further adopt a series of mechanisms such as improving laws and regulations, establishing interest linkages, improving reward and punishment mechanisms, strengthening government support mechanisms, and focusing on publicity and guidance.

Keywords: Domestic waste; Classified Management; Green lifestyle

Abstract: As a leading financial center in China, Shanghai has achieved remarkable results in green credit innovation, green bond credit management, green fund upgrades, green insurance index classification, and carbon trading market activity, providing useful experience for the construction of a local green financial system. But at the same time, Shanghai's green finance development has great potential to be stimulated and released urgently in terms of the improvement of various special fields and the green finance guarantee mechanism. In order to comprehensively promote high-quality green finance services for the development of Shanghai's green economy, it is necessary to improve the green credit information disclosure system, improve the green bond evaluation and certification system, enrich the sources and types of green funds, formulate and implement green insurance regulations, and comprehensively promote the environmental rights trading market. At the same time, it is also necessary to improve the green financial incentive protection mechanism, including establishing green financial standards and green project libraries, increasing financial support for green financial guarantee discounts, strengthening green financial risk supervision, and strengthening green financial technology support.

Keywords: Green Finance; Green Credit; Green Bond; Green Fund; Green Insurance

Abstract: Innovating green circular development patterns and circular economy policy system, is an important way for Shanghai toward an ecological city in 2035. During the 13th Five-Year Plan period, Shanghai has practiced the circular economy development pattern which focus on waste recycling and green industry, and made breakthroughs in the circular economy policy system, including garbage classification, collection and transportation policies, the multi-level industrial solid waste recycling policies, and policies promoting recycling and remanufactured product utilization. Circular economy policies above accelerated the industrial remanufacturing system towards high-end manufacturing, and boosting recycling rate of major solid waste well ahead in domestic. Nowadays, the continuous transformation of circular economy patterns in the domestic and overseas taking place. The international circular economy model has significantly changed from waste cyclic utilization to a great material recycling in the whole social system. And the development of circular economy in China under the framework of ecological civilization construction also faces new challenges. During the 14th Five-Year Plan period, Shanghai should adhere to green development, coordinating the goal of circular economy development with the goals of carbon neutral, zero waste city and global city of excellence, andshifting the circular economy policy to full life cycle ecological design and source prevention.

Keywords: Shanghai; Circular economy; Resource recycling; Solid waste

Ⅳ Chapter of Environmental Quality Reports

B.11 International Comparison and Countermeasures for Shanghai's Eco-City Development

Hu Jing, Tang Qinghe, Zhou Fengqi and Li Yuehan / 208

Abstract: Currently, Shanghai is under the crucial development phase of building an international center of economy, finance, trade, shipping, and scientific & technologic innovation, consolidating its "Three Major Tasks and One Major Platform"[namely the Lingang Special Area of the China (Shanghai) Pilot Free Trade Zone, Shanghai Stock Exchange Star Market and Yangtze River Delta integration as the three major tasks and China International Import Expo (CIIE) as the one platform], as well as strengthening its "Four Major functions" (namely in allocating global resources, fostering science and technology innovation, leveraging high-end industries and serving as a portal for opening-up). Through comparison between similar global cities, we find that "Ecological City" generally reflects high-quality ecological environment, high-quality economic development and high-quality public awareness. In comparison, Shanghai still needs to strive to catch up with global ecological cities especially in improving its environmental quality, functional structure, development efficiency and governance system. Based on the goal of building Shanghai into an 'Ecological City' in 2035 and the requirements of better suit the new concept of 'a city built by the people and for the people', the construction of Shanghai as an 'Ecological City' should focus more on consolidating its green development foundation to further improve the sense of gain from the general public, speeding up 'green empowerment' of the city's traditional industries to enhance the comprehensive utilization rate of resource and energy, as well as strengthening multi-stakeholder environmental governance to further promote the city's ecological culture.

Keywords: Ecological city; Global comparison; Strengths; Weak points

Abstract: Clean air is vital to people's health and well-being, and the Shanghai government has achieved some results in controlling atmospheric environmental health risks. The root cause of atmospheric environmental health risk in Shanghai is the excessive emission of atmospheric pollutants. Reducing the emission of air pollutants in Shanghai as soon as possible is also an inevitable choice to reduce the health risk of air environment. Since the 13th Five-Year Plan, Shanghai has mainly promoted air pollution control and atmospheric environment risk prevention and control by implementing a variety of policy combinations. At present, the primary pollutant in Shanghai has been gradually transformed from fine particulate matter to fine particulate matter and ozone. The main indicators of Shanghai's atmospheric environment quality in 2019 are generally better than the average level of the Yangtze River Delta, but the air quality gap between Shanghai and some domestic and global cities is detailed. Shanghai from Singapore, London, Hong Kong, Tokyo, New York and other cities of the world's complement each other, atmospheric environmental risk management experience in environmental health risk monitoring and early warning system, environmental health risk management standards, risk prevention of air pollution and damage relief, regional coordination mechanism and so on related mechanism, continuously improve the quality of atmospheric environment, to reduce atmospheric environmental health risks. In order to build a health-oriented atmospheric environment risk management mechanism, this report suggests that Shanghai city improve the information disclosure mechanism of atmospheric environment risk, promote the joint management of air quality between Shanghai city and other provinces in the Yangtze River Delta region, realize the socialization of air pollution damage relief, and improve the standard system of atmospheric environment risk.

Keywords: Atmospheric environment; Health risk; Shanghai

B.13 Difficulties and Solutions on the Integration of Water Pollutant Discharge Standards in the Yangtze River Delta from the Perspective of Water Security

—Taking the Biopharmaceutical Industry as an Example

Abstract: As one of the pharmaceutical industries related to people's livelihood and health, biopharmaceutical industry is a characteristic emerging industry with the trend of cluster development in the Yangtze River Delta. Now it has become the second largest pharmaceutical industry in the region in terms of quantity and output value, second only to chemical synthesis pharmaceutical industry. However, the five major bio-pharmaceutical industries based on the whole industrial chain will produce and discharge wastewater with different degrees of pollution in the production process of enterprises, which has become a key industry in the green transformation of the Yangtze River Delta. Moreover, the wastewater discharge efficiency of pharmaceutical manufacturing industry in the Yangtze River Delta varies greatly from region to region, which cannot meet the needs of ecological and environmental green integrated development in the Yangtze River Delta, and to a certain extent, it causes safety risks and hidden dangers to the regional water environment. At the same time, by comparing the similarities and differences of the biological pharmaceutical water pollution discharge standards in the Yangtze River Delta, it is found that the classification and discharge conditions of water pollutants in the local standards of biological pharmaceutical industry in the Yangtze River Delta are different. Shanghai took the lead in issuing the local standards for the discharge of water pollutants by biomedical research and development institutions, but the newly issued limit standards for the discharge concentration of water pollutants in Jiangsu biopharmaceutical industry are higher than those in Shanghai, Zhejiang and Anhui. The local differences of water pollutant discharge standards in the biopharmacology industry in the Yangtze River Delta are mainly caused by the low competition in the pharmaceutical manufacturing industry in the Yangtze River Delta, the inconsistent standards of environmental supervision and law enforcement, and the difficulty in eliminating the risks and hidden dangers of transboundary water pollution. Therefore, from the perspective of water security, the paper puts forward policy suggestions on the integration of water pollutant discharge standards in the Yangtze River Delta from the perspectives of economic means of administration and market, legal guarantee mechanism and information sharing mechanism, including increasing financial investment in local water pollution treatment and promoting third-party treatment of pharmaceutical industry pollution. Unifying the discharge standards of water pollutants and environmental law enforcement standards in the Yangtze River Delta with the "negotiation mechanism"; Establish a sharing platform for water pollutant discharge data and governance performance of Yangtze River Delta polluters.

Keywords: Water safety; water pollutants; discharge standards in the Yangze River Delta; biopharmaceutical industry

Abstract: Focusing on the development of urban soil ecological environment protection in Shanghai, this paper reviews the progress and achievement of soil pollution prevention and control in Shanghai during the 13th Five-Year Plan period, and analyzes the important strategic opportunities, situations and challenges currently facing. The following measures are proposed for the future urban soil environmental management: in-depth soil ecological environment monitoring, strengthening soil pollution source prevention and control, strictly implementing classified management of agricultural land, improving the whole life cycle management of construction land, and other supporting system for soil pollution control, so as to provide necessary guarantee and support for Shanghai to build "five centers" and excellent global city, and provide reference for other large cities' soil environmental management.

Keywords: Agricultural land; Construction land; Soil pollution prevention and control; Support system

Abstract: Since the 13th Five-Year Plan, Shanghai has made great efforts in improving its adaptability to climate change. It has comprehensively planned and deployed climate change response, energy conservation and emission reduction, strengthened the construction of urban drainage and transportation infrastructure, promoted the trasition development of industrial structure and energy structure, improved the quality of atmospheric and water environment, optimized the urban ecological space pattern, and supported the research and development of key technologies for climate change. However, the results of exploratory factor analysis based on the indicators of urban climate change adaptability in the Yangtze River Delta show that although Shanghai has a high score on climate change adaptability, the score variance of various factors of climate change adaptability is large. Shanghai's economic security factor score is the highest among the cities in the Yangtze River Delta, but the industrial and employment factor and ecological environment factor are all at a low level. The vulnerable industries such as transportation and agriculture, the vulnerable groups such as unemployment and children, and the quality of ecological environment are the short boards of Shanghai's adaptability to climate change. In order to improve the adaptability of Shanghai to climate change, it is urgent to reduce the sensitivity of vulnerable industries and population to climate disasters; further guide the industrial transformation and upgrading to improve the quality of the ecological environment; promote the establishment of regional cooperation mechanism for climate change adaptability; vigorously support the research on key technologies of climate change; comprehensively improve the strategic planning of climate change adaptation to achieve the goal of carbon peak and carbon neutralization.

Keywords: Adaptability to climate change; Exploratory factor analysis; Social and economic factor; Ecological and environment factor

V Appendix

皮 书

智库报告的主要形式
同一主题智库报告的聚合

✤ 皮书定义 ✤

皮书是对中国与世界发展状况和热点问题进行年度监测，以专业的角度、专家的视野和实证研究方法，针对某一领域或区域现状与发展态势展开分析和预测，具备前沿性、原创性、实证性、连续性、时效性等特点的公开出版物，由一系列权威研究报告组成。

✤ 皮书作者 ✤

皮书系列报告作者以国内外一流研究机构、知名高校等重点智库的研究人员为主，多为相关领域一流专家学者，他们的观点代表了当下学界对中国与世界的现实和未来最高水平的解读与分析。截至 2021 年，皮书研创机构有近千家，报告作者累计超过 7 万人。

✤ 皮书荣誉 ✤

皮书系列已成为社会科学文献出版社的著名图书品牌和中国社会科学院的知名学术品牌。2016 年皮书系列正式列入“十三五”国家重点出版规划项目；2013~2021 年，重点皮书列入中国社会科学院承担的国家哲学社会科学创新工程项目。

中国皮书网

（网址：www.pishu.cn）

发布皮书研创资讯，传播皮书精彩内容
引领皮书出版潮流，打造皮书服务平台

栏目设置

◆ **关于皮书**
何谓皮书、皮书分类、皮书大事记、
皮书荣誉、皮书出版第一人、皮书编辑部

◆ **最新资讯**
通知公告、新闻动态、媒体聚焦、
网站专题、视频直播、下载专区

◆ **皮书研创**
皮书规范、皮书选题、皮书出版、
皮书研究、研创团队

◆ **皮书评奖评价**
指标体系、皮书评价、皮书评奖

◆ **皮书研究院理事会**
理事会章程、理事单位、个人理事、高级
研究员、理事会秘书处、入会指南

◆ **互动专区**
皮书说、社科数托邦、皮书微博、留言板

所获荣誉

◆ 2008 年、2011 年、2014 年，中国皮书网均在全国新闻出版业网站荣誉评选中获得“最具商业价值网站”称号；

◆ 2012 年，获得“出版业网站百强”称号。

网库合一

2014年，中国皮书网与皮书数据库端口合一，实现资源共享。

中国皮书网

中国社会发展数据库（下设 12 个子库）

整合国内外中国社会发展研究成果，汇聚独家统计数据、深度分析报告，涉及社会、人口、政治、教育、法律等 12 个领域，为了解中国社会发展动态、跟踪社会核心热点、分析社会发展趋势提供一站式资源搜索和数据服务。

中国经济发展数据库（下设 12 个子库）

围绕国内外中国经济发展主题研究报告、学术资讯、基础数据等资料构建，内容涵盖宏观经济、农业经济、工业经济、产业经济等 12 个重点经济领域，为实时掌控经济运行态势、把握经济发展规律、洞察经济形势、进行经济决策提供参考和依据。

中国行业发展数据库（下设 17 个子库）

以中国国民经济行业分类为依据，覆盖金融业、旅游、医疗卫生、交通运输、能源矿产等 100 多个行业，跟踪分析国民经济相关行业市场运行状况和政策导向，汇集行业发展前沿资讯，为投资、从业及各种经济决策提供理论基础和实践指导。

中国区域发展数据库（下设 6 个子库）

对中国特定区域内的经济、社会、文化等领域现状与发展情况进行深度分析和预测，研究层级至县及县以下行政区，涉及省份、区域经济体、城市、农村等不同维度，为地方经济社会宏观态势研究、发展经验研究、案例分析提供数据服务。

中国文化传媒数据库（下设 18 个子库）

汇聚文化传媒领域专家观点、热点资讯，梳理国内外中国文化发展相关学术研究成果、一手统计数据，涵盖文化产业、新闻传播、电影娱乐、文学艺术、群众文化等 18 个重点研究领域。为文化传媒研究提供相关数据、研究报告和综合分析服务。

世界经济与国际关系数据库（下设 6 个子库）

立足“皮书系列”世界经济、国际关系相关学术资源，整合世界经济、国际政治、世界文化与科技、全球性问题、国际组织与国际法、区域研究 6 大领域研究成果，为世界经济与国际关系研究提供全方位数据分析，为决策和形势研判提供参考。

法律声明